U0260059

"十三五"国家重点图书出版规划项目

中国特色畜禽遗传资源保护与利用丛书

莱 芜 猪

魏述东 主编

中国农业出版社

北 京

图书在版编目（CIP）数据

莱芜猪/魏述东主编．—北京：中国农业出版社，2020.1
（中国特色畜禽遗传资源保护与利用丛书）
国家出版基金项目
ISBN 978-7-109-26602-5

Ⅰ．①莱…　Ⅱ．①魏…　Ⅲ．①养猪学　Ⅳ．①S828

中国版本图书馆CIP数据核字（2020）第031437号

内容提要：本书共包括9章。主要从莱芜猪品种起源与形成、特征和性能、保种与选育、种质特性与研究、营养需要与日粮配制、饲养管理、种质利用、产业化生产、饲养方式与猪场建设等方面进行了系统介绍，基本涵盖了莱芜猪种质资源保种选育、利用开发等内容。全书图文并茂、数据翔实，不但可作为科研教学参考用书，而且可为莱芜猪产业开发提供理论支持。

中国农业出版社出版
地址：北京市朝阳区麦子店街18号楼
邮编：100125
责任编辑：弓建芳　刘　玮
版式设计：杨　婧　　责任校对：刘丽香
印刷：北京通州皇家印刷厂
版次：2020年1月第1版
印次：2020年1月北京第1次印刷
发行：新华书店北京发行所
开本：720mm×960mm　1/16
印张：14.5
字数：242千字
定价：98.00元

丛书编委会

本书编写人员

主　编　魏述东

副主编　曾勇庆　武　英　曹洪防

参　编　（按姓氏笔画排序）

孙延晓　李川皓　沈彦锋　陈　伟　陈琳琳

卓兰英　呼红梅　徐云华　崔景香　隋鹤鸣

韩　旭

审　稿　王立贤

出版说明

我国是世界上畜禽遗传资源最为丰富的国家之一。多样化的地理生态环境、长期的自然选择和人工选育，造就了众多体型外貌各异、经济性状各具特色的畜禽遗传资源。入选《中国畜禽遗传资源志》的地方畜禽品种达 500 多个、自主培育品种达 100 多个，保护、利用好我国畜禽遗传资源是一项宏伟的事业。

国以农为本，农以种为先。习近平总书记高度重视种业的安全与发展问题，曾在多个场合反复强调，“要下决心把民族种业搞上去，抓紧培育具有自主知识产权的优良品种，从源头上保障国家粮食安全”。近年来，我国畜禽遗传资源保护与利用工作加快推进，成效斐然：完成了新中国成立以来第二次全国畜禽遗传资源调查；颁布实施了《中华人民共和国畜牧法》及配套规章；发布了国家级、省级畜禽遗传资源保护名录；资源保护条件能力建设不断提升，支持建设了一大批保种场、保护区和基因库；种质创制推陈出新，培育出一批生产性能优越、市场广泛认可的畜禽新品种和配套系，取得了显著的经济效益和社会效益，为畜牧业发展和农牧民脱贫增收作出了重要贡献。然而，目前我国系统、全面地介绍单一地方畜禽遗传资源的出版物极少，这与我国作为世界畜禽遗传资源大国的地位极不相称，不利于优良地方畜禽遗传资源的合理保护和科学开发利用，也不利于加快推进现代畜禽种业建设。

为普及对畜禽遗传资源保护与开发利用的技术指导，助力做大做强优势特色畜牧产业，抢占种质科技的战略制高点，在农业农村部种业管理司领导下，由全国畜牧总站策划、中国农业出版社出版了这套“中国特色畜禽遗传资源保护与利用丛书”。该丛书立足于全国畜禽遗传资源保护与利用工作的宏观布局，组织以国家畜禽遗传资源委员会专家、各地方畜禽品种保护与利用从业专家为主体的作者队伍，以每个畜禽品种作为独立分册，收集汇编了各品种在管、产、学、研、用等相关行业中积累形成的数据和资料，集中展现了畜禽遗传资源领域最新的科技知识、实践经验、技术进展与成果。该丛书覆盖面广、内容丰富、权威性高、实用性强，既可为加强畜禽遗传资源保护、促进资源开发利用、制定产业发展相关规划等提供科学依据，也可作为广大畜牧从业者、科研教学工作者的作业指导书和参考工具书，学术与实用价值兼备。

丛书编委会

2019年12月

序言

我国是世界畜禽遗传资源大国，具有数量众多、各具特色的畜禽遗传资源。这些丰富的畜禽遗传资源是畜禽育种事业和畜牧业持续健康发展的物质基础，是国家食物安全和经济产业安全的重要保障。

随着经济社会的发展，人们对畜禽遗传资源认识的深入，特色畜禽遗传资源的保护与开发利用日益受到国家重视和全社会关注。切实做好畜禽遗传资源保护与利用，进一步发挥我国特色畜禽遗传资源在育种事业和畜牧业生产中的作用，还需要科学系统的技术支持。

“中国特色畜禽遗传资源保护与利用丛书”是一套系统总结、翔实阐述我国优良畜禽遗传资源的科技著作。丛书选取一批特性突出、研究深入、开发成效明显、对促进地方经济发展意义重大的地方畜禽品种和自主培育品种，以每个品种作为独立分册，系统全面地介绍了品种的历史渊源、特征特性、保种选育、营养需要、饲养管理、疫病防治、利用开发、品牌建设等内容，有些品种还附录了相关标准与技术规范、产业化开发模式等资料。丛书可为大专院校、科研单位和畜牧从业者提供有益学习和参考，对于进一步加强畜禽遗传资源保护，促进资源可持续利用，加快现代畜禽种业建设，助力特色畜牧业发展等都具有重要价值。

中国科学院院士
中国农业大学教授 吴常信

2019年12月

前言

人类文明与猪的驯化饲养息息相关。中国是世界文明古国之一，也是世界养猪大国，拥有丰富的地方猪种资源。莱芜猪是我国地方品种的典型代表，有 5 000 多年的饲养历史，具有肉质好、繁殖力高、抗逆性强的突出特点，1986 年被收录于《中国猪品种志》，2006 年被列入《国家畜禽遗传资源保护名录》。

中华人民共和国成立后，特别是改革开放后，莱芜猪的保护、利用受到了各级党委、政府、业务部门的高度重视和支持，先后组织了 7 次猪种调查，3 次大规模的猪种普查。建立保种场、组建了保种群，连续完成了 10 个世代的本品种选育，完整保存了基因基础，为全国许多地区单位用户提供种猪 50 000 多头。同时对遗传基础进行了系统的种质特性研究，先后进行了肉质种质特性、繁殖特性、营养需要特性、生长发育特性、杂交利用特性等科学研究。多年来，在莱芜猪有效保护和种质特性研究的基础上进行了广泛的利用研究，通过引种杂交筛选出了 6 个优秀杂交组合，累计推广杂交瘦肉型猪 1 000 万余头；利用杂交育种、定向培育等手段，成功培育了我国新的猪种——鲁莱黑猪，被列入山东省重点推广猪种；采用品系选育、培育的莱芜猪合成Ⅰ系、莱芜猪合成Ⅱ系、鲁农Ⅰ号猪配套系、欧得莱猪配套系，成为新时期高效生猪生产的重要模式。21世纪，莱芜猪优良肉质特性成为产业开发的优势条件。莱芜猪产业相关工作人员抢抓机遇、因势利导、建立机制、注册商标、研发产品、宣传推广、开拓市场，走出了一条保种利用和产业开发相融合、相促进的健康发展之路，也取得了宝贵的经验，对经济、社会和生态效益的提高发挥了积极作用。

莱芜猪保种、利用、开发40年，共承担国家、省、市科研及业务专项100余项，取得国家、省、市成果30多项，发表论文200余篇。山东省农业厅、山东省畜牧兽医局、泰安市畜牧兽医局、莱芜市畜牧兽医局先后主导实施，山东省农业科学院、山东农业大学始终参与其中。先后有200多名科技工作人员从事该项工作，全国参与专家教授达100余人。40年来既取得了显著的成果，也培养锻炼了一大批专业人才。

本书是在系统搜集整理莱芜猪的历史资料，对多年来莱芜猪保种选育和开发利用工作进行总结的基础上，进一步挖掘莱芜猪种质特性，梳理莱芜猪保种、育种、饲养、管理及产品加工的技术编写而成，可为莱芜猪的可持续发展提供科学依据和参考，为莱芜猪产业开发提供理论基础和技术支持。

本书的编者都是莱芜猪保种选育、利用开发的参与者、研究者，虽然拥有切身的实践经验，但由于水平有限，错误和不妥之处在所难免，恳请读者批评指正！

魏述东

2019年2月于山东莱芜

目录

第一章 莱芜猪的起源与形成

第一节　产区自然生态条件

莱芜猪中心产区在山东省莱芜市。莱芜市北、东、南三面环山，北部山脉为泰山山脉，南部为徂徕山脉，西部开阔，中部为起伏的泰莱平原，有长埠岭延伸入泰安。全境地势由东向西倾斜，北、东、南三面又向中部倾斜，呈向西敞口的马蹄形态。境内共有大小沟河 404 条，98%属于黄河流域大汶河水系，大汶河起源于此，并由东向西横贯盆地中部。境域总面积 2 246.21km^2，总耕地面积 5.93 万 hm^2，山场面积 8.67 万 hm^2，荒山草坡 4.2 万 hm^2，河滩地 0.29 万 hm^2。宜林宜牧。

莱芜境内地形地貌复杂，地面起伏较大，热量和降水分布不均。气候属于暖温带半湿润季风气候，四季分明，光照充足。冬季寒冷干燥，春季温暖多风，夏季炎热多雨，秋季凉爽晴朗。年平均气温 13℃，年极端最高气温 38.3℃，极端最低气温－19.3℃，自南向北呈递减趋势，最冷是 1 月，平均气温－2.3℃，最热是 7 月，平均气温 26.2℃。全年平均无霜期 202d，年日照时数平均为 2 443.8h，光照率 55%。年平均降水量 695.1mm，降水时空分布不均匀，70%集中在夏季，在地理分布上一般南部多于北部，山区多于平原。海拔最高点 1 020m，最低点 148.13m。复杂的地形地貌，造就了莱芜独特的气候，平均气温低于 10℃为冬季，高于 22℃时为夏季，10～22℃为春季和秋季。莱芜冬季寒冷漫长，平均 157d，春季和秋季分别为 50d 和 47d，夏季持续 111d。莱芜全年主导风向为西南风、西北风，各地主导风向随季节和地形而变，但主导风向与河谷走向基本一致。地貌多样，花岗岩、石灰岩分布较集中。茂密多样的植被、种类繁多的农副产品等为莱芜猪的饲养与发展提供了物质基础。

第二节　产区社会经济变迁

莱芜市有着悠久的历史、灿烂的文化，是齐鲁文化的重要发祥地之一。历史上莱芜市原为莱芜县，地处齐鲁文化的交汇地带，属鲁国。春秋时期，齐、鲁两国以齐长城为分水岭（界），莱芜县境是两国频繁争夺的边缘地区。泰山南侧，汶河两岸是大汶口文化发祥的中心地区，在漫长的历史长河中，自东向西日夜奔流的汶河，创造了肥沃的泰莱平原和汶阳之田，为我们的祖先——大汶口文化的创造者，提供了劳动、居住和生息的场所，孕育了大汶口文化。莱芜汶阳文化遗址位于大汶河上游，是大汶口文化的重要组成部分，汶阳文化再现了殷商时期当地人民的生产、生活风貌。春秋战国时期的大教育家、思想家孔子曾来莱芜观礼。管鲍曾在莱芜分金。莱芜有春秋战国时期的珍贵文物“龙凤梳”和汉代“三铢钱范”，有民间奇物“宝葫芦”和“扁豆秧拐杖”，有闻名于世的“齐长城”遗址。莱芜还是著名的奴隶起义领袖柳下跖的故乡。莱芜也是革命老区，是沂蒙山革命根据地的重要组成部分。

历史上，莱芜由于受自然、社会等条件的限制，经济发展比较缓慢。民国初年，境内以采煤、制铁、缫丝、织布为主的民族工业一度兴盛，但生产力低下，农业面貌依旧；工业、交通运输业、商业、服务业和建筑业衰微萧条。抗日战争和解放战争时期，经济发展遭受挫折，莱芜国内生产总值仅 0.27 亿元。新中国成立后，党和政府在医治战争创伤、恢复经济的同时，完成土地改革，农民群众发展生产的热情高涨起来。1957 年，莱芜国内生产总值达到 0.49 亿元，人民生活得到显著改善。1964 年，莱芜被列为以备战为主旨的“小三线”建设范围，国民经济得到较快发展。莱芜钢铁厂、莱芜发电厂、泰安地区钢铁厂等一大批国有企业的大量投资和相继投产，促进了莱芜经济较快发展。1976 年，莱芜国内生产总值达到 3.17 亿元。中国共产党十一届三中全会以后，党和政府的工作重点转移到社会主义现代化建设上来，逐步实行一系列改革开放、搞活经济的方针政策。在这一系列的政策指导下，境内农业率先实行家庭承包经营责任制，发展商品经济，乡镇企业异军突起，个体私营经济开始起步，经济发展速度加快，经济总量实现了较快增长。1989 年，地方财政收入突破 1 亿元。1993 年，地级莱芜市建立以后，交通、通信、电力、供水等基础设施建设力度明显加快，经济发展的支撑能力增强，工业立市步伐加快，一大批地方骨干企业进一步发展壮大。农业产业化开始起步，以生姜、大蒜为主的优势经济作物种植面积扩大，以莱芜猪、莱芜黑山羊为主的特色畜禽生产较快发展，特色农业发展迅速。特别是2000年后，市委、市政府提出发展开放型经济的工作思路，狠抓招商引资，突出工业、农业、民营经济、环境建设四个重点，实现了经济快速发展。2016年，莱芜市国内生产总值突破700亿元。

莱芜饲养畜禽历史悠久，养殖业发达。畜禽种质资源丰富，地方畜禽品种有莱芜猪、莱芜黑山羊和莱芜黑兔；培育型品种有鲁莱黑猪、鲁农Ⅰ号猪配套系、欧得莱猪配套系、莱芜吉山黑鸡、鲁莱花脸长毛兔、鲁波山羊、鲁中肉羊等。其中，莱芜猪和莱芜黑山羊被列入国家畜禽遗传资源保护品种。

莱芜猪饲养历史不但久远，而且是农业的主要组成部分，人们生活的重要基础。《齐民要术》中就有记载红烧猪肉，“色同琥珀，又类真金，入口则消，状若凌雪，含浆膏润，特异凡常也”。可见，当地人对猪肉的研究和钟爱。现莱芜的四大名吃有莱芜香肠、莱芜羊汤、莱芜炒鸡、雪野鱼头。莱芜香肠始创于清道光年间。据记载，清道光年间济南府历城苏家庄人苏志亭，祖辈以煮制肴肉为生，为扩大生意，到当时山东的工业重镇博山开店立铺，恰与一家老中药铺为邻。一日，有一位老人因茶饭不思、食欲不振，请邻铺老中医开药，调理脾胃。苏志亭得到启发，如将中药加入到肉制品中，既能治病，又能进食，一举两得。遂与老中医协商研制了顺气通络、和胃健脾保健的方子，将其添加肉料中，又将肉料填装到猪小肠中，腌制蒸煮后制成美味肉食，即为香肠。老人食用香肠后，病情逐渐好转起来。苏志亭在博山经营数年后，不断改进，形成了自己特有的产品——猪肉香肠。为了提高香肠质量，苏志停又在猪肉原料选择上下工夫，经多方选择，以莱芜地区的猪肉灌制的香肠最为上品。又因莱芜吐丝口是鲁西南地区与淄博、博山的交通落脚之地、商贸重镇，遂将加工和店铺迁至莱芜吐丝口，即现在的口镇。产品口感和功能又有了很大的改善，销路也很好，逐渐形成品牌，名传四方，传承上百年。直至现在，莱芜香肠仍是宴宾待客、馈赠亲朋的美食佳肴。

第三节　品种形成

莱芜西部嬴汶河流域是古嬴族的发源地。古嬴族是东夷族的一支，是个善于畜牧的族群。古嬴族的首领伯益被舜帝任命为虞官，负责驯化鸟兽，引导族众开荒垦田，畜牧业和农耕都得到快速发展。舜帝赐他嬴姓，封给他嬴国。古嬴国就在今莱芜市莱城区羊里镇城子县村为中心的嬴汶河流域。古嬴国一带是莱芜猪重要的发源地之一。

据考证，莱芜猪饲养历史，最早可追溯到原始社会的新石器时代。位于莱芜猪产区的大汶口文化遗址出土的动物骨骼中，以猪骨最多，经中国科学院古脊椎动物和古人类研究所鉴定，墓葬中出土的猪头骨是人工饲养的家猪头骨，与现今的莱芜猪头骨相比较进行颅骨学研究，几乎看不出明显的差异。同时从随葬骨骼的种类和数量分析，当时饲养家猪已是人类重要的生产活动，直接与人们的生养死葬相关，可见远在原始社会莱芜猪产区养猪之盛。大汶口文化遗址的出土，为研究莱芜猪的形成历史找到了重要依据。大汶口文化遗址墓葬出土情况见图 1-1，出土猪头骨与现在莱芜猪头骨对比见图 1-2。

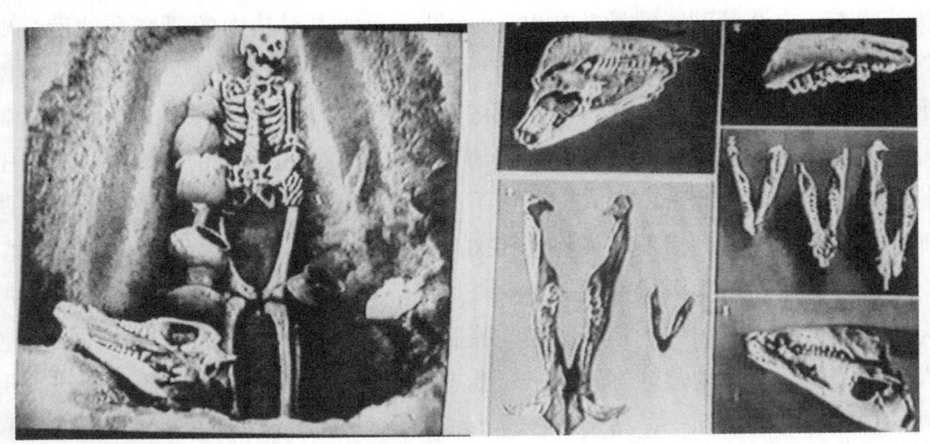

图 1-1　大汶口文化遗址墓葬出土

伴随着人类文明和齐鲁文化的进程，在长期的自然选择与人工选育后，逐步形成了适应当地生态条件、体型外貌和生产性能各具特色的地方猪种——莱芜猪。

莱芜自古盛行养猪，并素有繁殖仔猪的习惯。据有关史料记载，莱芜猪产区范围较大，西北与济南接壤，东北与历史上有名的“金张店”和“银周村”相邻。莱芜猪有了这些稳定的肥猪销售市场，所以能够长期保持兴旺发展的趋势。以苗山、辛庄、颜庄、矿山、口镇、寨里等镇为主要产区。苗山、颜庄、辛庄、东关、口镇、上游、寨里、水北、方下等集市为莱芜猪的集散地。

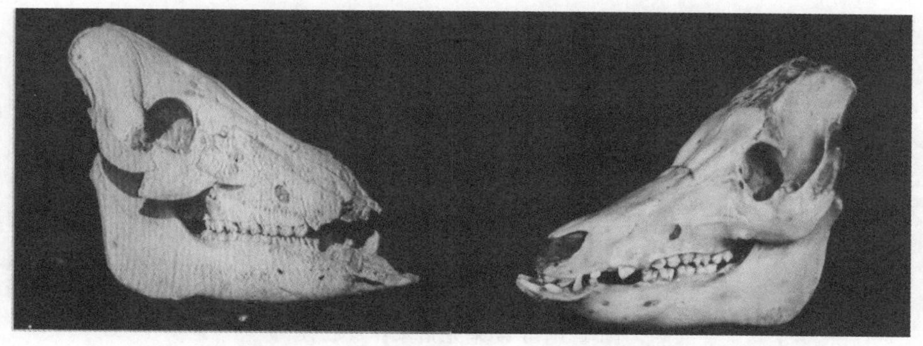

图 1-2 大汶口文化遗址出土的猪头骨（左）与现在莱芜猪头骨（右）比较

古代劳动人民在长期的养猪实践中，对莱芜猪的饲养和选种积累了丰富的经验，形成了自然半自然饲养模式下的养殖方式。一种方式是放牧饲养。春、夏、秋三季以放牧为主，多利用粮食收割后的茬地和夏末秋初的青草，在河滩、丘陵、隙地放牧猪群。因海拔悬殊、地形复杂、寒暑温差较大，饲草饲料因季节不同，产量丰歉不均，质量优劣等原因，形成了莱芜猪的耐粗性。另一种方式是圈养。母猪一般利用饲草、作物秸秆、剩菜剩饭和农副产品等粗副饲料，装入石缸、泥瓮等容器泡透自然发酵后加极少量精料进行饲喂；育肥猪前期以饲草、作物秸秆、剩菜剩饭等粗副饲料为主，俗称"吊架子"养法，先使其骨骼发育充分，后期补饲精料，使其快速囤肥。千百年来，正是这种粗放、简单的饲养方式，形成了莱芜猪耐粗饲、抗逆性和囤积脂肪的优良特性。

莱芜猪适应能力极强，既能圈养又能牧饲。据北魏贾思勰《齐民要术》中记述："猪性甚便水生之草，耙耧水藻等，令近岸，猪食之皆肥"和"圈不厌小，圈小肥疾，处不厌秽，泥秽得避暑。亦须小厂以避风雪。春夏中生，随时放牧。糟糠之属当日别与，八九十月放而不饲。所有糟糠，则畜待穷冬春初。"可见当时的饲养方式实际可以称为放牧和圈养相结合，在有草的季节里放牧，在"穷冬春初"则饲喂糟糠。直到今天这种饲养方法在农村中还是常见的。亦如《续修莱芜县志》中所载："唯圈养目的不在于肉用，而在于积粪以为肥料，故数亩之家，辄养一头或数头不等。"早期莱芜猪家养及放牧情形见图 1-3。

为谋求产仔多的猪只，农民历来注意母猪的选留，向饲养优良母猪户挑选订购仔猪，加价买回精心饲养，并选用优良种公猪配种。在那时，农村还盛行以好的种猪苗作为贵重礼物相互馈赠。由此可见，莱芜猪是在当地自然条件与社会人文条件下形成的，是当地劳动人民辛勤选择和培育的结果。当时交通闭

图 1-3　早期莱芜猪家养及放牧

塞的环境条件、丰富多样的饲料资源，加上人们传统养猪习惯和丰富的选种经验，加速了这一品种的形成和稳固过程。

莱芜猪属我国华北型地方猪种，是山东地方黑猪的典型代表。它以产仔多、护仔性强、耐粗饲、抗逆性强、肉质香醇等特点而闻名。历史上随着闯关东的迁徙人群被大量带入东北地区，经中国农业大学、黑龙江农业科学院测定东北民猪和莱芜猪的遗传距离最近。20 世纪初期莱芜猪已有大量销往青岛、济南、烟台、淄博等地，并有私人渠道海上出走国外。

山东省于 1958 年、1965 年、1978 年进行了 3 次大规模的莱芜猪猪种普查。在 1950—1980 年先后进行了 7 次大规模的猪种调查。数次制定了发展规划和保种选育方案，并在杨庄、苗山建立 2 处保种场。至 1984 年广泛组建起了 75 头含 6 个血统、30 多个母祖系的保种基础群。对莱芜猪系统的保种、选育、种质特性研究与利用等工作正式开始。

据莱芜畜牧生产资料统计，1949 年初莱芜猪存栏量 58 000 头；1958 年第一次猪种普查，泰安地区（含目前济南市的章丘、平阴、长清）、莱芜地区（含目前的新泰、新汶）莱芜猪总存栏量 124 242 头；1965 年第二次猪种普查，莱芜猪存栏量 148 600 头；1966—1977 年，引入易肥猪种内江、荣昌、新金、巴克夏等进行改良，使纯种莱芜猪急速下滑，纯种猪存栏不足 10 000 头，混杂猪占主导地位，母猪 30 000 多头；改革开放后，由于各级政府和业务主管部门的高度重视，建立保种场、组建保种群，使莱芜猪得以有效保纯，并建立起了繁育与利用生产体系；20 世纪 80 年代，推广以莱芜猪为母本、引入国外大型瘦肉型猪约克夏、杜洛克、长白、汉普夏开展二元经济杂交，生产商品瘦肉猪，莱芜猪数量在利用中恢复性增长，存栏达到了 20 000 多头；20 世纪 90 年代利用莱芜猪与国外猪种杂交生产三元杂交瘦肉型猪，纯种莱芜猪又减少，存栏 10 000 多头，二元杂交母本占主导地位，存栏 40 000 头左右；2000 年后，地方猪的价值及利用逐步受到社会重视，莱芜猪也得到了恢复性发展，2005 年存栏达到了 15 000 头；2006 年后市场对特色品牌猪肉青睐，莱芜猪开始进行产业化开发，数量增长较快，2010 年存栏量达到 32 000 头；随着开发的深入和市场需求量增加，莱芜猪存栏出栏有了快速提高，2017 年存栏量 100 000头。

第二章 莱芜猪的特征和性能

第一节 外貌特征

一、被毛特征

莱芜猪被毛黑色，鬃毛发达，粗长浓密（10cm 左右），直立坚硬，主要分布在头枕寰后至颈部。皮厚多皱褶，以抵御寒冷，冬季周身密生绒毛。随着气候变暖到春末夏初时，绒毛开始慢慢脱落。绒毛逐渐脱落的过程比较长，大部分绒毛在猪体表面形成一块块的毛毡，一片片一批批地脱落。

二、头颈部特征

头型：头长，面部较窄、直。额部有 6～8 条倒“八”字花纹。

耳型：耳根软，大而下垂。

嘴型：嘴长，成筒状、直而口裂深，开张度大，善于掘地。

颈部：公猪头颈粗，前躯发达，母猪头颈较细、清秀。

三、体躯结构与形态特征

莱芜猪体躯较长，结构匀称。体质结实。背腰狭窄、微凹，腹大下垂，臀斜，后躯欠丰满。四肢粗壮，铺蹄卧系，步伐匍匐。尾粗长。屠宰测定表明，皮厚、膘厚，眼肌面积和后腿比例小，瘦肉率低。公猪体躯紧凑，母猪胸、腹大而下垂。

四、外部性特征

公猪、母猪性行为出现的早，外部性特征明显。公猪不到两个月龄就有爬跨现象，母猪两个月龄就出现阴户红肿的性情征状。成年公猪的睾丸中等大小，不下垂，收于阴囊中，与外种猪比偏小。研究表明，射精量可达 350～500mL，精液品质优良。

母猪乳房发育丰满，单乳多，排列整齐，有效乳头数 7～9 对，最多有达 11 对。乳头粗长（1.5cm 左右），利于仔猪吸吮。泌乳性能好，奶水充足，因此仔猪往往表现出很好的生长势，断奶成活数也能达到 12 头以上。莱芜猪母猪见图 2-1，莱芜猪公猪见图 2-2。

图 2-1　莱芜猪母猪

图 2-2　莱芜猪公猪

第二节　生物学特性与行为习性

一、生物学特性

莱芜猪的生物学特性是在自然选择和人工选择的共同作用下进化形成的，并随着生产的不断变化而变化。在莱芜猪利用过程中，便是遵循了其生物学特性，扬长避短，培育出了体质结实、生产性能高、适应性好的新品种（配套系）。

（一）适应性强

莱芜猪早期因受社会条件的限制，主要在原产地和周边地区繁衍生息。受当地干旱湿润半季风气候影响和常年自然条件下饲养，形成了强烈的抗逆性和适应性。20 世纪末至今已有 20 多个地区引种生产利用，并表现出良好的生产性能。20 世纪 90 年代，经过持久培育出的“鲁莱黑猪”，于 2005 年通过国家畜禽遗传资源委员会品种审定，先后被上海、广东、江西、陕西、东北等地引进，也显现出了良好的适应性。

（二）嗅觉和听觉灵敏，视觉不发达

嗅觉灵敏发达。莱芜猪能凭借嗅觉有效地拱嗅寻找食物、辨别群内个体、圈舍和卧位，以及进行母仔之间的联系。仔猪在出生以后几小时内就能很好地鉴别不同气味，新生仔猪主要依靠嗅觉寻找并固定乳头。

听觉器官完善。莱芜猪能够很好地辨别声音来源、强度、音调和节律，容易对口令和其他声音刺激形成条件反射。利用其特点，可进行有效的调教，并使其形成条件反射，利于管理。

视觉很弱。莱芜猪视距、视野范围很小。对光的强弱、物体形态、颜色等缺乏精确的辨别能力，属高度近视加色弱。母仔之间认识主要靠嗅觉和听觉。在不同性别的联系中，嗅觉和听觉也起着主要作用。

（三）杂食，食性广泛，耐粗饲，饲料消化率高

猪是杂食性动物，有发达的门齿、犬齿、臼齿。胃很特别，介于单胃和复胃之间，能利用各种动物性、植物性和矿物性饲料，食性范围很广。但它也有择食性，采食量明显受饲料适口性的影响，喜甜食、咸食和湿拌食物。猪的采食量大、消化能力强、利用率高，猪对精饲料消化率可达 75%。由于猪的胃内缺乏分解粗纤维的微生物，因而消化饲料中粗纤维的能力较差。但莱芜猪耐粗饲特点突出，在长期的自然选择和风土驯化过程中，形成了胃、肠容积大，肠壁厚，胃肠绒毛膜丰富的特点，尤其是大肠容积和微生物系发达，对粗、副、青饲料有良好的消化吸收能力。在放牧条件下，更是具有强的觅食消化能

力。即便是舍饲的环境下，莱芜猪日粮中的粗饲料比重可达50%以上，粗纤维7%以上也能较好地生长。比引进和培育猪种高出1倍。

1. 消化生理特点　莱芜猪的消化器官是由一条长的消化道和与其相连的一些消化腺组成。消化道起始于口腔，向后依次为咽、食管、胃、小肠（包括十二指肠、空肠和回肠）、大肠（包括盲肠、结肠和直肠），最后终止于肛门。据测定，莱芜猪胃容积为8～10L，小肠长20m、大肠长6m左右，分别比国外猪大1～2L、长2m、1m。

2. 各组织生长发育特点　猪的生长发育遵循着皮、骨、肉、脂的顺序。即小猪长皮、中猪长骨、大猪长肉、肥猪长膘，表现在体重增长的变化、体组织的变化和体化学成分的变化。莱芜猪在遵循这一规律中尤为突出。根据这一规律，制定了莱芜猪的饲养标准，吊架子式的饲养方法，生产高品质的猪肉，并确定其适宜屠宰体重。

3. 消化吸收特点　莱芜猪出生个体小，在0.5～0.8kg，出生时缺乏先天免疫力，20日龄内主要靠母源抗体获得免疫。10日龄开始自身产生抗体，但直到35日龄前抗体水平仍然较低。根据以上特点和莱芜猪泌乳性能好等，我们制订了莱芜猪45日龄断奶方案。

根据莱芜猪生长育肥期的生理特点和发育规律，按体重划分为生长期和育肥期。体重15～60kg为生长期，机体各组织、器官的生长发育功能仍处在不断完善时期，这个阶段主要是骨骼和肌肉的生长，而脂肪的增长比较缓慢；60kg至出栏为育肥期，此阶段猪的器官、系统的功能都逐渐完善，尤其是消化系统对各种饲料的消化吸收能力增强，机体对外界的抵抗力提高，能快速适应周围温度、湿度等环境因素的变化。此阶段莱芜猪的脂肪组织生长旺盛、能快速囤积，此阶段饲喂高能量低蛋白饲料可很好地提高其肉质。

莱芜母猪肠道后段发酵能力强，分解纤维细菌的数量约为生长期猪的6.7倍，采食潜力大，营养吸收好，妊娠和泌乳期营养物质代谢旺盛。

母猪妊娠后由于妊娠代谢旺盛，同化能力强，消化粗纤维的能力提高，加之胎儿前期发育慢，营养物质的需要相对减少。因此，此阶段莱芜猪饲粮中青粗饲料可占日粮的30%～40%，精料量每日每头在1.5～2.0kg即可。

在妊娠后期，胎儿体积增长很快，加之自身需要储存大量的能量，需要较高营养水平和营养物质供给，而此阶段莱芜猪腹围快速增大、腹内压力增加，胃肠道受到挤压，胃肠道蠕动和消化能力受到很大影响，易发生消化不良、腹

泻或便秘。因此，此阶段要少食多餐，适当减少粗饲料，缩小饲料体积，一般青粗料占日粮20%～25%，每头每日采食精料量在2.0～2.5kg。

莱芜猪分娩时会消耗很多体力，机体处在疲惫状态，相应的消化吸收能力较弱。此时除了提供安静舒适环境让母猪充分休息外，还要供给少量易消化、温和无刺激的饲料麸皮类粥状水料。经过3～5d的恢复，再按哺乳期常规饲养。母猪哺乳期的采食潜力很大，既要维持自身的生命需要、产后恢复，又要大量泌乳供给仔猪，因此哺乳期要供给高营养、易消化、尽量多的日粮。一般每日每头喂精料量在2.5～3.0kg、含膳食纤维多的鲜粗饲料0.4～0.6kg。

(四) 生长期长，沉积脂肪能力强

与其他猪相比，莱芜猪的生长期长，生长强度小。初生仔猪的体重一般为0.6～0.8kg，1月龄体重为初生体重的5～6倍，2月龄体重是1月龄体重的2～3倍，成年猪的体重一般在110～150kg。育肥猪饲养至330日龄时屠宰，体重达到80～90kg；360日龄屠宰体重可达100kg。莱芜猪在生长初期，骨骼生长强度大，以后生长重点转移到肌肉；生长后期，体重达90kg，强烈沉积脂肪，肌内脂肪平均高达10%以上，最高的个体可达24%，且分布均匀呈云雾雪花状，是猪肉中之极品。

(五) 繁殖力高，泌乳性能好

莱芜猪繁殖性能好。性早熟，4月龄即达性成熟，5月龄可进行配种。早期农家养猪，如有选留公猪和窝内母猪混养，在3～4月龄断奶时可出现窝配现象；产仔多，成年母猪平均产仔数15头、最多产28头；泌乳性能好，护仔性能强，60日龄断奶成活仔猪12头、窝重150kg。利用年限长，繁殖母猪利用年限一般在7～8年，有的可长达20年，一头母猪一生可繁育出近500头的仔猪。

二、行为习性

莱芜猪的行为和习性，主要包括性行为、采食行为、群居行为、睡眠行为、排泄行为、探究行为等。

(一) 性行为

1. 公猪性行为　莱芜猪性早熟，性欲强，性行为典型。4月龄达到性成

熟，2 月龄就有爬跨行为。尤其是小公猪经常爬跨母猪，时有拱亲行为。3 月龄以上就有小公猪爬跨同伴，并有射精现象。4 月龄公猪就有求欢、拱亲同伴阴部等现象，并爬跨同伴、墙角进行射精。成年公猪的交配要经过一系列的反射动作完成，而这些动作是按照求偶、爬跨、抽动反射和交配结束等一定的次序出现的。

求偶与勃起反射：公猪接触发情母猪后，会追逐它，先嗅闻母猪，然后用鼻拱母猪腹部和外阴部。拱腹部的动作很粗暴，还常常发出喘粗气、咬牙，口吐白沫等表现。由于求偶表现能引起腰荐部脊髓勃起神经中枢兴奋，使得阴茎海绵体充血和勃起，即发生勃起反射。有时还出现有节奏的排尿。

交配行为与射精反射：经过求偶阶段后，公猪阴茎伸出，这时，公猪会迅速将两前腿爬跨在母猪的后躯上，用力抓牢，随即腹部肌肉急剧频繁收缩，并将阴茎试图插入母猪阴道，后反复小幅度抽动，直至射精。射精时间较长，一般持续 5～10min，个别可达 20～30min。公猪射精时会出现安定状态，完成后从母猪身上缓慢退下，也即交配结束。

气候及公猪的健康状况、营养、年龄、配种频率等影响公猪的性欲。定期对公猪精液质量进行评定，包括精液量、色泽、气味、精子数和精子活力、pH 等，通过数据信息的采集对公猪的情况做出判断。

要合理使用，配种频率以 2～3d 一次为宜，必须连续配种时，至少每两次应休息 1d。过于频繁，会造成公猪体力过度消耗，精液品质下降，甚至缩短使用寿命。营养供应平衡、满足需要且稳定，是保持公猪良好配种体况的前提。另外，在气温过高或过低时，要合理安排配种时间，保障公猪有旺盛性行为。莱芜公猪一般单圈饲养，群体饲养宜打架厮咬，特别是配种季。

2. 母猪性行为　莱芜母猪早熟，2 月龄就有性表现，阴部红肿，拱亲同伴或异性。3 月龄就有爬跨行为，同伴之间、异性之间爬跨。4 月龄完全达到性成熟，发情呈周期性并表现稳定。发情行为，前期、适配期和后期行为表现有明显的差异。莱芜母猪发情周期为 21d，发情持续期 3～6d。

（1）发情前期　莱芜母猪表现为食欲下降，有时废绝，同时出现阴户发红，随着时间延长变成红肿。初产母猪此行为表现突出，阴户不仅红肿还呈现亮光，并伴有鸣叫、躁动不安、喜欢爬其他猪。若用公猪试情，母猪表现兴奋，频频排尿，尤其是公猪在场时排尿更为频繁。后备母猪发情行为表现强烈，非常警觉，不接受爬跨，往往被公猪追得到处跑，此时若想实施人工输精则根本不可能，直到压背时出现安静反应，才是该交配或输精的最佳时间。

（2）发情中期　即适配期，是发情开始后由不安到温顺接受公猪爬跨的时间。也是母猪性欲高度强烈时期，当公猪接近时，调其臀部靠近公猪，嗅公猪的头、肛门和阴茎包皮，紧贴公猪不走，甚至爬跨公猪，最后站立不动，接受公猪爬跨。饲养人员压其背部时立即出现呆立反射，但因母猪产仔胎次不同表现也不同。后备猪、二三胎母猪、经产母猪发情天数和适配期存在较大差异。后备猪多在3d以后接受爬跨，实施配种。随着胎龄增加，适配的时间依次往前提。正如经验所说，老配早、小配晚、不老不小配中间。

（3）发情后期　适配期过去后，虽然发情征状还存在，但母猪不再接受爬跨或输精，也即一个发情期结束。接下来母猪便进入怀孕期，未能怀孕的母猪进入休情期。

（二）母性行为

包括怀孕期、围产期、产仔、哺乳期的一系列行为习性。如絮窝、哺乳、护仔及其他抚育仔猪的表现等。

1. 怀孕母猪行为表现　莱芜猪配种以后的20d左右母猪不再出现发情，即为怀孕。怀孕后的母猪食欲好，采食量增加。性情变得温顺，安静，喜卧。尤其是怀孕中后期，母猪步态稳重，小心翼翼，且对饲料的消化吸收率大幅提高，体况变肥，被毛顺滑光亮。

2. 分娩前的絮窝行为　莱芜猪临近分娩时，就以拱窝、衔草、铺垫猪床絮窝的形式表现出临产，如果栏内是水泥地而无垫草，就用蹄子抓地嘴拱地来表示。分娩前24h，母猪表现神情不安，频频排尿、磨牙、摇尾、拱地，时起时卧，不断改变姿势，采食下降，甚至不吃不喝。分娩时多采用侧卧，选择最安静时间分娩，一般多在下午4：00以后，特别是在夜间产仔多见。产程一般在2～4h，个别在4～6h。其间不吃食不喝水。

3. 哺育行为　莱芜猪第一头小猪产出后，母猪发出哼哼声，有时还会发出尖叫声，并站起拱吮小猪，观察没有异常再躺下生产第二个，几乎都是这样卧-生-起一直到生完。也有连续生2～3头再起卧的时候。出生的小猪站立后即寻找母乳，当小猪拟吸吮母乳时，母猪四肢伸直亮开乳头，让初生仔猪吃乳。整个分娩过程中，自始至终都处在放奶状态，并不停地发出哼哼的声音，以传递信息。母猪乳头饱满，甚至奶水自流，易使仔猪吸吮到。分娩后以充分暴露乳房的姿势躺卧，形成一热源，引诱仔猪挨着母猪乳房躺下。哺乳时后腿坐卧，再向前侧身躺下，避免压小猪。授乳时常采取左倒卧或右倒卧姿势，一次哺乳中间不转身，母仔双方都能主动引起哺乳行为，以低度有节奏的哼叫声呼唤仔猪哺乳，有时是仔猪以它的召唤声和持续地轻触母猪乳房来发动哺乳。一头母猪授乳时母仔猪的叫声，常会引起同舍内其他母猪也哺乳。仔猪吮乳过程可分为四个阶段，开始仔猪聚集乳房处，各自占据一定位置，以鼻端拱摩乳房；吸吮；仔猪身向后，尾紧卷，前肢直向前伸，此时母猪哼叫达高峰，最后排乳完毕；仔猪又重新按摩乳房，哺乳停止。莱芜猪哺乳见图 2-3。

图 2-3　莱芜猪哺乳

4. 护仔行为　莱芜母猪的护仔行为实际上在产仔、哺乳过程中就明显表现出来了。例如，每产下一头仔猪，就起身收拾一下仔猪，用嘴拱，用蹄子轻轻地触动仔猪的身体或是窝里的草等。然后再卧下，再产一头，再起身重复着刚才呵护的动作，因此新生仔猪都非常安全，不会出现被压死踩死的情况。

母仔之间是通过嗅觉、听觉和视觉来相互识别和相互联系的。例如，哺乳母猪和仔猪的叫声，根据其发声的部位（喉音或鼻音）和声音的不同可分为嗯嗯之声（母仔亲热时母猪叫声）、尖叫声（仔猪的惊恐声）和鼻喉混声（母猪护仔的警告声和攻击声）三种类型，以此不同的叫声，母仔互相传递信息。

莱芜母猪非常注意保护自己的仔猪，行走时是匍匐前行或后退，两只前蹄几乎卧于地面，缓慢行走，一是避免踩压仔猪，二是便于爬坡。此行为特征与

早期长期野外生活的驯化有关。母猪在躺卧时十分谨慎，不踩伤、压伤仔猪，一旦遇到仔猪被压，只要听到仔猪的尖叫声，马上站起，防压动作再重复一遍，直到不压住仔猪为止。

带仔母猪对外来的侵犯，先发出警告的吼声，仔猪闻声逃窜或伏地不动，母猪会张合上下颌对侵犯者发出威吓，甚至进行攻击。刚分娩的母猪即使对饲养人员捉拿仔猪也会表现出强烈的攻击行为。莱芜母猪带仔见图 2-4。

图 2-4　莱芜母猪带仔

（三）仔猪吸吮行为

仔猪在出生后约半小时就知道寻找母猪乳头吸吮母乳。吸吮与触觉、嗅觉、听觉以及印记等行为组成猪只最初的吮乳行为。该行为有强烈的方位感。因此，初生仔猪一经吸吮乳头（产后 6h 内），将长期不会忘记这个乳头。利用这一行为特点可按强弱大小、乳头前后，在首次吸吮时固定乳头，以期获得好的整齐度，反之将引发 1～2d 的吮乳争斗，影响仔猪生长。利用这一行为可用奶瓶为缺乳仔猪哺食人工乳。吸吮行为是本能行为，随着成长会慢慢淡忘，但在不良环境下，又会在断奶后出现，如吮耳、吮尾、吮血等。

（四）体温调节行为

莱芜猪和其他猪种一样是恒温动物，在适宜温度下，靠热传导、热辐射、热蒸发以及空气对流进行散热调节。

成年猪皮下脂肪层厚，无活动汗腺。夏季莱芜猪的绒毛脱落，被毛稀疏，便于散热，并通过拱地卧地、戏水来调节温度。常趴卧在通风处，鼻唇迎风，并减少活动，增加热量散发。冬季莱芜猪密生绒毛，皮厚且褶皱，能很好地减少散热。通过拱地、衔草筑一个较大、较深的窝，便于取暖；并且莱芜猪群聚性很强，大、小同群猪都挤靠在一起，相互取暖，并坚持长时间趴窝减少活动，以免受冷损失热量。

初生仔猪皮下脂肪少、皮薄、被毛稀疏，体表面积相对较大，很易散失体热。因而新生仔猪对低温敏感、怕冷。一般新生仔猪适宜环境温度为30～34℃，1月龄内的仔猪适宜温度为25～30℃。莱芜猪在长期的自然选择中具有了较强的抗寒能力，在开放、半开放式猪舍中冬季照常产仔，且存活。有时仔猪的耳、蹄被冻掉而照样存活生长，这与莱芜猪的抗寒特性和母仔猪之间相互依存照顾行为有关。

（五）采食行为

莱芜猪的采食行为包括觅食与饮水，并且有年龄和类型特征。主要有以下特点。

1. 拱土觅食特征　莱芜猪鼻子嗅觉高度发达，并且嘴筒长直便于拱土觅食。早期莱芜猪主要靠放牧为养殖方式，靠嗅觉寻食，嘴筒觅食。原始养殖时，采食草、茎、叶、根、虫等，特别是在秋季、冬季和春季，主要靠拱食地下遗剩的甘薯、花生等粮食块茎作物等。即使是现代的舍饲，饲以良好的平衡日粮，仍有拱地觅食的行为特征。

2. 饲料与饲喂方法　在饲料工业不发达的20世纪80年代以前，不论大猪小猪，饲喂的都是稀料，也称为“稀汤灌大肚”。1kg风干料，小猪要加2.5～3kg水，大猪要加4～6kg水。小猪要日喂4～5次，大猪日喂2次，不另外饮水。饲料构成也十分的单调，基本是玉米面或甘薯面、泔水及青粗饲料等。20世纪90年代以后，随着饲料配方技术、加工设备及工艺的逐步发展，饲养规模化、集约化程度的提高，莱芜猪的饲料也逐渐发生变化。母猪由原来的稀料到湿拌料，仔猪是湿拌料到颗粒料。饲喂方法大猪一日两顿或三顿，小猪变成了自由采食，另外添加自由饮水。

3. 采食行为　采食时力图占据有利位置，有时前肢踏入食槽，将饲料拱一地。采食有竞争性，爱抢食，群饲的猪比单饲的猪吃得多、吃得快。乳仔猪昼夜吮奶次数因日龄而有差异，在15～25次。大猪采食量和摄食频率随体重增大而增加。在按顿饲喂的条件下，尤其是过去稀料饲喂时，莱芜猪特别是母猪吃食声音特别大，在圈外就能听到“哐哐哐”的吃食声音。这种行为也特别能体现猪的食欲好、采食量大、泌乳量多等特点。这也是在选留后备母猪时供参考的重要依据。

4. 饮水行为　过去喂稀料时，一般饮水与采食同时进行，不再另添加饮水。成年猪饮水与环境温度有很大关系，吃稠料时，设饮水器，每天饮水3～7次，干粉料每天饮水9～12次。2月龄前的小猪一般可学会使用自动饮水器。

（六）群居行为

猪的群居行为是与生俱来的特性。莱芜猪的群居行为更为明显，它不仅能小窝成群，也能大窝成群，而且能形成社群结构。

在无猪舍的情况下，莱芜猪能自找固定地方居住，表现出定居漫游的习性。有合群性，也有竞争习性。在一定的群体舍饲内，大欺小、强欺弱和欺生的好斗特性很强，群体越大，这种现象越明显，通过争斗排出位次。在群体中有强、中、弱之分，强者在饮食、睡觉和活动中都占先，弱者只能排在后面。因此，在组群时，一定要将大小和强弱不同的猪分群饲养。特别欺生的特性更为突出，一般不单独把猪只放入群体内，否则会集体咬它。

一个稳定的群体，是按优势序列原则组成的有等级制的社群结构，个体之间和睦相处；当重新组群时，稳定的社群结构发生变化，则爆发激烈的争斗，直至组成新的社群结构。因此，猪群要相对固定，不宜分群组群。

莱芜猪群有明显的等级，这种等级刚出生后不久即形成，仔猪出生后几小时内，为争夺母猪前端乳头会出现争斗行为，常出现最先出生或体重较大的仔猪获得最优乳头位置。同窝仔猪合群性好，当它们散开时，彼此距离不远，若受到意外惊吓会立即聚集一堆，或成群逃走；当仔猪同其母猪或同窝仔猪离散后不到几分钟，就出现极度活动，大声嘶叫，频频排粪排尿。年龄较大的猪与伙伴分离也有类似表现。

（七）印记行为

印记行为包括辨别、接近、伴随与学习的过程。早期印记行为主要靠嗅觉印记和声音印记来区别亲母与同胞。母猪也靠印记来辨别非亲生仔。印记一旦形成，会延续终生。因此，寄养要在早期，要去除异味。莱芜猪的印记能力较强，能印记同伴 30 头以上，过去的放牧群体 40～60 头也能产生较好的印记行为。

（八）争斗行为

如果将两头陌生的性成熟莱芜公猪放在一起，会发生激烈的争斗。它们相互打转、相互嗅闻，有时两前肢趴地，发出低沉的吼叫声，并突然用嘴咬，这种争斗会持续 1h 之久，屈服的猪往往调转身躯，号叫着逃离争斗现场，两猪之间的格斗会造成伤亡。尤其是配种归来后两公猪为标明地盘、配偶，打架会受伤，甚至致死。如果不了解这种行为特点，管理不善会造成不必要的经济损失。母猪、生长育肥猪的争斗行为，多受饲养密度的影响，当猪群密度过大，每猪所占空间下降时，群内咬斗次数和强度增加，会造成猪群吃料时攻击行为增加，从而降低饲料的采食量和增重。争斗形式主要是断咬对方的头部、前肩部和尾。

（九）自洁行为

猪是有高度自洁行为的动物。自然条件下，野猪从不在窝边排粪尿，以规避猛兽；家猪仍保留这一遗传特征，人们可利用这一行为维护圈面的干净干燥。

莱芜猪爱清洁的习性突出，习惯在清洁干燥的地方生活和卧睡，在墙角、潮湿、有粪便气味处排泄。小猪基本不用调教，跟随母猪很快就养成了吃食在一处，睡觉在一处，排粪尿在一处的习惯。自洁的优良习性，一旦固定，基本不变。这种特有的自洁习性是外种猪所不及的。莱芜猪的自洁行为还表现在可利用棱角墙体来清洁头面部以及躯体部皮肤上的脱屑与异物。在春、夏、秋三季会主动寻找水源来清洁皮肤。环境对自洁行为有重大影响，密度过大、炎热、圈面潮湿肮脏、骚动应激等都会使自洁行为紊乱。

（十）活动与睡眠行为

莱芜猪的活动与睡眠在一定程度上是有规律的，白天多为活动行为，夜间多为睡眠行为。不过在夏、秋两季夜间也有活动和采食的行为。活动与睡眠行

为受年龄和生产特性的不同而有所区别。

仔猪昼夜休息时间平均为60%～70%，种猪为70%，母猪为80%～85%，肥猪为70%～85%。休息高峰在半夜，清晨8:00左右休息最少。仔猪出生后3d内，除吸乳和排泄外，几乎全是酣睡不动，随日龄增长和体质的增强活动量逐渐增多，睡眠相应减少。但至40日龄大量采食补料后，睡卧时间又有增加，饱食后一般睡眠较安静。仔猪活动与睡眠一般都效仿母猪，出生后10d左右便开始与同窝仔猪群体活动，单独活动很少，睡眠休息主要表现为群体睡卧。

哺乳母猪随哺乳天数的增加而睡卧时间逐渐减少，走动次数也由少到多，时间由短到长。哺乳母猪睡卧休息有两种，一种是静卧，一种是熟睡。静卧休息姿势多为侧卧，少为伏卧，呼吸轻而均匀，虽闭眼但易惊醒；熟睡为侧卧，呼吸深长，有鼾声且常有皮毛抖动，不易惊醒。

（十一）排泄行为

在良好的环境管理条件下，莱芜猪总能在猪栏内远离窝床的一个固定地点排粪尿，保持其睡窝床干洁。如果转群换圈只需人稍稍训练管理，很快就会形成定点排粪尿的习惯。一旦固定下来就不会改变，给饲养管理带来极大的方便。排泄一般多在食后饮水或起卧时，选择阴暗潮湿或污浊的角落排粪尿，且受邻近猪的影响。生长猪在采食过程中不排粪，饱食后约5min开始排粪1～2次，多为先排粪后再排尿。在饲喂前也有排泄的，但多为先排尿后排粪。在两次饲喂的间隔时间里多为排尿而很少排粪，夜间一般排粪2～3次，早晨的排泄量最大。热应激可使排泄次数增多。

（十二）探究行为

莱芜猪敏感性强，探究行为突出，对地面上的物体，通过看、听、闻、尝、啃、拱等感觉进行探究，表现有很强的探究行为，并同环境发生经验性的交互作用。特别是对新近探究的许多事物，表现有好奇、亲近两种反应。仔猪对小环境中的一切事物都很“好奇”，对同窝仔猪表示亲近。用鼻拱、口咬周围环境中所有新的东西，用鼻突来摆弄周围环境物体进行探究。在觅食时，首先是拱掘动作，先是闻、拱、舔、啃，当诱食料合乎口味时，便开口采食，这种摄食过程也是探究行为。同样，仔猪吸吮母猪乳头的序位，母仔之间彼此能准确识别也是通过嗅觉、味觉探查而实现的。

莱芜猪在栏内能明显地区别睡床、采食、排泄不同地带，也是用嗅觉区分不同气味探究而形成的。

（十三）异常行为（异食癖、食仔癖、啃咬癖）

异常行为是指个体超出正常范围的行为。恶癖就是对人畜造成危害或带来经济损失的异常行为，它的产生多与动物所处环境中的有害刺激有关。例如，长期圈禁的母猪会持久而顽固地咬嚼自动饮水器的铁质乳头。母猪生活在单调无聊的栅栏内或笼内，常狂躁地在栏笼前不停地啃咬着栏柱。一般随其活动范围受限制程度增加咬栏柱的频率和强度增加，攻击行为也增加。口舌多动的猪，常将舌尖卷起，不停地在嘴里伸缩动作，有的还会出现拱癖和空嚼癖。

莱芜猪同类相残是另一种有害恶癖，如神经质的母猪在产后出现食仔现象。在拥挤的圈养条件下，或营养缺乏或无聊的环境中常发生咬尾异常行为，给生产带来危害。对惯性恶癖的猪只要及时淘汰。

第三节　生产性能

一、繁殖性能

莱芜猪性成熟早、发情明显、易受胎、利用年限长。公、母猪生后 4 月龄体重 30～40kg 达到性成熟。母猪多在 6～7 月龄体重 50～60kg 时初配，三产以后达到繁殖盛期，一般利用年限 7～8 年，个别长达 20 年。发情周期 18～22d，发情持续期 3～6d。怀孕期 112～116d。多数母猪断奶后 4～7d 发情，习惯春秋两季产仔，一般一年两窝或两年五窝。公猪多在 7～8 月龄体重 60kg 以上初配，一般利用 4～7 年。莱芜猪繁殖情况见表 2-1。

表 2-1　莱芜猪繁殖情况

产次	窝数	产仔数	产活仔数	60 日龄育成头数	60 日龄育成窝重（kg）
一产	235	10.79±0.19	9.75±0.18	8.54±0.21	100.35±3.78
二产	215	12.42±0.25	11.33±0.22	10.48±0.22	146.25±3.18
经产	593	14.81±0.22	12.8±10.17	11.52±0.16	151.08±2.50

二、生长性能

莱芜猪仔猪出生体重 0.5～0.8kg，45 日龄仔猪断奶体重 7～10kg，6 月龄公猪体重 40～50kg、母猪 45～55kg。成年公猪平均体重 167.45kg、母猪平均体重 152.98kg。

2017 年莱芜市莱芜猪原种场对 63 头成年公猪和 132 头成年母猪的体重体尺测定数据见表 2-2。

表 2-2 莱芜猪成年种猪的体重体尺

指标	成年公猪		成年母猪	
	测定头数	$X \pm SD$	测定头数	$X \pm SD$
体高（cm）	63	71.90±0.26	132	64.60±0.39
体长（cm）	63	122.10±0.35	132	127.90±0.77
胸围（cm）	63	138.20±0.33	132	138.50±0.18
体重（kg）	63	167.45±1.25	132	152.98±1.36

三、育肥性能和屠宰性状

育肥猪在饲养较好的条件下，饲养 10 个月左右，出栏体重 90kg，平均日增重 453g，料重比 4.46∶1，屠宰率 72.57%，眼肌面积 17.12cm^2，瘦肉率 45.87%。

四、肉质性状

在莱芜猪 30 多年的保种选育过程中，山东农业大学等单位对莱芜猪的肉质特性一直进行跟踪研究。先后 7 个批次集中对莱芜猪肉质特性的理化性状、食用品质、营养特性、组织学性状、抗氧化性能等进行了系统深入的研究（曾勇庆等，1990，2005，2008；杨海玲等，2005，2006；张伟力等，2008；李华等，2010；陈其美等，2010），揭示出莱芜猪具有正常鲜红肉色和丰富的大理石纹分布，肌肉 pH 正常以及持水性能良好；此外，莱芜猪肌肉肌纤维细腻，肉质细嫩；氨基酸含量，尤其是必需氨基酸和鲜味氨基酸含量丰富；脂肪酸组成合理、不饱和脂肪酸含量丰富，具有较高的营养保健价值；莱芜猪的肉质特性尤其是以干物质含量高、肌内脂肪含量丰富最具特色，为国内外猪种所罕见，从而构成莱芜猪肉质细嫩多汁、肉味浓郁鲜香的独特品质。

张伟力等发表的《莱芜猪肉切块质量点评》中对莱芜猪肉质评价如下。

前肩切块：肉色深红悦目，透明度不大，纹理细致清晰，小肌束间脂肪沉积均匀并与肌束形成浓密交织，形成红白相间的特有图案。肉面干爽无水、坚挺而富有弹性，指压痕迹恢复迅速。此切块属烤肉和炖肉之极品。前肩切块见图 2-5。

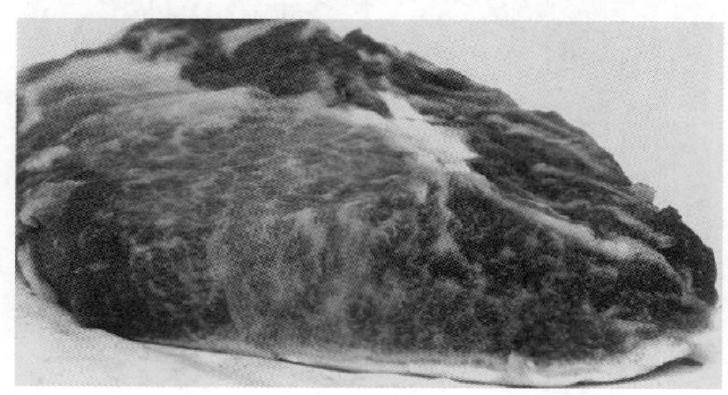

图 2-5　前肩切块

眼肌 T 骨切块：T 骨与眼肌界面清晰，造型美观，但不饱满充盈，属小型精品大排肉。肉面深红与大理石纹相映生辉，肉面无彩虹，有局部云雾状大理石纹和叶脉状大理石纹，肌束间脂肪与肌纤维束交错浓密。可作西餐猪大排精品原料。眼肌 T 骨切块见图 2-6。

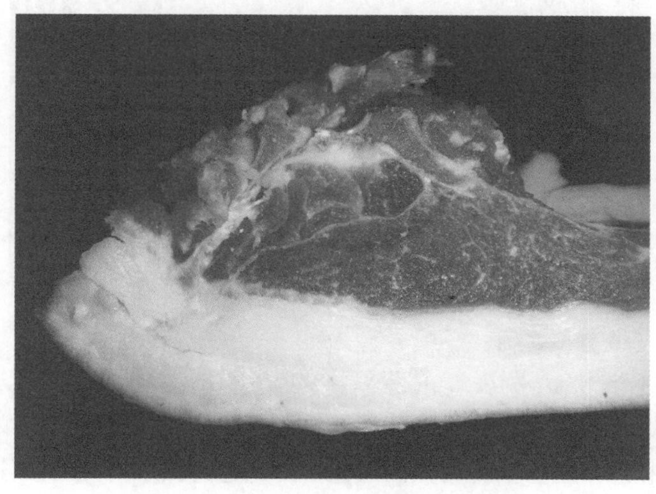

图 2-6　眼肌 T 骨切块

眼肌切块：眼肌切块为本猪种精华之所在，其眼肌胸段切块大理石纹浓密如麻，将所有鲜红的小肌束分割成细微小室，在烹调时产生成百上千个小油锅效应。融肉的多汁性、风味性、嫩鲜感于一体，集色香味于一炉，是厨家烹饪之极品，此切块甚为娇嫩，不可高温烹饪过度或反复烹制，更忌烤干烤焦。眼肌切块见图 2-7。

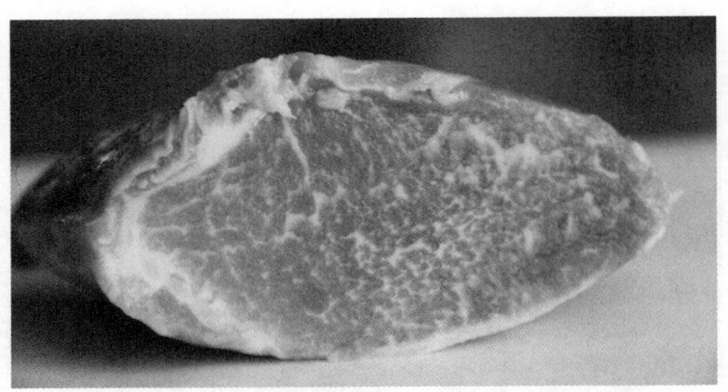

图 2-7　眼肌切块

五花肉切块：此切块红白色彩对比鲜明，瘦肉红似火，肥肉白如玉。皮、脂、肉层次结构分明，立体造型坚挺而富有棱角，红白层厚度比例适宜。该五花肉干物质含量较高而耐得文火长时间细炖。这种高浓度的五花肉可以有一个从“玻璃脆”到“香蕉酥”的熟化过程。五花肉切块见图 2-8。

图 2-8　五花肉切块

腿肉切块：其中股二头肌着色深红，尤为罕见。该腿肉切块纹理细致，色泽红亮而无彩虹，肉块坚挺而弹性极佳，是制造高档氽肉丸的极佳原料。腿肉切块见图 2-9。

图 2-9　腿肉切块

尾肉切块：此切块是莱芜猪一特色产品，其尾部毛孔细而密有利于调料渗入。尾部瘦肉红白相间，不仅肌束间脂肪丰富而且尾骨间胶原蛋白极为丰富。以上因素使莱芜猪尾肉的口感良好，熏制后此特点更为明显。尾肉切块见图2-10。

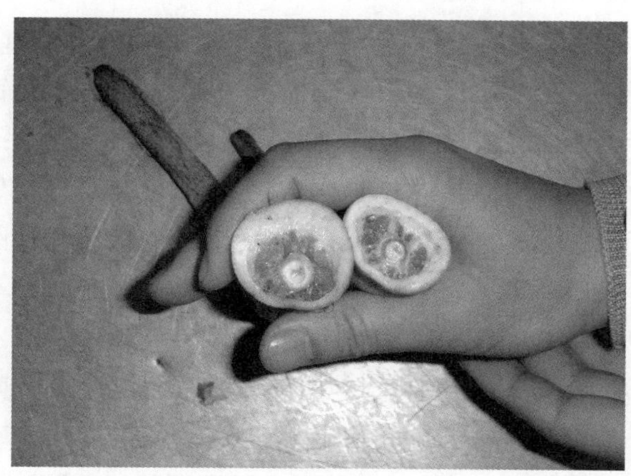

图 2-10　尾肉切块

第三章
莱芜猪的保种与选育

第一节　保　　种

一、猪种普查

1960 年以前，莱芜及周边地区饲养的全是莱芜猪。从 1960—1980 年，根据当地社会需要，在各级党委推动下，大量引进新金、巴克夏、内江、荣昌等脂肪型猪种与莱芜猪杂交生产高脂用型商品猪。其间，大量杂合个体留作种用，纯种莱芜猪不断被淘汰。社会上纯种莱芜猪已很少，不足 10 000 头。杂交改良，使纯种莱芜猪濒临绝境之地。好在各级业务部门和大专院校、科研单位非常重视莱芜猪的保护挖掘工作，先后进行多次的猪种调查和普查，并制订了保种利用方案以避免莱芜猪的绝种。当时的山东省农业厅、泰安地区农林（牧）局、莱芜县农林（牧）局于 1950—1980 年先后共组织了 7 次猪种调查、3 次较大规模的猪种普查，对莱芜猪种质资源分布及现状有了明细的底数。数次修订保种方案及发展规划。早期猪种普查见图 3-1。

图 3-1　早期猪种普查

当时普查的群体基础数据：

1. 生长发育性能　数据见表 3-1。

表 3-1　生长发育性能

初生个体重（kg）	双月龄断奶个体重（kg）	6 月龄体重（kg）		成年体重（kg）	
		公猪	母猪	公猪	母猪
0.6～0.8	8～14	40～50	45～55	100～120	90～130

2. 育肥性能　数据见表 3-2。

表 3-2　育肥性能

饲养期	出栏体重	日增重	饲料报酬	瘦肉率
10 个月左右	80～100kg	350g 左右	（4.5～4.9）：1	38.95%

3. 繁殖性能　数据见表 3-3。

表 3-3　繁殖性能

性成熟时间	初配时间	利用年限	发情周期	怀孕期	初产	经产
3～4 月龄	5～7 月龄	7～8 年	18～22d	112～116d	10 头	12～16 头

二、建立保种点和保种场

1973 年由泰安地区（当时的莱芜县隶属于泰安）组织在莱芜县杨庄公社小埠头村西建立了国营泰安地区莱芜畜牧场，见图 3-2。1974 年莱芜县农业局组织了一次莱芜母猪全面普查，选出了 314 头基本符合标准的莱芜猪。1975 年在莱芜县寨里公社王大下、公王庄、小下 3 个大队组建了莱芜猪育种点。1976 年，又在莱芜县苗山公社养猪场建立了育种点，见图 3-3。这样，莱芜猪育种点 4 个。1979 年，根据当时形势的变化，大队集体养殖逐步取消，分配到户，莱芜县畜牧局重新确立了国营莱芜蚕种场、农场和苗山公社养猪场为莱芜猪育种点和 23 个大队、生产队养殖点。1981 年由莱芜县确定苗山公社集体养猪场为莱芜猪第二保种场，第一保种场是泰安地区莱芜杨庄种猪场。这样莱芜猪保种和育种工作主要集中在泰安地区杨庄种猪场和苗山公社养猪场进行。在当时，符合标准的莱芜猪都集中到了这两个保种场，这对后来莱芜猪保种科

研起到了历史性的作用。

图 3-2　1973 年组建的国营泰安地区莱芜畜牧场

图 3-3　1976 年苗山公社养猪场育种点

随着时间的变迁和设施陈旧及人文因素的影响，两个猪场都不能有效承担莱芜猪资源保种的任务要求。1991 年由莱芜市畜牧综合开发公司（畜牧局）在莱芜市城郊区孙故事村重建了国营莱芜市种畜禽繁育场，原苗山镇（由原公社改建制）猪场莱芜猪群整体转入该场。1993 年 2 月，莱芜市由县级市升为地级市后，原泰安市杨庄种猪场整建制划转给莱芜市，由莱芜市畜牧综合开发公司管理，与莱芜市种畜禽繁育场一起升为副处级单位，承担莱芜猪的育种、保种和科研任务。2000 年，莱芜市种畜禽繁育场因经营困难，被迫解散，将莱芜猪群和种鸡群分配给场内各职工饲养，因当时国外猪受市场青睐，半年后莱芜猪群全部处理消失，职工饲养国外猪。2000 年，杨庄莱芜市种猪繁育场在农业部和省“三〇”工程项目等资助下，新建了一个存养莱芜基础母猪 200 头，占地约 2.21hm^2，建筑面积 3 000m^2 的原种场，并新组建了无特异病种猪群，于 2000 年 12 月 1 日通过省级验收。2002 年，杨庄莱芜市种猪繁育场在经营极度困难的情况下，与山东得利斯集团合作，组建合资公司得利斯（莱芜）种猪繁育有限公司，由得利斯集团来经营管理。

2006 年，在莱芜市政府的主导下，以开发利用促保种为手段，组织社会力量，组建了莱芜市鲁莱黑猪研发中心。租借场地，重新组建了 200 头基础母猪的莱芜猪保种育种核心群。同时，市政府印发了《实施莱芜猪产业化开发工程的意见》，并自行组织产业开发，打造品牌，开拓市场，实现了利用开发促保种的利好局面。2012 年支持社会力量投资 2 000 多万元，在莱芜市莱城区牛泉镇祥沟村建设存栏 1 000 头基础母猪的莱芜猪原种场；2016 年又在莱芜市钢城区辛庄镇上三山村投资 2 000 万元建设存栏基础母猪 1 000 头莱芜猪保种繁育场。莱芜猪育种点、保种场的建立和不间断的完善为莱芜猪的有效保护起到了重要作用。

三、组建保种育种群

1973 年泰安地区国营杨庄畜牧场组建，1974 年在莱芜猪普查的同时，组建莱芜猪育种群。育种群主要来源有山东农业科学院试验猪场、山东农学院畜牧场、莱芜、泰安、新泰、章丘等地，搜集组建了 100 多头保种群体。1975 年莱芜市农林局在寨里公社王大下、公王庄、小下 3 个大队建立莱芜猪育种点。1976 年，又在苗山公社养猪场建立育种点，这 4 个点共存养纯种莱芜猪 52 头，4 个血统。1979 年在莱芜猪重新调查的基础上，在杨庄泰安地区种猪场、莱芜县国营蚕种场、王大下农场、苗山公社养猪场，重新组建保种育种群，存养莱芜母猪 201 头，公猪 6 头。1980—1981 年，莱芜猪育种场重新确定为泰安地区（杨庄）种猪场（第一育种场）和苗山公社养猪场（第二育种场）。又从山东农业科学院试验猪场和山东农学院畜牧场分别引进 4 号、7 号、8 号公猪与 15 号、17 号公猪和 2 号、3 号、9 号、10 号、11 号母猪与 12 号、14 号、16 号、18 号、20 号、22 号、24 号、26 号、30 号、32 号、34 号母猪转入地区种猪场。至 1982 年，在两个保种场重新鉴定组建了 75 头、6 个公猪血统、36 个母祖系的保种核心群。其中，莱芜杨庄小埠头泰安地区种猪场有 40 头母猪、6 个公猪血统的保种核心群；莱芜县苗山公社养猪场有 35 头母猪、6 个公猪血统的保种核心群。遗传参数见表 3-4。

表 3-4 保种场核心群遗传参数

猪场	性别	头数	体重（kg）	体长（cm）	体高（cm）	胸围（cm）	产仔数	断奶头数	断奶窝重（kg）	发情持续期（d）	有效乳头数（个）
杨庄群	公	6	101.19	123.24	64.15	111.53	—	—	—	—	—
	母	40	99.05	121.02	63.30	109.92	13.08	10.27	129.58	3～5	15.65
苗山群	公	6	103.21	123.69	65.29	113.26	—	—	—	—	—
	母	35	101.19	120.73	64.82	114.71	14.75	11.07	144.25	3～5	15.98

核心群中 6 个种公猪血统照片见图 3-4。

图 3-4 核心群 6 个种公猪血统

为了进行莱芜猪有效的保纯和利用，1983 年山东省科学技术委员会下达重大科研攻关课题“瘦肉猪生产配套技术研究”，“莱芜猪自群选育与杂交利用研究”被确定为重点子课题。为保护、选育和利用好莱芜猪，1984 年 10 月 26 日，由东北农学院韩光微教授等国内养猪专家教授组成的专家组，对组建的莱芜猪保种选育基础群进行了论证。专家组一致认为：“组建的莱芜猪保种育种基础群资料齐全、数量比较充足，血统齐全，公母猪数量比例合理，猪群整齐，体型外貌大体一致，符合莱芜猪的外貌特征和繁殖力强的特性，生产性能超过所在场猪群的平均水平，而且比较稳定，可以在此基础上进行本品种选育。”至此，莱芜猪进入了本品种群体继代选育阶段，形成了莱芜猪保纯繁育的基础。

四、保种沿革

1984 年组建保种群（基础群）至 2010 年间，莱芜猪的保种始终以自群选育为主。2～4 年一个世代，采用不完全闭锁的家系选种方法，同质选配与异质选配相结合，规避三代内有血缘关系的个体相配。并选择生产性能高的家系扩大群体。坚持家系不能丢、个体优异性状不能丢、异质个体不能丢的原则。

1984—1990 年，进行自群选育、繁育推广、扩大保种群、种质特性研究和杂交生产等项工作。完成了 4 个世代的本品种选育，生产性能有了较大提高。共向泰安市、莱芜市繁育推广莱芜猪和大莱、长莱二元母猪 640 头。两个保种场的种群也扩大到 120 头基础母猪。同时完成了 4 个世代的后备猪选育和同胞育肥测定；完成了 3 批次商品瘦肉猪二元杂交试验和 2 批次三元杂交试验；8 批次不同莱芜猪类型的营养水平需要试验测定；莱芜猪、大莱商品猪适宜屠宰体重试验；莱芜猪及杂交猪肉质性能测定；并制定了《莱芜猪标准》和《莱芜猪暂行饲养标准》。

1991—2000 年，完成了 3 个世代的本品种选育。繁育推广莱芜猪 5 000 多头，大莱、长莱二元母猪 30 000 多头。完成了莱芜猪高繁特性研究；3 个世代的后备猪选育及同胞育肥性能测定；3 批次的肉质特性研究；利用莱芜猪和国外大约克夏猪培育了 2 个合成系（合成Ⅰ系、Ⅱ系）。完成了 4 批次三元和四元杂交性能测定试验研究，莱芜猪的种群稳定。在此期间，受瘦肉猪生产发展的需要，主要是利用莱芜猪生产杂交母本，生产杂优商品猪。莱芜市种畜禽繁育场莱芜猪核心群稳定在150头左右，但受生产经营困难的影响，2000年被迫分散给场内职工个人饲养，半年后猪群消失。这10年间，发展二级扩繁场14个，饲养莱芜母猪稳定在500头左右。随着选育世代进展，莱芜猪遗传性能稳定，种质特性更加突显。

2002年，得利斯（莱芜）种猪繁育有限公司组建并扩建规模，种猪群扩大，后又减少至不足100头。2006年，鲁莱黑猪研发中心成立，从莱芜市杨庄得利斯（莱芜）种猪繁育有限公司和社会上10个二级扩繁场鉴定引进了血缘清楚的150头原种群组建莱芜猪原种场。后继的莱芜猪保种繁育和科研任务，都是以此为基础开展的。2001—2010年，莱芜猪继续完成了3个世代的本品种的选育，3个批次的同胞育肥和肉质测定试验研究；研究探讨了与繁殖性能相关的6个功能基因，与肉质相关的12个功能基因；利用莱芜猪培育了一个新品种——鲁莱黑猪、二个配套系——鲁农Ⅰ号猪配套系和欧得莱猪配套系；2007年委托山东农业大学，在安徽农业大学张伟力教授的指导参与下，按照国际标准进行了莱芜猪、鲁莱黑猪肉质性能测定。10年间，繁育推广莱芜猪10 000头，鲁莱黑猪20 000头，配套系父母代种猪30 000头，开发出栏特色品牌肉猪100 000头，莱芜猪及其相关种质种群不断扩大。

2011年至今，莱芜猪和鲁莱黑猪种猪群，在稳定的基础上，以保存和开发为目的，不断扩繁，不断完善繁育与生产体系，核心种群已各达200头，扩繁群2 000多头。2012年组建莱芜猪原种场，扩大保种群和生产群。保种选育以家系选择为主改为以个体选择为主。同时增加了同胞和后裔测定项目，生长、繁育、屠宰和肉质都是作为直接选种的依据。6年完成了3个世代的个体性能系选育，肉质和繁育性能有了稳定提高。其间完成了“莱芜猪良种商品化生产关键技术研究与集成示范”“莱芜猪及其品牌猪肉标准与质量安全可追溯体系建设”“莱芜优质特色猪肉产业化开发技术集成示范”“莱芜猪及其配套系产业化开发技术集成与示范”“莱芜猪优良肉质遗传标记与创新利用研究”“莱芜猪分子身份证及优异基因的研究”等项目；江西农业大学黄路生院士主持完成了“莱芜猪全生物基因基础研究”；山东省畜牧总站主持，委托农业部武汉生猪性能测定中心，对山东省6个地方品种进行了集中同等条件下的饲养、性能测定。此时期是莱芜猪快速发展的时期，是利用开发转型的黄金时期，也完成了全面的性能测定和相关配套技术研究。

五、保种近况

为更好地保纯莱芜猪这一优良的国家级畜禽遗传资源，促进莱芜猪产业化开发，2012 年由莱芜猪原种场有限公司陆续投资在莱城区牛泉镇祥沟村规划建设存栏基础母猪 1 000 头，占地约 20hm^2 的生态型现代化国家级保种场，2016 年投入使用。2016 年莱芜猪原种场有限公司在钢城区辛庄镇上三山村规划建设存栏基础母猪 1 000 头，占地 200 亩的莱芜猪原种场，2017 年建成投入使用。两个新型猪场将同时承担莱芜猪保种与研发任务。两个猪场的建设和投入使用使莱芜猪保种更加安全稳固，莱芜猪的开发利用更具条件。

多年来，对莱芜猪进行有效保纯和利用，为我国地方畜禽品种资源的保护提供了参考价值。随着《中华人民共和国畜牧法》的贯彻落实，莱芜猪种质资源保护必将纳入法制化管理轨道。在莱芜猪原种场现有活体继代选育保纯的基础上，利用现代生物技术手段，进行种质资源特性的分子遗传学研究。通过分子遗传结构分析，选择组建具有莱芜猪基因基础的精准种群，实现核心群活体的有效保种。同时探讨胚胎保存和精液保存的有效方法，为将来提供更有效的育种资源。在原产地建立完善三级繁育保种利用体系，建立、健全系谱档案，实现动态资源检测。在生产中依托龙头加工企业建立有效的产业开发运行机制，实现莱芜猪特色肉猪及优质肉猪的产业化生产，从而实现在利用中保种的目标。

第二节　本品种选育

自 20 世纪 80 年代至 2010 年，为做好莱芜猪的保种和利用工作，制、修订了莱芜猪自群选育方案，并经过近 30 年的不断努力，完成了 9 个世代的本品种选育。

一、选育目标及原则

以本品种自群选育、保纯基因基础为目标，通过保纯优良基因、改善不良性状，提高生产水平，把莱芜猪选育成一个遗传性能稳定、体型外貌一致、具有典型特色的优良地方猪种。

体型外貌：保持头型倒“八”花纹，耳软大，嘴长直，鬃毛长，背毛全

黑，单脊背，皮黑毛稀等特性。改善其腹大下垂为腹大不过垂（母猪），铺蹄重卧为轻卧，后躯斜尻为后躯较丰满。

生产性能：保持繁殖力高、肉质好的特点，繁殖性状以产仔数、产活仔数、断乳头数和断乳窝重为主选性状，要求从1984年起经过世代选育，经产母猪产仔数提高到14头以上，仔猪哺育率90%，60日龄断奶窝重130kg。

育肥性能：育肥猪90kg屠宰，胴体瘦肉率由40%提高到45%左右，料肉比4.2∶1、日增重400g以上。

二、选配与世代间隔

采用亲缘与性能相结合进行选配、选种、选留，实行系统继代选育方法，2~4年一个世代。除特别优秀者外，上一世代猪群的个体不再转入下一世代猪群中。莱芜猪继代选育示意见图3-5。

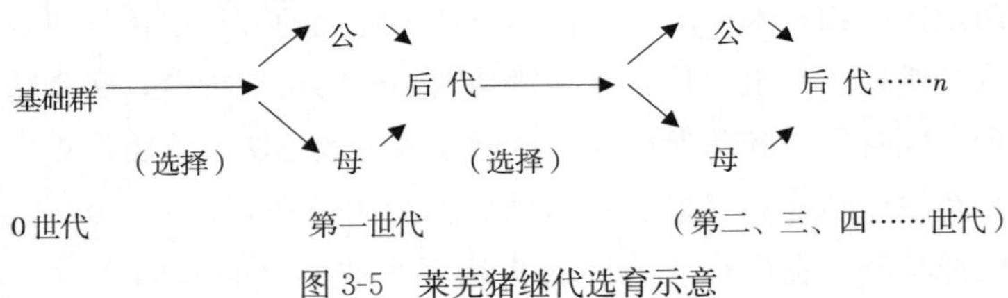

图3-5　莱芜猪继代选育示意

三、选种方法

1. 2月龄阶段　根据系谱档案，参照家系亲代的繁殖性能等性状进行家系选择，然后进行家系内个体选择。要求体型外貌符合品种特征，公猪发育良好，睾丸大而饱满，乳头7对以上、排列整齐；母猪发育清秀，乳头7对以上、排列整齐，均无明显遗传缺陷。每窝选留2公2母或1公2母、2公4母，进入后备猪培育。

2. 4月龄阶段　实行个体表型选择，淘汰个别增重速度慢、生长发育差、外貌特征不符合标准或出现遗传疾患的个体。

3. 6月龄阶段　实行综合指数法选择，以个体本身成绩为依据，结合同胞成绩、亲代的资料计算综合选择指数进行选留。留种比例母猪为75%，公猪为40%。综合选择指数 I 为：

$$综合选择指数\ I=\frac{X_1+X_2+X_3+(1-X_4)}{4}\times 100\%$$

X_1、X_2、X_3、X_4 分别为6月龄的体重、体长、腿臀围、活体膘厚与同期性状群体同一指标的比值。

4. 8月龄选择　主要对个体进行选择，依据同胞育肥成绩、生殖器官的外部发育、发情表现、乳头形状排列等情况进行选定，母猪选留比例80%、公猪50%。

四、选育结果

（一）体型外貌

莱芜猪经过9个世代选育，体型外貌趋于一致，遗传性能稳定。体型中等，体质结实，皮毛黑色，毛密鬃长，冬季有绒毛。头嘴长直，耳大下垂，背腰较平直，稍凹。腹大不过垂，前躯发达，后躯欠丰满。尾粗长直，末端成毛帚。乳头7对以上，排列整齐，发育良好。

（二）生长发育

从1984年开始组建莱芜猪基础群进行本品种选育以来，经过9个世代的选育，莱芜猪的体重和体尺有了较大提高，见表3-5。9世代2月龄后备公母猪平均体重14.68kg，比0世代提高10.4%；4月龄平均体重31.36kg，提高18.08%；6月龄平均体重50.72kg、平均体高52.54cm、平均体长94.46cm、平均胸围77.40cm，分别提高了22.06%、6.93%、0.27%和−1.46%。

表3-5　莱芜猪后备种猪生长发育结果

世代	性别	2月龄		4月龄		6月龄				
		头数	体重(kg)	头数	体重(kg)	头数	体重(kg)	体高(cm)	体长(cm)	胸围(cm)
0	♂	59	13.34±0.45	32	26.63±0.58	21	39.18±1.08	49.19±0.42	92.44±0.92	76.09±0.86
	♀	191	13.24±0.28	125	26.48±0.47	92	43.92±1.03	49.07±0.39	95.96±0.68	81.00±0.72
1	♂	48	14.29±0.73	32	28.49±1.23	25	45.19.±2.16	50.13±2.33	91.76±1.25	77.21±1.31
	♀	216	14.02±0.59	136	29.66±1.05	102	47.68±1.93	49.87±2.16	94.86±1.03	82.35±1.09
2	♂	63	14.74±0.31	42	30.38±0.48	28	49.20±0.86	52.16±1.12	96.88±0.80	83.45±0.86
	♀	170	14.64±0.30	129	30.97±0.41	98	53.77±0.77	50.63±0.27	98.22±0.64	87.07±0.59
3	♂	53	14.85±0.23	36	31.41±0.48	26	43.41±0.98	51.22±0.30	90.00±0.80	78.00±0.80
	♀	215	14.90±0.21	178	30.49±0.32	109	55.49±0.72	52.61±0.30	95.00±0.6	87.00±0.7

（续）

世代	性别	2月龄 头数	2月龄 体重(kg)	4月龄 头数	4月龄 体重(kg)	6月龄 头数	6月龄 体重(kg)	6月龄 体高(cm)	6月龄 体长(cm)	6月龄 胸围(cm)
4	♂	47	14.88±0.26	33	31.29±0.35	21	42.80±0.72	52.70±0.46	91.30±0.72	79.30±0.59
	♀	188	14.75±0.23	114	30.56±0.42	96	56.10±0.78	51.30±0.58	94.20±0.57	84.90±0.79
5	♂	65	15.15±0.26	43	31.72±0.36	32	44.60±0.72	53.30±0.35	92.00±0.68	80.20±0.82
	♀	192	15.08±0.23	132	31.05±0.28	102	56.00±0.68	49.60±0.74	96.00±0.95	85.60±0.64
6	♂	59	15.06±0.18	45	30.58±0.23	34	44.90±0.45	53.10±1.15	91.50±0.58	80.10±0.76
	♀	216	15.16±0.25	134	31.42±0.26	112	56.60±0.38	52.80±0.39	97.10±0.79	87.50±0.58
7	♂	53	15.49±0.16	30	33.58±0.16	24	49.65±0.38	48.86±0.34	93.65±0.46	82.59±0.52
	♀	166	15.51±0.13	112	32.33±0.14	97	56.72±0.36	54.55±0.26	97.87±0.45	84.36±0.65
8	♂	46	14.82±0.31	40	31.57±0.26	28	45.27±0.52	52.73±0.51	92.34±0.52	76.59±0.73
	♀	178	14.87±0.29	125	31.76±0.32	87	55.65±0.31	51.96±0.47	95.29±0.48	79.22±0.47
9	♂	30	14.63±0.33	28	31.29±0.51	19	44.87±0.26	52.91±0.38	92.58±0.37	75.83±0.62
	♀	198	14.72±0.42	119	31.42±0.25	96	56.56±0.32	52.16±0.43	96.33±0.49	78.96±0.58

（三）繁殖性能

综合0～9世代1 613窝成绩，莱芜母猪经产平均产仔总数14.84头，产活仔12.86头，21日龄泌乳力38.09kg，60d断奶育成11.67头，窝重152.65kg，属我国地方猪种高水平。世代间比较，产仔总数稳定在14.50头左右，9世代比0世代产活仔数提高0.46%，60d断奶育成仔猪数提高12.67%，断奶窝重提高9.69%。莱芜母猪各世代三产以上繁殖成绩见表3-6。

表3-6 莱芜母猪三产以上繁殖成绩

世代	窝数	产仔总数	产活仔数	21日龄泌乳力（kg）	60d断奶 头数	60d断奶 窝重（kg）
0	179	14.94±0.28	12.2±0.23	37.44±1.01	10.97±0.19	144.6±2.98
1	186	14.87±072	12.0±0.54	36.94±2.37	10.34±0.67	142.7±5.74
2	172	14.30±0.30	12.5±0.23	36.62±1.61	11.27±0.29	151.0±4.56
3	153	14.45±0.26	12.7±0.24	37.23±1.25	11.25±0.28	152.1±3.76
4	138	15.02±0.33	12.9±0.28	37.52±1.06	11.67±0.26	149.2±4.68
5	160	15.01±0.34	12.7±0.31	38.33±1.18	11.56±0.28	147.8±5.58
6	159	14.82±0.27	13.0±0.24	38.14±1.26	11.89±0.21	153.6±3.53

（续）

世代	窝数	产仔总数	产活仔数	21 日龄泌乳力（kg）	60d 断奶	
					头数	窝重（kg）
7	132	15.05±0.16	13.2±0.15	39.82±2.25	12.05±0.11	158.9±2.67
8	176	14.93±0.34	12.9±0.27	38.59±2.10	12.03±0.35	157.6±4.31
9	158	15.01±0.41	13.1±0.33	39.15±1.24	12.36±0.29	158.6±3.82

（四）育肥性能

经过 9 世代的选育，各世代间的育肥和屠宰性状均有不同程度的提高。从体重 20～90kg 测定结果，9 世代平均日增重 453g，比 0 世代提高 38.53%；料重比 4.46∶1，提高 9.19%；屠宰率 72.57%，提高 5.22%；眼肌面积 17.12cm^2，提高 8.49%；后腿比例 26.93%，提高 1.96%；瘦肉率 45.87%，降低 0.21%。其中，瘦肉率有所下降是由于后期侧重莱芜猪肉质性能的选育。这些表型值的提高，既是选育的结果，也包括环境效应的影响。莱芜猪同胞育肥屠宰测定结果见表 3-7。莱芜猪日增重、料重比、瘦肉率变化情况曲线见图 3-6。

表 3-7　莱芜猪同胞育肥屠宰测定结果

世代	育肥			屠宰性状				
	头数	日增重（g）	料重比	头数	屠宰率（%）	眼肌面积（cm^2）	后腿比例（%）	瘦肉率（%）
0	47	327±8	4.87±0.43	25	67.35±0.49	15.78±0.63	24.97±0.23	46.08±0.67
1	36	397±21	4.65±0.82	16	69.85±1.05	16.29±0.94	25.17±0.34	47.25±1.09
2	26	418±15	4.25±0.17	13	73.18±0.43	14.88±0.94	27.10±0.35	46.36±0.78
3	33	423±15	4.14±0.35	16	68.83±0.89	16.06±0.74	27.06±0.32	47.02±0.60
4	24	428±13	4.11±0.26	12	72.05±0.78	15.32±0.47	26.58±0.20	47.50±0.60
5	24	430±15	4.08±0.37	12	73.29±0.63	16.25±0.38	27.20±0.33	45.30±0.63
6	24	428±15	4.09±0.28	12	72.56±0.38	16.05±0.57	26.59±0.42	47.36±0.72
7	24	466±10	4.03±0.18	12	74.09±0.25	18.16±0.35	27.95±0.26	48.64±0.46
8	36	451±21.6	4.52±0.27	18	72.46±0.31	17.37±0.51	26.72±0.46	45.92±0.54
9	48	453±17.3	4.46±0.32	20	72.57±0.42	17.12±0.26	26.93±0.53	45.87±0.32

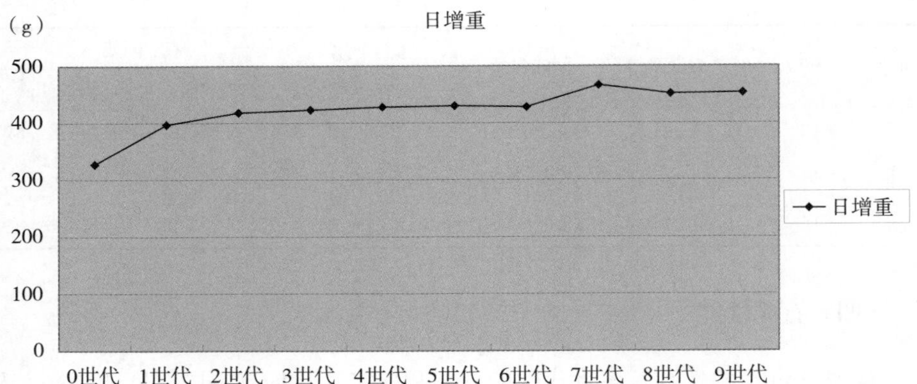

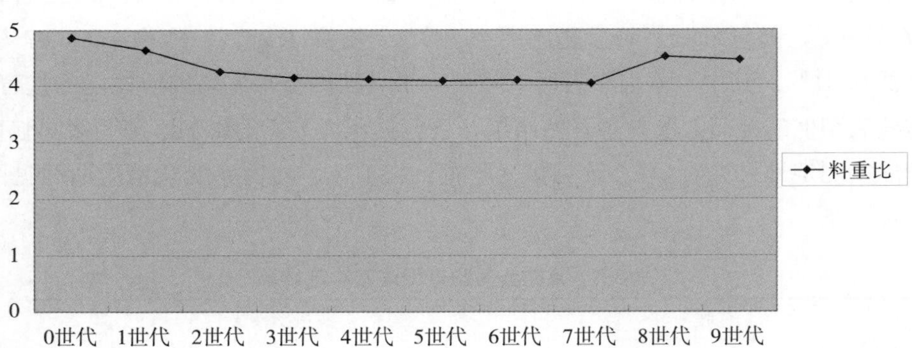

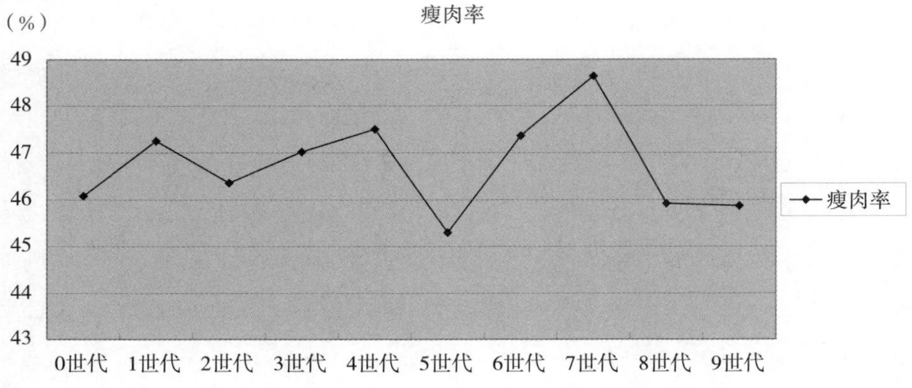

图 3-6　莱芜猪日增重、料重比及瘦肉率曲线

第四章
莱芜猪的种质特性研究

第一节　繁殖特性研究

一、性成熟及繁殖力

我国地方猪种素以高繁特性著称于世。为了摸清莱芜猪高繁性能的组织学基础和生理机制，1991—1994 年李森泉、魏述东等进行了莱芜猪高繁殖力特性的研究。

（一）性成熟早

莱芜猪性成熟早、发情明显、容易受胎、利用年限长。公、母猪出生后 3～4 月龄体重 25～35kg 达到性成熟。莱芜母猪多在 6～7 月龄体重 40～60kg 初配。一般利用年限 6～8 年。发情周期 18～22d，发情持续期 3～6d，最多 7d。怀孕期 112～116d。多数母猪断奶后 3～7d 发情，习惯春秋两季产仔，一般 1 年产 2 窝，少数户养母猪 2 年产 5 窝。公猪多在 7～8 月龄体重 60kg 以上初配，一般利用 3～6 年。

莱芜公猪平均性成熟时间为 106.3 日龄。6 月龄采精量为 36.25mL，精子活力 0.56；8 月龄采精量为 106.50mL，精子活力 0.70；12 月龄采精量为 159.92mL，精子活力 0.72。莱芜母猪初情期平均为 112.8 日龄，体重 30.7kg；第二情期为 133.2 日龄；第三情期为 153.3 日龄。发情周期平均为 20.05d，发情持续 4.47d。母猪于第三情期配种，受胎率 83.4%。

（二）产仔数多

据测定，莱芜母猪排卵数平均 23.66 枚，大莱（雄性大约克夏猪与雌性莱

芜猪杂交所得后代）母猪排卵数平均 23.00 枚，排卵数量较多，且两者的左侧卵巢明显优于右侧卵巢。莱芜猪初产产仔 10 头，产活仔 9.7 头，60 日龄育成数 9 头，断乳窝重 100kg；经产产仔 15 头，产活仔 13 头，60 日龄育成数 11 头，断乳窝重 145kg。

二、生殖器官发育

（一）公猪生殖器官发育

1. 生殖器官发育　选留小公猪，从 30～120 日龄每隔 10d 剖检测量莱芜公猪、大莱公猪生殖器官发育。60 日龄后睾丸及附睾发育出现较强的生长趋势，睾丸组织的相对增长强度大于体重的增长，且睾丸组织的重量还同体重呈正相关关系。同窝中个体大、发育正常的猪，其生殖器官发育也正常，并较早出现性活动表征，故加强幼猪培育是促进生殖器官正常发育的基础。90 日龄睾丸组织涂片镜检，发现有成熟的精子，但附睾中没有发现精子，亦无精液。110～115 日龄检查附睾中已有大量精液存在，且精子活力强，密度大，已具备射精能力。体重相近、睾丸重量基本相同的个体间，发育正常的猪性活动表现也较为相近。由于精液的分泌导致睾丸和附睾的体积与重量相应增加，可以认为睾丸及附睾的发育是公猪早期性成熟的表征。同期测定 60 日龄后的大莱公猪生殖器官的发育比莱芜公猪有较强的生长趋势，很可能是杂种优势所致。莱芜公猪生殖器官发育测定结果见表 4-1，大莱公猪生殖器官发育测定结果见表 4-2。

表 4-1　莱芜公猪生殖器官发育测定

日龄	头数	体重（kg）	睾丸重（g）		附睾重（g）		睾丸体积（cm^3）	
			左	右	左	右	左	右
30	10	5.75	2.80	2.95	0.80	0.75	2.87	3.17
40	10	4.92	3.17	3.38	1.50	1.53	3.01	2.77
50	10	9.22	5.47	5.27	2.50	2.67	4.56	4.18
60	10	17.33	14.43	14.07	3.43	3.73	9.49	9.11
70	10	17.25	18.80	21.05	8.05	8.70	13.14	16.64
80	10	20.00	25.40	23.60	9.00	9.35	18.31	18.16
90	10	23.00	21.20	20.30	11.50	11.50	55.98	50.77

（续）

日龄	头数	体重（kg）	睾丸重（g）		附睾重（g）		睾丸体积（cm^3）	
			左	右	左	右	左	右
100	10	32.00	48.90	43.00	20.40	19.00	64.60	55.30
110	10	25.00	69.60	59.47	21.60	27.00	71.00	69.31
120	10	34.25	92.15	91.00	23.60	22.85	93.24	99.19

表 4-2　大莱公猪生殖器官发育测定

日龄	头数	体重（kg）	睾丸重（g）		附睾重（g）		睾丸体积（cm^3）	
			左	右	左	右	左	右
30	10	5.65	3.25	3.40	1.43	1.53	4.24	3.49
40	10	9.17	5.83	5.80	2.23	2.00	5.84	5.84
80	10	23.38	23.15	23.45	8.10	8.15	20.45	17.02
90	10	24.50	24.90	23.80	9.15	9.60	35.43	32.86
110	10	42.75	75.90	75.50	22.30	21.70	85.47	86.87
120	10	44.25	87.40	85.20	30.50	29.40	137.55	127.27

2. 公猪睾丸的组织学观察　莱芜公猪睾丸的组织学观察结果表明：70 日龄阶段，公猪精母细胞开始大量出现，曲细精管直径（191.59±8.70）μm（*N*＝17），曲细精管腔径（69.47±5.51）μm（*N*＝15），曲细精管空腔开始形成；110 日龄阶段，曲细精管直径（259.20±17.37）μm（*N*＝10），大部分曲细精管腔裂，少部分曲细精管形成清晰的空腔，曲细精管内充满大量精子细胞，可以看到附着在曲细精管空腔壁上密密麻麻的精子，精子的头尾部分已经非常明显；115 日龄阶段，曲细精管直径（259.20±17.37）μm（*N*＝10），曲细精管腔径（121.50±14.55）μm（*N*＝10），组织学观察结果同 110 日龄阶段。110 日龄阶段，即 3.5 月龄的莱芜公猪已经基本具有了配种受精的能力，从生理机制的研究进一步印证了莱芜猪性成熟早的特征。莱芜公猪精母细胞组织学形态见图 4-1。研究发现：曲细精管空腔的形成与精子形成是同步进行的，即随着精母细胞的发育成熟到精子形成，曲细精管空腔逐渐由混浊→空腔不清晰→空腔形成。空腔的形成便于精子的排出（表 4-3）。同一时期测定的大莱公猪腔裂时间及精子生成期要晚于莱芜公猪（表 4-4）。

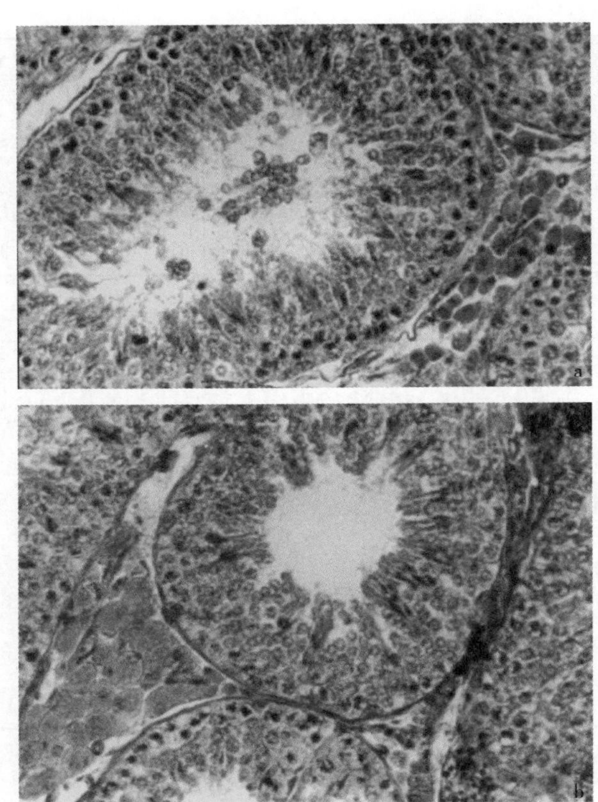

图 4-1　莱芜公猪精母细胞组织学形态

a. 70 日龄　b. 115 日龄

表 4-3　30～120 日龄莱芜公猪曲细精管组织学观察（$\overline{X}_1 \pm S_{\overline{X}}$）

日龄	①N_1，曲细精管直径（μm） ②N_2，曲细精管腔径（μm）	曲细精管变化	精母细胞
30	①N_1=25，58.32±1.01（47～69）	无腔裂	处于初级有丝分裂的前期
40	①N_1=25，60.20±1.49（50～75）	无腔裂	处于初级有丝分裂的后期
50	①N_1=25，75.20±3.31（55～138）	大部出现腔裂痕迹或腔裂；个别出现空腔	大部处于初级精母细胞有丝分裂的后期，少数进入次级精母细胞期
60	①N_1=26，144.62±4.77（111～222） ②N_2=26，50.92±4.10（14～83）	出现空腔，空腔不清晰	个别曲细精管内有精子细胞形成

（续）

日龄	①N_1，曲细精管直径（μm） ②N_2，曲细精管腔径（μm）	曲细精管变化	精母细胞
70	①N_1＝17，191.59±8.70（139～222） ②N_2＝15，69.47±5.51（42～111）	大部出现空腔，部分不清晰	大部分曲细精管内充满精母细胞，某些曲细精管内有成熟精子出现
80	①N_1＝30，206.77±5.37（157～257） ②N_2＝29，85.64±3.74（57～125）	形成空腔，部分个体不清晰	曲细精管内充满大量精母细胞，部分曲细精管内有大量成熟的待排精子
90	①N_1＝21，193.05±4.37（171～243） ②N_2＝16，74.47±4.52（42～114）	空腔清晰	曲细精管内充满大量精母细胞，并有成熟的精子
100	①N_1＝30，202.33±5.04（177～263） ②N_2＝11，82.46±5.59（57～114）	空腔清晰	空腔清晰的曲细精管内充满大量精母细胞与精子
110	①N_1＝10，259.20±17.37（194～357） ②N_2缺失	空腔清晰	成熟精子充满腔内
115	①N_1＝10，259.20±17.37（194～358） ②N_2＝10，121.50±14.55（57～200）	空腔清晰	成熟精子充满腔内，其形态已与成年公猪精子形态无异
120	①N_1＝10，259.20±17.37（194～358） ②N_2＝10，121.50±14.55（57～200）	空腔清晰	成熟精子充满腔内，其形态已与成年公猪精子形态无异

表 4-4　30～120 日龄大莱公猪曲细精管组织学观察（$\overline{X}_1 \pm S_{\overline{X}}$）

日龄	①N_1，曲细精管直径（μm） ②N_2，曲细精管腔径（μm）	曲细精管变化	精母细胞
40	①N_1＝25，63.40±0.91（55～72）	无腔裂	处于初级有丝分裂的后期
70	①N_1＝25，151.48±3.61（125～194） ②N_2＝25，55.68±2.37（36～69）	大部腔裂形成空腔，空腔不清晰	曲细精管内充满次级精母细胞与初级精母细胞（处于减数分裂后期） 曲细精管内未发现成熟的精子
90	①N_1＝25，223.08±4.95（71～288） ②N_2＝22，95.00±3.53（57～128）	腔裂形成空腔，部分个体空腔不清晰	空腔的曲细精管内充满大量精母细胞与精子
110	①N_1＝26，250.12±6.53（194～305） ②N_2＝18，106.33±6.40（69～305）	腔裂形成清晰空腔	清晰空腔曲细精管内有大量精子细胞和成熟的精子出现
120		腔裂形成清晰空腔	成熟精子充满腔内

（二）母猪生殖器官发育

1. 母猪的生殖器官发育　从30～120日龄每隔10d剖检测量莱芜母猪、大莱母猪生殖器官发育情况见表4-5、表4-6。莱芜母猪60日龄前后卵巢、输卵管、子宫出现较强的生长趋势，相对增长强度大于体重的增长。子宫的重量也同体重呈正相关关系。70日龄卵巢内未发现红体。80日龄卵巢出现红体。90日龄不但有大量成熟卵泡，且有多个红体存在卵巢之中。120日龄两侧卵巢发育完好并各有80多个正在发育的卵泡。测定过程中，大莱母猪各日龄段的体重增长都比莱芜猪有一定的优势，尤其是排卵和红体较多，表明大莱母猪具有较高的繁殖力，为开发利用大莱母猪提供了依据。测定180日龄、体重约100kg的大约克夏母猪，卵巢重4g，输卵管重3.9g，子宫重47g，这些指标均低于120日龄的莱芜母猪，表明莱芜母猪生殖器官的早期发育远远超过大约克夏母猪。

表4-5　莱芜母猪生殖器官发育测定

日龄	头数	体重（kg）	卵巢重（g）	输卵管重（g）	子宫重（g）
35	10	5.53	0.03	0.10	2.50
40	10	6.47	0.04	0.15	2.96
50	10	13.18	0.09	0.19	4.65
60	10	14.00	0.15	0.40	7.80
70	10	20.50	0.18	0.73	8.60
80	10	23.50	0.25	0.25	10.70
90	10	25.00	0.90	2.45	13.60
100	10	26.52	1.25	3.96	23.50
110	10	28.25	2.80	4.90	50.80
120	10	30.00	4.50	6.75	64.85

表4-6　大莱母猪生殖器官发育测定

日龄	头数	体重（kg）	卵巢重（g）	输卵管重（g）	子宫重（g）
30	10	5.03	—	0.10	2.65
40	10	7.50	0.01	0.20	4.60
50	10	14.00	0.11	0.30	5.73

（续）

日龄	头数	体重（kg）	卵巢重（g）	输卵管重（g）	子宫重（g）
60	10	17.58	0.20	0.40	8.97
70	10	21.75	0.13	0.48	10.60
80	10	23.75	0.15	1.05	17.05
90	10	26.37	1.70	2.65	25.80
110	10	36.00	3.70	4.10	38.00
120	10	44.25	4.90	4.70	51.50

2. 莱芜母猪卵泡组织学观察　莱芜母猪卵泡组织学观察结果表明，莱芜母猪30日龄卵泡发育无腔裂；40日龄进入卵泡生长期，1/3的卵泡腔裂出现月牙形空腔痕迹；50日龄左右2/3的卵泡腔裂，呈月牙形空腔形态；60日龄左右2/3的卵泡形成空腔，个别卵泡的卵黄出现核仁，有的卵子开始出现透明带；70日龄左右出现多个透明带的卵子；80日龄左右已有多个成熟卵子排出；90日龄左右已能正常排卵。莱芜母猪卵泡组织学形态见图4-2。大莱母猪在90日龄左右才发现排出卵子的卵泡和带透明带的卵子，其性成熟期略晚于莱芜母猪（表4-7）。

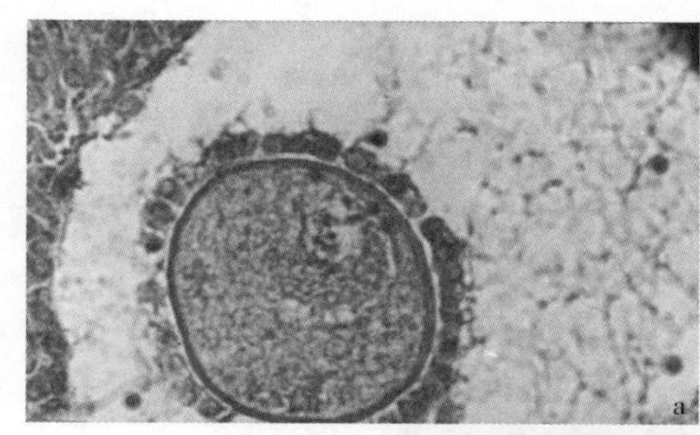

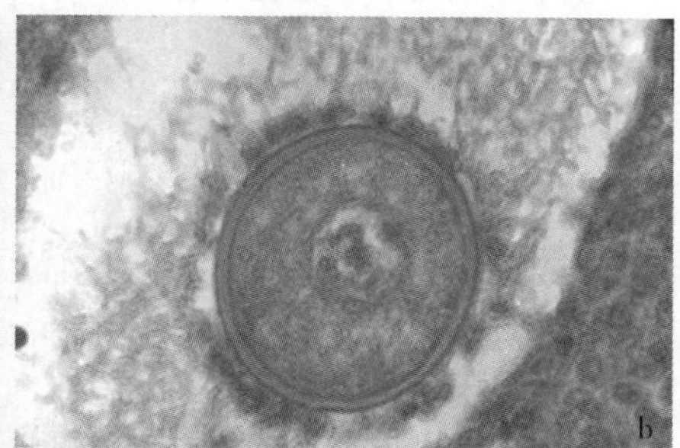

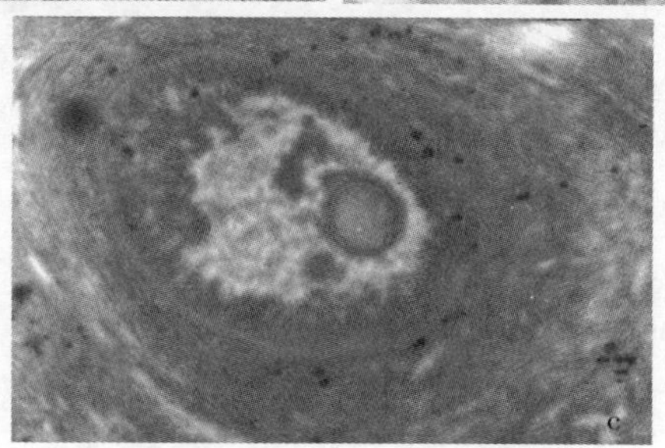

图4-2　莱芜母猪卵泡组织学形态

a. 70日龄　b. 90日龄　c. 110日龄

表 4-7　30～120 日龄莱芜母猪、大莱母猪卵泡发育组织学观察

日龄	莱芜母猪	大莱母猪
30	大部处于发育初期，部分发育到三级出现月牙形；3/4 聚集在卵巢皮质部，少量成零星分布	大部处于发育初期，部分发育到三级出现月牙形；3/4 聚集在卵巢皮质部，少量成零星分布
40	大部处于发育三级卵泡阶段，部分处于初级阶段；大部聚集在卵巢皮质部，少量成零星分布	大部处于发育三级卵泡阶段，部分处于初级阶段；大部聚集在卵巢皮质部，少量成零星分布
50	大部为发育到三级阶段的卵泡，2/3 出现月牙形空腔，1/3 无腔卵泡分布于有腔卵泡与卵巢皮质部之间	大部为发育到三级阶段的卵泡，2/3 出现月牙形空腔，1/3 无腔卵泡分布于有腔卵泡与卵巢皮质部之间
60	大部为发育到三级阶段的卵泡，60%形成空腔，卵泡显著增大，部分卵泡的透明带开始出现，不亮，卵黄内核仁出现	大部为发育到三级阶段的卵泡，60%形成空腔，卵泡显著增大，部分卵泡的透明带开始出现，不亮，卵黄内核仁出现
70	大部为发育到三级阶段的卵泡，部分卵泡发育到成熟期，镜检发现 9 个带透明带的卵泡，其中两个有核仁。未发现待排卵子	镜检发现了一个排出了卵子的空卵泡；其余变化与莱芜猪相同
80	镜检发现多个带透明带的卵泡、个别卵子的卵核移至边缘，有成熟卵子出现，发现 6 个待排卵子；有腔卵泡充满卵巢皮质部之间	有多个带透明带的卵泡；已有成熟卵子出现；发现了一个排出卵子的空卵泡
90	有多个带透明带的卵泡，成熟卵子出现，镜检发现十几个排出卵子的卵泡；有腔卵泡充满卵巢皮质部之间	有多个带透明带的卵泡；有成熟卵子出现；发现了 4 个排出卵子的空卵泡
100	镜检发现十几个带透明带的成熟卵泡及十几个排出卵子的卵泡；已具备正常发情排卵功能；有腔及成熟卵泡充满卵巢皮质部之间	有多个带透明带的卵泡；有成熟卵子出现；有多个排出卵子的空卵泡
110	镜检发现十几个带透明带的成熟卵泡及十几个排出卵子的卵泡；已具备正常发情排卵功能；有腔及成熟卵泡充满卵巢皮质部之间	有多个带透明带的卵泡；成熟卵子成零星分布；镜检发现了多个排出卵子的空卵泡
120	镜检发现十几个带透明带的成熟卵泡及十几个排出卵子的卵泡；已具备正常发情排卵功能；有腔及成熟卵泡充满卵巢皮质部之间	有少数带透明带的卵泡；成熟卵子成零星分布；镜检发现了多个排出卵子的空卵泡

三、繁殖性状基因分析

1. 雌激素受体（ESR）基因　ESR是一种配体激活转录因子家族中的核酸受体，具有转录调控蛋白质的功能，同时，影响雌激素基因在雌性动物体内的表达与调控，从而影响繁殖功能。

研究人员将*ESR*基因作为影响猪产仔数的候选基因进行研究，并首次在不同猪种中发现了一个PvuⅡ酶切位点存在多态性，与母猪产仔数显著相关。柳淑芳（2002）等将*ESR*基因作为控制猪产仔数的候选基因，分析其PvuⅡ多态性与高产猪种莱芜猪和国外引进猪种长白猪产仔数的关系。序列分析发现，PCR扩增区56bp的PvuⅡ酶切片段位于RFLP分析获得的3.7kb正向序列（*B*基因）的起始部分。由于对高产仔数莱芜猪*ESR*基因121bp条带与产仔数效应关系的研究中，未发现显著性差异（$P>0.05$），*ESR*基因在高产仔数的莱芜猪中的PvuⅡ多态性分布不能证实*B*基因为优势基因，故推测3.7kb条带对该猪种产仔数不起决定作用。

猪产仔数的遗传力低，常规育种技术对产仔数性状的改变非常有限，因此寻找控制猪繁殖率的主效基因及其遗传标记对提高猪产仔数具有重要意义。采用PCR-SSCP方法，对莱芜猪、鲁莱黑猪、里岔黑猪、鲁烟白猪、新沂蒙黑猪5个山东地方/培育猪种和大约克夏猪、长白猪、杜洛克猪3个引进猪种共8个猪种323头进行*ESR*基因的多态性分析，并采用最小二乘法分析其对产仔数的遗传效应。结果表明这两个基因的突变位点存在多态性。对于*ESR*基因，BB型比AA型母猪初产总产仔数和活产仔数分别高1.38头和1.15头，而经产总产仔数和活产仔数分别高0.96头和0.91头（$P<0.05$）。

*ESR*基因的突变位点在各个猪种表现出多态性，在各个猪种中的基因频率和基因型频率各有差异。*ESR*基因在所检测的引进猪种中，有利基因*B*频率较低，均低于0.5，尤其是杜洛克猪种最低，为0.080。而在山东品种中，BB型个体较多，这可能是与地方品种的高产性密切相关。因此在今后的育种工作中，应该重点监测*ESR*基因，并有目的地选留BB型或AB型母猪进行育种，以提高有利基因*B*的频率，以期提高母猪的繁殖性能。

2. 卵泡刺激素（FSH）β亚基基因　FSH促进颗粒细胞增生与卵泡液的分

泌，并诱导促黄体素（LH）、促乳素（PRL）的受体生成及芳香化酶的生成，刺激雌二醇的合成与释放，从而协调控制配子细胞的发育和成熟。哺乳动物卵泡刺激素一般由 α 亚基和 β 亚基组成，FSH 行使生物功能主要依赖于 β 亚基的特异作用。

FSHβ 亚基基因结构区聚合酶链式反应（PCR）扩增结果和序列分析表明，该基因的多态性是由一个长约 270bp 的 Alu 成分插入突变引起的。插入序列位于已发表序列（D00621）的＋809 与＋810 碱基之间，在内含子 1 中靠近外显子 2 处。

通过 PCR 对中国华北型优良地方猪种莱芜猪及杜里猪、长白猪的 FSHβ 亚基基因结构区插入片段进行扩增，并对 0.5kb 扩增产物进行克隆和测序。序列分析表明，在已发表的猪 FSHβ 亚基基因全序列的＋809 与＋810 碱基之间，莱芜猪存在一个长度为 275bp 的插入片段，插入片段末端的 poly（A）为 17 个腺苷酸。把 FSHβ 亚基基因作为控制猪产仔数主效基因的候选基因与产仔数进行连锁分析，证明 FSHβ 亚基基因存在莱芜猪种中与控制猪产仔数的主效基因紧密连锁，优势基因 AA 纯合子比 BB 纯合子母猪平均每胎多产仔 1.2 头。因不同品种猪插入序列的主要差异是末端的 poly（A）长短不同，推测该插入片段末端的 poly（A）结构亦可能影响猪的产仔数。

有研究人员曾经把 FSHβ 亚基基因作为控制猪产仔数的候选基因并对其进行了深入研究，推断出 FSHβ 亚基基因是控制猪产仔数性状的主效基因，或与主基因存在紧密的遗传连锁。在研究中发现，FSHβ 亚基基因与产仔数的对应分析过程中，虽然没有纯合的 BB 基因型直接与 AA 基因型进行比较分析，但通过显性度的估算，可以推测 FSHβ 亚基基因是控制猪产仔数性状的主效基因，或与主基因存在紧密的遗传连锁。*A* 基因在高繁殖力的莱芜猪群体中的频率优势也部分反映了其增加产仔数的作用。1999 年，赵要风等报道中国二花脸猪 FSHβ 亚基基因均为 AA 基因型，AA 纯合子比 BB 纯合子母猪平均每胎多产仔 1.5 头。据统计，莱芜猪平均产仔数仅次于太湖猪，对 251 窝经产莱芜母猪进行统计，其平均产仔数为（14.76±0.22）头，活仔数为（12.35±0.7）头。如果把 FSHβ 亚基基因作为控制猪产仔数主效基因的候选基因，那么莱芜猪与太湖猪之间 FSHβ 亚基基因插入片段的差异很可能是影响产仔数的重要因素。

王继英等（2007）分析了莱芜猪合成系及其育种素材莱芜猪和大约克夏猪

FSHβ亚基基因和*ESR*基因的多态性及其与产仔性能的关系。结果表明：对于FSHβ亚基基因，莱芜猪合成系群体内AB基因型占多数，而在莱芜猪和大约克夏猪群体内分别以AA基因型和BB基因型占绝对优势；FSHβ亚基基因的3种基因型中，以AA基因型的产仔数最高，但各基因型间差异没达到显著水平。对于*ESR*基因，在3个猪种内，AA和AB基因型均占优势，BB基因型频率很低，且莱芜猪群体内未检测到BB基因型。研究发现，莱芜猪合成系的AA基因型比BB基因型的头胎产仔数和经产产仔数分别高0.85头和0.24头，莱芜猪的AA基因型比BB基因型的头胎产仔数和经产产仔数分别高0.72头和0.45头，但都没有达到显著水平。

3. 骨形态发生蛋白15（BMP-15）基因和*BMPR-IB*基因　*BMP-15*基因是TGF-β超家族成员之一，*BMP-15*基因的DNA序列在不同的物种之间存在较高的同源性。研究发现BMP-15在卵泡生长发育过程中起着两个至关重要的作用：一是抑制FSH受体在颗粒细胞中表达，从而阻止了FSH引起的颗粒细胞的分化；二是在卵泡发育的早期阶段，能够刺激颗粒细胞的产生。

采用PCR-SSCP方法对莱芜猪、鲁莱黑猪、里岔黑猪、鲁烟白猪、新沂蒙黑猪5个山东地方/培育猪种和大约克夏猪、长白猪、杜洛克猪3个引进猪种共8个猪种481头繁殖母猪进行*BMP-15*基因和*BMPR-IB*基因的多态性分析，并采用最小二乘法分析其对产仔数的遗传效应。结果表明：2个基因的3个位点在8个猪种的测定群体中均存在多态性，但山东地方/培育猪种与引进猪种在基因型频率上存在较大差异：*BMP-15*基因和*BMPR-IB*基因对产仔数性状有显著影响（$P<0.05$）。对于*BMP-15*基因，AA基因型母猪中，引进猪种比山东地方/培育猪种母猪的总产仔数和活产仔数平均多产1.20头和1.64头（$P<0.05$）；CC基因型母猪中，引进猪种比山东地方/培育猪种母猪的总产仔数和活产仔数平均多产1.20头和0.82头（$P<0.05$）。对于*BMPR-IB*基因，引进猪种比山东地方/培育猪种母猪的总产仔数和活产仔数平均多产1.20头和0.82头（$P<0.05$）。引进猪种中BB基因型母猪比AA基因型母猪总产仔数和活产仔数平均多产1.05头和0.90头（$P<0.05$）。

许多研究已证明*BMPR-IB*基因对繁殖力有重要影响。正常类型的个体中BMPR-IB对动物排卵起抑制作用，而*BMPR-IB*基因缺失的个体同样也不利于动物繁殖，只有一些特殊突变类型的个体才能够表现出较高的排卵数。在

BMPR-IB 基因编码区的第 369 个核苷酸处发现了 C/T 的突变，在山东地方/培育猪种内 AA 基因型母猪比 BB 基因型母猪的总产仔数和活产仔数平均多产 0.49 头和 0.51 头（$P>0.05$），此突变对山东地方/培育猪种的产仔数可能存在抑制作用。此外，引进猪种中 BB 基因型母猪比 AA 基因型的总产仔数和活产仔数平均多产 1.05 头和 0.90 头，在 BB 基因型中，引进猪种母猪的总产仔数和活产仔数比山东地方/培育猪种平均多产 1.33 头和 1.40 头，因此，推测 BB 基因型可能为引进猪种的优良基因型。

4. 其他候选基因　有研究发现前列腺素内过氧化物酶 2 基因（*PTGS2*）是一个潜在的候选基因，可以影响猪繁殖性状。用 PCR-RFLP 技术在 12 种地方猪（包含莱芜猪）种中检测了基因型，发现地方猪与西方猪种基因频率的差距和它们繁殖力的差距相吻合。

第二节　生长发育特性研究

一、生长发育规律

（一）莱芜猪及其合成系猪生长发育规律

郭建凤等（2005）以莱芜合成系（莱芜猪与大约克夏猪杂交，横交固定，简称合成系）猪为试验材料，分别测定 40kg、50kg、60kg、70kg、80kg、90kg 阶段体重胴体及组织的重量变化，以莱芜猪为对照，以 $y=ax^b$ 回归法研究其出生后生长发育规律。结果表明：组织的生长强度，合成系与莱芜猪顺序一致：脂肪>皮肤>肌肉>骨骼；组织的早熟性顺位，合成系：肌肉>骨骼>皮肤>脂肪，莱芜猪：骨骼>肌肉>皮肤>脂肪。反映出二者产肉性能、胴体品质、组织早熟性等存在一定差异。

1. 阶段体重组织的重量变化　体重 40kg 阶段左半胴重达显著（$P<0.05$）水平，肌肉、皮肤重量达极显著（$P<0.01$）水平，其他均不显著（$P>0.05$）；体重 50kg 阶段除肌肉和皮肤达显著（$P<0.05$）水平外，其他均不显著；60kg 阶段肌肉、脂肪、皮肤重量达显著（$P<0.05$）水平，其他差异不显著；70kg 阶段除肌肉重量达极显著（$P<0.01$）水平外，其他无显著差异；80kg 阶段测定指标品种间无显著差异；90kg 阶段左半胴重形成显著差异（$P<0.05$），肌肉、皮肤分别达到极显著水平（$P<0.01$）。

2. 胴体及组织的生长强度　莱芜合成系猪各阶段组织增长倍数：肌肉、骨骼和皮肤高于莱芜猪，脂肪低于莱芜猪；莱芜合成系猪组织生长相对比值：肌肉在40～90kg阶段高于莱芜猪；脂肪除40kg阶段稍高于莱芜猪外，50～90kg段都低于莱芜猪；骨骼除60kg、90kg稍高于莱芜猪外，40kg、50kg、70kg、80kg各阶段均低于莱芜猪；皮肤均低于莱芜猪。在肌肉、脂肪、骨骼、皮肤等分类组织中，品种内阶段间始终保持升高趋势的：合成系为脂肪，莱芜猪也为脂肪；始终为降低趋势的是莱芜猪的肌肉和骨骼。合成系肌肉相对比值40～60kg阶段，随体重增加而上升，但上升幅度不大，60kg达到最大值（59.98%），70～90kg随体重增加而下降，且降幅较大，相对比值90kg阶段达到最小。进一步通过观察组织增长倍数看生长强度，40～90kg阶段体重肌肉合成系猪比莱芜猪高0.09～0.27个倍数级，而脂肪除40kg合成系稍高于莱芜猪外，50～90kg合成系比莱芜猪低0.41～1.10个倍数级。可见，合成系的肌肉生长强度明显高于莱芜猪的，而脂肪生长强度又明显低于莱芜猪的，体现了莱芜猪作为地方猪种属脂肪型，其产肉率低，而合成系是以瘦肉型大约克夏猪作父本与莱芜猪作母本培育而成，属肉脂型，其产肉率比莱芜猪高。

3. 组织异速生长特点　以异速生长系数 b 值衡量组织早、晚熟属性，品种间胴体及4项分类组织未表现出高度一致性，早熟性合成系：肌肉＞骨骼＞皮肤＞胴体＞脂肪，莱芜猪：骨骼＞肌肉＞皮肤＞胴体＞脂肪。品种间组织早熟性存在一定差异，主要表现在肌肉和骨骼，即合成系肌肉最早熟，而莱芜猪骨骼最早熟。此外，合成系的肌肉和骨骼基本是同时成熟的，莱芜猪的肌肉与皮肤基本是同时成熟的。

（二）大莱二元杂交仔猪生长发育

1996年，张现刚选用莱芜猪经产母猪所产“大莱”二元杂交仔猪共50窝，按35日龄断奶20窝、45日龄断奶20窝、60日龄断奶10窝，分设为Ⅰ组、Ⅱ组、Ⅲ组，Ⅰ组、Ⅱ组仔猪断奶后养至60日龄，然后三组比较对仔猪生产性能的影响。每组分别饲喂不同比例的饲料，仔猪从生后第15天补饲，35日龄前日喂5～6次，36日龄后喂4～5次。仔猪均称初生重和60日龄体重，并按照不同断奶日龄称断奶体重。仔猪耗料从开始补料起计算，至60日龄结束，饲料消耗采用清缸底计算方法。母猪耗料不作记录。母仔分栏饲喂。

结果表明，各组仔猪生长速度：Ⅰ组60日龄窝重最大，优于Ⅱ组、Ⅲ组。Ⅰ组、Ⅱ组、Ⅲ组仔猪至60日龄，平均个体重分别为20.38kg、18.97kg、16.67kg，三组间差异显著（$P<0.05$）。说明莱芜猪及其杂交猪具有强的抗逆性能和独立的生长性能。

（三）莱芜猪超早期隔离断奶对生长性能的影响

魏述东等（2006）对莱芜猪超早期隔离断奶饲养技术进行研究。按照莱芜猪及合成系世代制种目标繁育，后代出生后7～10日龄断奶隔离，人工哺乳喂养，并对其繁殖母猪和出生仔猪进行疫病预防与药物控制，达到种猪群的净化目标。在有莱芜猪原种群的莱芜市种猪繁育场和二级扩繁的雪野、牛泉猪场的莱芜猪群中，查阅系谱档案、采用家系亲代性能选择与个体选择相结合的办法，从经产母猪（2～3胎以上7～8胎以下）、公猪（2～3岁）中选择体型外貌符合品系特征、身体健康、乳头7对以上、发育良好的种公、母猪安排配种计划进行繁殖生产，所产后代每窝进行个体选择公母各2头，7～10日龄超早期断奶后进行培育。

1. 对增重的影响　从以上种猪场选择超早期断奶的种仔猪182头。其中，莱芜公、母猪和合成系公、母猪各为42头、69头、30头、41头。0日龄、9日龄、14日龄、20日龄、35日龄、60日龄体重总平均分别为0.98kg、2.60kg、2.55kg、2.80kg、4.55kg、12.81kg，猪种、性别之间无显著差异（$P>0.05$）。10～20日龄平均日增重20g，10～60日龄平均204g。10～20日龄因仔猪断奶早，消化功能不强，断奶应激较强，因此增重不大，个别出现负增长；20日龄后增重较快，长势良好，比原有猪场同窝猪群增重速度提高15%左右。

2. 对饲料消耗的影响　10～20日龄全群共用鲜牛奶540.32L，平均每头3 001.81mL。培育期10～60日龄全群总平均每头耗料15.62kg，增重10.21kg，料重比1.53∶1，合成系母猪的料重比为1.47∶1，莱芜母猪的料重比1.57∶1，差异不显著（$P>0.05$），但显著好于原猪场同群莱芜猪1.93∶1、合成系1.68∶1的水平。

二、生长发育基因分析

不同猪品种之间在生长、胴体和肉质性状等方面存在很大差异。从遗传角度来讲，这些表型差异在很大程度上是由骨骼肌生长发育过程中基因的表达差异决定的。科研人员对影响猪胚胎期和出生期骨骼肌形成和发育的相关基因和因素进行研究，证实其与猪生产性状的基因相关。猪胚胎期形成的肌纤维数目与猪日增重及生长速度呈正相关，是动物产肉量的重要决定因素之一。因此，从猪胚胎 cDNA 文库中分离与猪生产性状相关的基因，必将会为分子育种实践提供重要的指导作用。

（一）*CA3* 基因和 *HUMMLC2B* 基因

2006 年，王焕玲从猪 55d 胚胎骨骼肌 cDNA 文库中筛选出 15 个功能基因，通过功能分析选出 *CA3* 基因和 *HUMMLC2B* 基因做进一步研究。

1. *CA3* 基因　*CA3* 基因的 SNPs 检测结果证实 *CA3* 基因有两个可用于 PCR-RFLP 的 SNPs 位点，即 BsuRⅠ-PCR 和 HinfⅠ-PCR，分别位于第五和第六内含子中。而 *HUMMLC2B* 基因有 23 个潜在的 SNPs，其中可用于 PCR-RFLP 的四个 SNPs 位点，即 HinⅡ-PCR（两个）、MspⅠ-PCR 和 BgⅡ-PCR，分别位于第三内含子、第四外显子和第五内含子中；另外四个 SNPs 位点用 DHPLC 技术检测，两个 SNPs 位于第六内含子中，两个 SNPs 位于第七外显子中。对上述 PCR-RFLP 多态位点在五指山猪、香猪、巴马香猪三个小型猪品种以及莱芜猪、通城猪、大约克夏猪、长白猪和杜洛克猪中分析基因型和等位基因频率以及各等位基因在不同猪品种中的分布差异。

用 HinfⅠ-RFLP 的方法在所分析的 8 个猪品种共 259 个个体中检测此位点的多态分布。结果显示，在 G8603A 位点，在国内地方猪品种中 *A* 等位基因占优势（五指山猪除外），而在国外大约克夏猪、长白猪和杜洛克猪品种中 *G* 等位基因占优势，且此位点在巴马香猪（*A* 等位基因）和五指山猪（*G* 等位基因）中都已经达到纯合状态。对 *CA3* 基因 G8603A 位点 HinfⅠ-RFLP 多态的基因频率在不同猪品种中分布的差异性进行 F 检验，差异显著性结果显示该位点在不同猪品种中尤其是国内外品种间（五指山猪除外）具有显著差异。G8371A 位点检测结果表明无论在国内品种还是国外品种 *G* 等位基因都占优势，并且在莱芜猪、巴马香猪及杜洛克猪中都已达到纯合状态。

2. *HUMMLC2B* 基因　*HUMMLC2B* 基因的 G1876A 位点和 T2005G 位点多态性分析结果表明 G1876A 位点在所检测的几个品种中，无论是国内地方猪品种还是国外猪种，都是 *G* 等位基因占优势。对该位点多态的基因频率在不同猪种中分布的差异性进行F检验，检验结果显示该位点基因频率在所检测的几个猪品种中多数品种间无差异。对于T2005G位点，在所检测的几个品种中，莱芜猪、香猪、杜洛克猪及大约克夏猪的优势等位基因为G，而在五指山猪、巴马香猪、通城猪及长白猪中的优势等位基因为T。显著性检验结果也显示出该位点基因频率在所检测的几个猪品种间差异较大。

3. *CA3* 基因和 *HUMMLC2B* 基因联合分析　通过对猪 *CA3* 基因和 *HUMMLC2B* 基因不同多态位点与部分生产性状和免疫性状的关联分析：对于 *CA3* 基因，在G8607A位点的不同基因型个体的腿臀比率差异显著（$P=0.039$），而与肌内脂肪含量差异极显著（$P=0.002$）；在G8370A位点的不同基因型个体的三点平均背膘厚差异显著（$P=0.035$），而与大理石纹和肌内脂肪含量差异极显著（$P<0.01$）。*HUMMLC2B* 基因，在T1876A位点不同基因型个体间的屠宰率差异显著（$P=0.039$）；在T2005G处不同基因型个体间的肉色差异显著（$P=0.049$）；但在G1094A位点和T1513C位点没有检测到基因型与性状的关联。

（二）*FSCN1* 基因

2008年，张兴举对猪 *FSCN1* 基因的生物学特性进行研究。以五指山猪、巴马香猪和贵州香猪三种小型猪以及莱芜猪、通城猪、大约克夏猪和长白猪共7个猪品种为研究对象，首先是对猪 *FSCN1* 基因结构、SNP检测及性状关联分析，结果共检测到了32个SNP位点。共有4个SNP位点分布在 *FSCN1* 基因外显子内，有19个SNP位点分布在内含子中，而5′UTR和3′UTR共检测到9个SNP位点。对 *FSCN1* 基因第四个外显子的1个SNP位点（A/G^{7365}）进行了基因分型，A/G^{7365}位点在两种小型猪（巴马香猪、五指山猪）和两种国外猪种（大约克夏猪和长白猪）中以绝对A型存在，而在贵州香猪、通城猪和三元杂交猪中该位点以A型为主。只有在莱芜猪中该位点以G型为主。

（三）*Myostatin* 基因

Myostatin（肌肉生长抑制素，MSTN）基因是负调控动物骨骼肌块大小的因子，是决定家畜瘦肉率的重要基因之一。*Myostatin* 基因对肌肉块大小的调节作用既包括对骨骼肌纤维数的控制，也包括对肌纤维面积的控制，尤其在

肌纤维数的控制方面 *Myostatin* 基因发挥极其重要的作用。对于猪来说，在妊娠的 25～50d 时成肌细胞融合形成肌管，并进一步变形为初级肌纤维；到45～80d 时，在初级肌纤维的周围形成次级肌纤维。其中，初级肌纤维的形成主要受遗传控制，是决定次级肌纤维以及瘦肉率的关键因素。*Myostatin* 基因对肌纤维数的控制很可能主要是通过控制初级肌纤维数的形成而实现的。

1. MSTN 微卫星分析　2003 年，姜运良等提取包含猪 *MSTN* 基因的 BAC 克隆，以 EcoRⅠ进行酶切并回收其中大于 4kb 的酶切产物，连接到 pGEM-3zf（＋）载体后得到了亚克隆。测序分析表明，插入片段不属于猪 *MSTN* 基因的一部分，但其中包含 13 拷贝的（TG）n 重复。以该重复序列的侧翼设计引物对猪的基因组进行分析，得到了 PCR 扩增产物。对一个“双肌臀”大约克夏猪家系进行 PCR 扩增及非变性聚丙烯酰胺凝胶分析的结果表明，该位点以并显性方式遗传，是一个新的微卫星标记。对莱芜猪、长白猪、大约克夏猪、杜洛克猪、皮特兰、民猪和二花脸 7 个品种的 381 个无关个体的检测均显示该基因座只有两个等位基因，重复数分别为 13 和 19，是一种多态性较低的微卫星标记。与包含该基因的序列（AY208121）比对分析表明，该微卫星属于 *MSTN* 基因侧翼区的一个分子标记，在猪肉用性状 QTL 的精细定位和 MSTN 功能分析中将发挥重要作用。

2. MSTN 甲基化位点分析　2004 年，孙亿等运用亚硫酸氢盐转化法对猪肌肉 *MSTN* 基因启动子和外显子Ⅰ的 CpG 位点甲基化状态进行分析。以 BamHⅠ酶切并用琼脂糖包埋、亚硫酸氢盐转化法处理猪耳组织的基因组 DNA，经 PCR 扩增后回收 380bp 的片段，克隆到 pMD18-T 载体，分别取莱芜猪和大约克夏猪样本的 14 个和 10 个克隆进行测序和比对。对莱芜猪一个个体的 14 个克隆和大约克夏猪一个个体的 10 个克隆同一 CpG 位点的甲基化情况进行 χ^2 检验以分析其差异。以同样的方法检测两个出生重不同的全同胞大约克夏猪各 16 个克隆同一 CpG 位点的甲基化差异。可知莱芜猪和大约克夏猪外显子Ⅰ的第 1 个 CpG（编号为编码区 1）的甲基化程度差异显著，大约克夏猪的甲基化程度明显高于莱芜猪（$P<0.05$），其他 CpG 的甲基化程度无明显差异；全同胞大约克夏猪 167 号和 156 号 MSTN 启动子和外显子Ⅰ所有 CpG 位点的甲基化程度均无显著差异，但位于启动子区的第 2 个和第 3 个 CpG 位点以及位于外显子Ⅰ的第 1 个 CpG 位点的甲基化存在差异，其中启动子区的第 2 个和第 3 个 CpG 位点的甲基化程度呈负相关。总体上，出生重高的 167

号的甲基化水平高于出生重低的156号大约克夏猪。

3. *MSTN* 基因5′调控区分析　2005年和2007年，姜运良和于灵芝等分别克隆了莱芜猪和双肌臀大约克夏猪 *MSTN* 基因的5′调控区，对该区段的顺式应答元件和单核苷酸多态性进行了对比分析。用DNAMAN对莱芜猪和大约克夏猪 *MSTN* 基因5′调控区的核苷酸序列进行整理和比对。用PCR-SSCP技术，对采自山东省济宁市种猪场和山东省农业科学院种猪场的大约克夏猪群体以及9头莱芜猪 *MSTN* 基因5′调控区的多态性进行分析。通过PCR-SSCP分析，在该区段检测到2个SNPs（A和B），分别位于919和487（AY527152），各由T→A和G→A的突变所产生的。在所检测的9头莱芜猪中4头为AA型，5头为AB型，未检测到BB型。

4. *MSTN* 基因5′调控区突变分析　2009年，徐勤迎对猪 *MSTN* 基因5′调控区的突变进行研究，分别把按位点区分的基因型以及按单双倍型的区分与杜洛克猪及大约克夏猪的初生重等在内的早期生长性状做了关联分析。以包括521头杜洛克猪、432头大约克夏猪、148头长白猪、32头莱芜猪、33头大蒲莲猪和9头野猪在内的6个猪种为试验材料，同时检测了猪 *MSTN* 基因5′调控区存在的435G/A、447G/A和879T/A三个多态性位点。发现在所检测的个体中共存在4种单倍型。

首先，在猪 *MSTN* 基因5′调控区447位点莱芜猪、杜洛克猪及大蒲莲猪中A碱基的比例占绝对的优势，大约克夏猪及长白猪则是相反；在879位点莱芜猪和大蒲莲猪中A碱基的比例占绝对的优势，杜洛克猪、大约克夏猪则是相反，长白猪中该位点全部为T碱基。莱芜猪和大蒲莲猪中H3（435A-447A-879A）单倍型占绝对优势，双倍型以H3H3占绝对优势。

第三节　肉质特性研究

一、常规肉质特性

（一）不同发育阶段莱芜猪肉质特性

不同体重纯种莱芜猪的肉质特性测定结果列于表4-8。由表可见，莱芜猪肌肉剪切值（嫩度）在不同体重组间存在显著的差异（$P<0.05$），肌肉大理石纹、水分、干物质和肌内脂肪含量存在极显著的差异（$P<0.01$），并且肌

肉剪切值、大理石纹、干物质和肌内脂肪含量的总体变化趋势都是随体重的增加而增大，即随着莱芜猪体重的增加，其肌肉的细嫩度逐渐下降而变得粗老，但其肌肉的大理石纹、干物质和肌内脂肪含量则逐渐增加。其中，肌内脂肪含量在40～50kg阶段和70～80kg阶段出现两次增长高峰，其增值分别为2.16%（$P<0.05$）和2.11%（$P<0.05$）。莱芜猪肌肉系水力、滴水损失、熟肉率和拿破率在不同体重组间无显著差异（$P>0.05$），且肌肉滴水损失和熟肉率在不同体重组间的变化无明显的规律性，而系水力和拿破率则一定程度上存在随体重的增加而逐渐增大的变化趋势。

1. 莱芜猪的肉质特性　2003年和2004年，曾勇庆研究了莱芜猪及其杂交猪的肉质特性，及分子遗传学基础，为莱芜猪这一优良地方猪种资源在优质肉猪生产中的科学利用，以及为肉质改良的MAS育种筛选有效的分子标记提供理论依据。以30～90kg莱芜猪和40～100kg鲁莱黑猪共84头去势公猪为试验对象，对其肉质特性和肌肉胶原蛋白的发育性变化规律以及相互间的关系进行研究，结果表明：莱芜猪肌肉总胶原蛋白含量（TC）、不溶性胶原蛋白含量（IC）和胶原蛋白的溶解度（CS）以及肉质特性方面的剪切值（SF）、大理石纹（MS）、干物质（DM）和肌内脂肪（IMF）含量在不同体重组间存在显著（$P<0.05$）或极显著（$P<0.01$）的差异。鲁莱黑猪肌肉中TC、IC、CS和可溶性胶原蛋白含量（SC）以及肉质特性方面的熟肉率（CP）、拿破率（NY）、MS、DM和IMF在不同体重组间存在显著（$P<0.05$）或极显著（$P<0.01$）的差异。研究的两个品种猪肌肉中胶原蛋白的发育性变化规律基本一致，即随体重的增加，肌肉中TC和IC逐渐增加，而SC和CS的总体趋势逐渐下降。随体重增长，肉质特性的总体变化趋势是肌肉MS、IMF、持水性能（CP、NY等）逐渐增大，肌肉嫩度则逐渐下降。与鲁莱黑猪相比，莱芜猪肌肉胶原蛋白含量较多且其溶解度也较高，而且具有较高的肌肉MS、IMF、CP、NY、系水力和较低的滴水损失（DL）和SF；从肌内脂肪和胶原蛋白发育性变化的体重和序位看，莱芜猪较为早熟。研究证明，由于胶原结缔组织能够在肌肉、肌束乃至每根肌纤维表面以原纤维网的形式形成膜鞘结构，因此，肌肉胶原蛋白含量的增加及其溶解度的下降，能够改善肌肉的持水性能，但同时也降低肌肉的嫩度（$P<0.01$）。肌内脂肪的增加则能够在不影响肌肉嫩度（$P>0.05$）的情况下显著改善肌肉的持水性能（$P<0.05$）。不同体重纯种莱芜猪的肉质特性见表4-8。

表 4-8　不同体重纯种莱芜猪的肉质特性

性状	30kg	40kg	50kg	60kg	70kg	80kg	90kg	平均	F 值
肉色	2.75±0.35	3.38±0.25	3.25±0.29	3.25±0.29	3.50±0.41	3.50±0.50	3.75±0.29	3.38±0.39	2.29^{ns}
大理石纹	$2.50^{d}\pm0.71$	$2.75^{dc}\pm0.65$	$2.88^{dc}\pm0.63$	$3.88^{ab}\pm0.48$	$3.63^{abc}\pm0.75$	$3.83^{ab}\pm0.58$	$4.63^{a}\pm0.48$	3.50±0.88	5.32^{**}
pH	6.33±0.16	6.50±0.24	6.47±0.39	6.52±0.45	6.19±0.26	6.37±0.34	6.41±0.21	6.40±0.30	0.50^{ns}
失水率（%）	18.76±6.88	15.48±2.58	15.19±10.07	14.12±6.11	13.47±4.09	10.61±6.43	9.23±2.37	13.57±5.83	0.86^{ns}
系水力（%）	74.15±7.76	79.36±3.08	79.24±12.54	78.49±10.22	80.56±5.65	84.86±8.58	85.64±3.82	80.64±7.72	0.70^{ns}
滴水损失（%）	2.60±0.29	2.64±0.90	2.53±1.37	1.96±0.84	3.08±2.04	2.26±1.05	2.28±1.39	2.47±1.19	0.29^{ns}
熟肉率（%）	60.62±3.28	65.21±4.68	71.86±6.54	68.61±3.70	69.23±7.61	68.02±1.77	67.21±2.10	67.75±5.19	1.42^{ns}
拿破率（%）	77.31±2.67	84.47±8.84	85.06±5.11	86.64±7.01	84.07±8.88	84.21±5.60	87.04±2.38	84.65±6.24	0.57^{ns}
剪切值（N）	21.07±3.43	21.85±8.62	$22.93^{bc}\pm4.31$	24.50±4.02	29.69±7.45	36.85±11.17	35.48±9.41	27.64±8.82	2.54^{*}
干物质（%）	23.64±1.14	24.20±0.99	25.43±1.52	26.16±1.86	27.43±1.65	30.21±0.53	30.95±1.31	26.98±2.86	13.66^{**}
粗蛋白（%）	18.73±0.25	19.27±0.42	18.39±1.12	17.87±1.35	18.49±2.13	19.09±0.68	19.19±1.18	18.70±1.20	0.63^{ns}
肌内脂肪（%）	$3.36^{d}\pm1.06$	$3.26^{d}\pm0.73$	$5.42^{c}\pm2.56$	$6.84^{bc}\pm1.51$	$7.54^{b}\pm1.62$	$9.65^{a}\pm1.04$	$10.42^{a}\pm2.11$	6.78±2.98	9.13^{**}
粗灰分（%）	0.99±0.02	1.04±0.02	0.98±0.13	0.97±0.06	0.99±0.08	1.01±0.02	0.97±0.04	0.99±0.07	0.54^{ns}

注：表中数值以平均数±标准差表示；ns 表示差异不显著（$P>0.05$），* 表示差异显著（$P<0.05$），** 表示差异极显著（$P<0.01$）。同一行各平均数间具有不同标记小写或大写字母的表示差异显著（$P<0.05$）或极显著（$P<0.01$）。

2. 莱芜猪肌肉组织学特性和理化特征　1990 年，曾勇庆等运用化学分析和组织学测定的方法，对 14 头纯种育肥莱芜猪的肌肉总胶原蛋白、可溶性及不可溶性胶原蛋白含量和肌肉失水率这 4 个性状进行测定并分析，并对不同屠宰体重莱芜猪的 5 个部位共 10 块肌肉的肌内结缔组织面积与总胶原蛋白含量及肌内脂肪组织面积与肌内脂肪含量进行测定。此外，采用双因子多水平有重复试验的方法，对 14 头纯种育肥莱芜猪不同屠宰体重及不同解剖部位的新鲜肌肉直接冰冻切片，并进行琥珀酸脱氢酶的组织化学处理，测定肌肉肌纤维的组织学特性。

（1）肌肉总胶原蛋白、可溶性及不可溶性胶原蛋白含量和肌肉失水率这四个性状测定值随体重的变化而有极显著的变化（$P<0.01$），其中，总胶原蛋白、不可溶性胶原蛋白的含量表现为随屠宰体重的增大而增大，而 SC 虽有随体重的增加而降低的趋势，但差异不显著（$P>0.05$）；另外，90kg 屠宰比 80kg 屠宰的莱芜猪肌肉保水能力要强（$P<0.01$）。

（2）组织学方法测定的肌内脂肪组织面积（IFA）与化学方法分析的肌内脂肪（IMF）含量，除 90kg 猪的股二头肌和半腱肌之外，其他 8 块肌肉的秩相关系数完全相同，10 块肌肉 IFA 与 IMF 的秩相关系数为 0.98（$P<0.01$）。被测定的 10 块肌肉，其中 80kg 的腰大肌和半膜肌及 90kg 的股二头肌和腰大肌这四块肌肉通过组织学方法测定的肌内结缔组织面积（CTA）与化学方法分析的肌肉总胶原蛋白（TC）含量秩相关系数完全一致，10 块肌肉 CTA 与 TC 的秩相关系数为 0.85（$P<0.01$）；而且肌肉 IFA 与 IMF 含量的表型相关极显著（$P<0.01$），CTA 与 TC 含量的表型相关也达到极显著水准（$P<0.01$），这充分表明应用组织学方法测定肌肉结缔组织和肌肉脂肪含量具有较高的准确性。

（3）莱芜猪肌肉样本的结构单位肌纤维是异质的，即肌纤维类型有 3 种：琥珀酸脱氢酶（SDH）活性高的红肌纤维（RF），SDH 活性低的白肌纤维（WF）和 SDH 活性居中的中间型肌纤维（IF），而且不同类型肌纤维的排列方式有一定规律，即红肌纤维聚集在肌小束中央，其周围有中间型肌纤维，外侧排列着白肌纤维。随屠宰体重的提高，肌肉中 RF 含量显著增大（$P<0.05$），3 种肌纤维的含量及直径因解剖部位的不同而存在显著差异。腰大肌 RF 含量最大，背最长肌 WF 含量最大。

另外，对 14 头育肥莱芜猪不同屠宰体重及不同解剖部位肌肉的组织结构和肌纤维的组织学特性及肉质性状进行研究。结果表明，随屠宰体重的提高，

肌肉肌纤维直径（DMF）、密度（MFD）和宰后僵直肌节长度（SL）没有发生显著变化（$P>0.05$），组织学显示的肌肉3种构成成分在不同体重组间差异也不显著；但除pH外，其他各测定性状在不同部位肌肉间都存在极显著的差异（$P<0.01$）。研究证明，莱芜猪肌肉尸僵收缩程度较小、肌纤维细腻、表面纹理良好，肌肉中结缔组织能在肌纤维间和肌束周围形成一种致密的膜鞘结构，对肌肉持水性能的提高十分有利。组织学研究还证明，莱芜猪肌肉不仅积脂量高，而且肌内脂肪与其中结缔组织呈交叉状态分布，这在很大程度上为莱芜猪肉品质优良和肉味浓郁鲜香提供了组织学依据。

3. 莱芜猪合成系胴体品质和肉质特性及其随体重变化规律的研究　郭建凤等（2005b，2006，2007）用莱芜猪合成系作为研究对象，对其胴体品质和肉质特性以及其随体重变化规律进行了研究，研究结果如下。

（1）胴体品质指标随体重的变化规律　莱芜猪合成系40～80kg时，随着体重的增加，屠宰率、背膘厚、眼肌面积、脂肪率（脂肪占肉、脂、皮、骨骼总重的百分比）逐渐上升，骨骼率（骨骼占肉、脂、皮、骨骼总重的百分比）逐渐下降，皮率（皮占肉、脂、皮、骨骼总重的百分比）、后腿比例变化规律不明显，40～60kg时，瘦肉率随体重增加逐渐上升且趋于稳定，60kg达到最高（59.98%），60～80kg时，瘦肉率随体重增加而明显下降。80～90kg时，脂肪率稍有上升，皮率、骨骼率趋于稳定，其他各胴体指标都有下降趋势，但降幅不明显。90～100kg时，除背膘厚、皮率、脂肪率、骨骼率稍有降低外，其他指标都有上升，除眼肌面积变化显著（$P<0.05$）外，其余指标变化不显著（$P>0.05$）。由此可见，莱芜猪合成系在40～100kg体重阶段，机体骨骼、肌肉、皮和脂肪组织占胴体比例的变化，表现出骨骼、肌肉和皮组织随体重的增长呈逐渐下降的趋势，而脂肪组织呈强度沉积态势。

（2）肉质品质指标随体重变化规律　合成系猪的肉色除在50kg、60kg时评分较低外，其他都在正常范围内，70kg体重评分较高，体重50kg的评分与体重40kg、70kg、80kg、90kg的形成显著差异（$P<0.05$），体重70kg的评分与体重60kg的形成显著差异（$P<0.05$）。大理石纹，体重70kg前评分较低，体重80～100kg评分较高，总体看随体重增加评分趋于上升，以体重50kg最低，与70kg、80kg、90kg、100kg形成显著差异（$P<0.05$），体重90kg最高，与40kg、50kg、60kg形成显著差异（$P<0.05$）。肌内脂肪，体重70kg前和体重80～90kg时随体重增加评分趋于上升，体重70～80kg、

90～100kg时随体重增加评分降低，总的变化规律不明显，体重90kg最高，与体重40kg、50kg、80kg、100kg形成显著差异（$P<0.05$），其他差异不显著。大理石纹的量主要取决于肌肉中可见脂肪的含量及分布，本试验测定的大理石纹评分以体重50kg最低，为2.00分；体重90kg最高，为3.36分，与肌内脂肪50kg时最低（3.19%）、90kg时最高（6.65%）相一致。pH以50kg时较低，为5.80；80kg时较高，为6.5，二者形成显著差异（$P<0.05$），其他都为6.04～6.50，属正常范围。熟肉率，80kg前随体重增加趋于上升，80～90kg时表现降低，90～100kg时随体重增加而上升，但各屠宰体重总的变化不显著。失水率，60kg前随体重增加而上升，60～70kg时有明显下降，70～90kg时又表现上升，但变化都不显著。嫩度，随体重增加变化规律不明显，以体重80kg的值较高，即肉较老，总的变化不显著。肌肉水分含量，随体重增加趋于下降，但变化不明显。粗蛋白含量，60kg前、90～100kg时随体重增加有上升趋势，60～90kg趋于降低，其中50kg时粗蛋白含量最高，为20.97%，与70kg、90kg体重形成显著差异（$P<0.05$），其他屠宰体重阶段间差异不显著，这与肉猪35～60kg时以肌肉生长为主并达到高峰的生长规律相一致。

（3）体重与肉质性状的回归分析　pH、失水率、肉色、熟肉率、嫩度、肌内脂肪与体重之间的回归关系不显著，其他各项肉质指标与体重均呈极显著的线性相关关系，相关系数在0.369～0.777，其中体重与后腿比例、胴体瘦肉率、肌肉失水率之间呈负相关关系。由此可以看出，莱芜猪合成系的后腿比例、胴体瘦肉率和肌肉失水率随着体重的增长有不断下降的趋势。屠宰率、眼肌面积、背膘厚、pH、肉色、大理石纹、熟肉率和肌内脂肪等指标在整个生长期内是不断增加的。

（4）莱芜猪合成系胴体性状和肉质性状间的相关分析　对莱芜猪合成系胴体性状和肉质性状间进行相关分析，结果表明，屠宰率与眼肌面积、背膘厚、大理石纹呈极显著正相关（$P<0.01$），与后腿比例和瘦肉率呈极显著负相关；眼肌面积与后腿比例呈显著负相关（$P<0.05$）；后腿比例与大理石纹、肌内脂肪呈极显著负相关，与背膘厚呈显著负相关（$P<0.05$），与瘦肉率呈极显著正相关；背膘厚与肉色、大理石纹呈显著正相关（$P<0.05$），而与失水率、瘦肉率呈极显著负相关，相关系数分别为0.458、0.867；pH与肉色、大理石纹呈极显著正相关（$P<0.01$），与失水率呈极显著负相关，与瘦肉率呈显著

负相关；失水率与肉色呈极显著负相关（$P<0.01$），与大理石纹呈显著负相关，与瘦肉率呈极显著正相关；肉色与大理石纹呈极显著正相关，与瘦肉率呈显著负相关（$P<0.05$）；大理石纹与肌内脂肪呈极显著正相关，相关系数为0.505，而与瘦肉率呈极显著负相关，相关系数为0.6；其他性状间相关程度较弱（$P>0.05$）。

4. 莱芜猪与杜长大三元杂交猪肉质性状比较　杨杰等（2014）选取宰前活重相近的264头莱芜猪和610头杜长大三元杂交猪，在同一屠宰场屠宰，并测定其眼肌面积、pH、肉色、肌内脂肪（IMF）含量、大理石纹、水分含量及滴水损失等多项肉质指标，再对这些表型数据进行统计分析。结果表明，品种内IMF含量和滴水损失的变异程度均大于30%，提示通过品种内选择，可在一定程度上改善猪肉的IMF含量及滴水损失，并提高肉品质的均一性；品种间比较发现，除眼肌面积外，莱芜猪的各项肉质指标均优于杜长大（$P<0.01$），尤其是莱芜猪的平均IMF含量是杜长大的6倍多，其平均滴水损失不到杜长大的1/3，提示若将莱芜猪的肉质优良基因导入商品猪中可以较大幅度地改善商品猪的肉品质。就性别而言，阉公猪的IMF含量要高于母猪（$P<0.05$），但其他性状基本无显著差异（$P>0.05$）。眼肌大理石纹评分高于半膜肌，而终pH相反。此外，性状间的相关性分析结果表明，增加IMF有利于提高终pH和减少滴水损失。

5. 不同体重莱芜猪肌肉胶原蛋白的含量及性质　不同体重纯种莱芜猪肌肉胶原蛋白的含量及性质测定结果列于表4-9。由表可见，莱芜猪肌肉总胶原蛋白含量、不溶性胶原蛋白含量和胶原蛋白的溶解度在不同体重组间具有显著（$P<0.05$）或极显著（$P<0.01$）的差异，可溶性胶原蛋白含量差异不显著（$P>0.05$）。其中，总胶原蛋白和不溶性胶原蛋白含量表现为随体重的增加（30～90kg）而递增，莱芜猪在70～80kg时，总胶原蛋白和不溶性胶原蛋白出现生长高峰（增值分别为1.28mg/g和1.35mg/g），即出现快速生长期。胶原蛋白的溶解度则表现为随体重的增加而递减，在30～40kg时出现第一次高峰，在70～80kg时出现第二次高峰，与长白猪相比，莱芜猪中有较高水平的Ⅲ型胶原蛋白。

研究证明，由于胶原结缔组织能够在肌肉、肌束乃至每根肌纤维表面以原纤维网的形式形成膜鞘结构，因此，肌肉胶原蛋白含量的增加及其溶解度的下降，能够改善肌肉的持水性能（$P<0.05$），但同时也降低肌肉的嫩度（$P<0.01$）。

肌内脂肪的增加则能够在不影响肌肉嫩度（$P>0.05$）的情况下显著改善肌肉的持水性能（$P<0.05$）。

表 4-9　不同体重纯种莱芜猪肌肉胶原蛋白的含量及性质

体重	总胶原蛋白（mg/g）	可溶性胶原蛋白（mg/g）	不溶性胶原蛋白（mg/g）	胶原蛋白的溶解度（%）
30kg	$3.06^{b}\pm0.31$	1.38 ± 0.23	$1.69^{b}\pm0.54$	$45.61^{a}\pm12.37$
40kg	$3.12^{b}\pm0.21$	1.11 ± 0.24	$2.01^{b}\pm0.20$	$35.57^{ab}\pm6.62$
50kg	$3.25^{b}\pm0.38$	1.10 ± 0.26	$2.16^{b}\pm0.52$	$34.31^{ab}\pm10.40$
60kg	$3.33^{b}\pm0.58$	1.04 ± 0.31	$2.29^{b}\pm0.63$	$31.83^{ab}\pm10.00$
70kg	$3.22^{b}\pm0.86$	1.00 ± 0.40	$2.22^{b}\pm0.96$	$32.85^{ab}\pm11.84$
80kg	$4.50^{a}\pm0.43$	0.94 ± 0.36	$3.57^{a}\pm0.61$	$21.00^{b}\pm8.37$
90kg	$4.54^{a}\pm0.24$	0.96 ± 0.60	$3.58^{a}\pm0.75$	$21.38^{b}\pm13.93$
平均	3.58 ± 0.74	1.05 ± 0.34	2.52 ± 0.89	31.12 ± 12.45
F 值	5.96^{**}	0.38^{ns}	4.50^{**}	2.50^{*}

注：表中数值以平均数±标准差表示；ns 表示差异不显著（$P>0.05$），* 表示差异显著（$P<0.05$），**表示差异极显著（$P<0.01$）。同一列各平均数间具有不同标记字母的表示差异显著（$P<0.05$），下表同。

6. 不同体重莱芜猪肌肉中的脂肪酸组成　莱芜猪肌肉中脂肪酸组成发育性变化分析表明（表 4-10），在生长期随着体重的增大，莱芜猪肌肉中饱和脂肪酸（SFA）总量有下降的趋势、总不饱和脂肪酸（UFA）含量有上升的趋势，但差异不显著；总脂含量显著增加（$P<0.05$）；在 UFA 中，油酸比例逐渐增加，而亚油酸比例逐渐下降（$P<0.01$），花生烯酸比例先下降后稍有上升，总多不饱和脂肪酸（PUFA）总体下降（$P<0.01$）。

表 4-10　不同体重莱芜猪肌肉中的脂肪酸组成（%）

脂肪酸	体重						*F* 值
	40kg	50kg	60kg	70kg	80kg	90kg	
总脂	3.26 ± 0.36^{d}	5.42 ± 1.28^{c}	6.84 ± 0.75^{bc}	7.54 ± 0.81^{b}	9.65 ± 0.76^{a}	10.42 ± 1.06^{a}	9.13^{**}
C14:0	1.43 ± 0.06	1.43 ± 0.02	1.49 ± 0.04	1.51 ± 0.07	1.61 ± 0.09	1.52 ± 0.08	1.10
C14:1	0.08 ± 0.00	0.07 ± 0.01	0.10 ± 0.04	0.07 ± 0.00	0.08 ± 0.01	0.06 ± 0.01	0.57
C16:0	29.68 ± 0.77	28.22 ± 0.65	28.18 ± 0.27	27.91 ± 0.48	28.23 ± 0.78	27.69 ± 0.72	1.36
C16:1	3.81 ± 0.31	3.95 ± 0.11	4.51 ± 0.23	4.36 ± 0.16	4.92 ± 0.98	4.29 ± 0.43	1.17
C15 烯二酸	0.22 ± 0.02	0.19 ± 0.05	0.23 ± 0.06	0.19 ± 0.02	0.19 ± 0.02	0.17 ± 0.02	0.50

（续）

脂肪酸	体重						F 值
	40kg	50kg	60kg	70kg	80kg	90kg	
C18:0	13.41±0.34	13.56±0.34	12.97±0.35	13.05±0.17	12.36±0.82	12.95±0.59	0.92
C18:1	41.47±1.17^{b}	44.91±1.54^{a}	46.66±0.91^{a}	46.70±1.17^{a}	46.79±0.74^{a}	47.80±0.76^{a}	4.44**
C18:2	8.02±0.98^{a}	5.93±0.95^{ab}	4.40±0.49^{b}	4.23±0.65^{b}	3.99±0.07^{b}	3.79±0.42^{b}	5.15**
C18:3	1.22±0.04	1.16±0.01	1.06±0.01	1.15±0.01	1.24±0.04	1.27±0.01	0.77
C20:0	0.32±0.05	0.29±0.04	0.28±0.04	0.32±0.05	0.31±0.25	0.25±0.11	1.29
C20:1	0.34±0.00^{a}	0.30±0.03^{ab}	0.18±0.01^{bc}	0.27±0.05^{bac}	0.28±0.06^{bc}	0.22±0.03^{c}	3.37*
SFA	44.83±1.12	43.49±0.98	42.91±0.62	42.79±0.64	42.51±0.47	42.42±1.13	1.08
UFA	55.17±1.12	56.51±1.30	57.09±0.62	57.21±0.64	57.49±0.47	57.59±1.05	1.08
PUFA	9.58±0.95^{a}	7.40±0.98^{b}	5.64±0.51^{b}	6.36±0.63^{b}	5.51±0.37^{b}	5.27±0.44^{b}	5.38**
SFA+MUFA	90.76±0.95^{b}	92.90±0.95^{a}	94.54±0.51^{a}	93.91±0.60^{a}	94.77±0.32^{a}	94.94±0.42^{a}	5.29**

注：C14:0 为豆蔻酸；C14:1 为豆蔻烯酸；C16:0 为棕榈酸；C16:1 为棕榈烯酸；C18:0 为硬脂酸；C18:1 为油酸；C18:2 为亚油酸；C18:3 为亚麻酸；C20:0 为花生酸；C20:1 为花生烯酸；SFA 为总饱和脂肪酸；UFA 为总不饱和脂肪酸；PUFA 为总多不饱和脂肪酸；MUFA 为总单不饱和脂肪酸。表中数值以最小二乘均数±标准误表示；* 表示 $P<0.05$，** 表示 $P<0.01$，同行最小二乘均数间具有不同肩标字母的即为差异显著（$P<0.05$）。

7. 适宜屠宰体重与国际标准屠宰体重下莱芜猪的肉质特性　2007 年，以莱芜猪（24 头）、鲁莱黑猪（24 头）和大约克夏猪（12 头）去势公猪为试验对象，为使测定结果具有可比性，3 个品种的试验猪是在同样的饲养管理条件下由 25kg 饲喂至国际惯常采用的 114kg，考虑莱芜猪和鲁莱黑猪成熟较早，因此，试验设计对莱芜猪加设 80kg 适宜屠宰体重组，对鲁莱黑猪则加设 90kg 适宜屠宰体重组。在饲喂至相应体重时，每组均屠宰 12 头，共 60 头试验猪。不同品种猪的肉质特性比较结果（表 4-11）表明，除肌肉剪切值（嫩度）和拿破率无显著差异外（$P>0.05$），其余所测肉质性状均具有显著的差异（$P<0.05$）。总体上，莱芜猪的肉质特性明显优于大约克夏猪，其中大理石纹、肉色评分、滴水损失、系水力、烹饪损失表现差异显著（$P<0.05$）。鲁莱黑猪也表现出良好的肉质特性，其中大理石纹、滴水损失、系水力与大约克夏猪相比具有显著差异（$P<0.05$）。莱芜猪与鲁莱黑猪相比，肌肉的滴水损失、系水力、烹饪损失含量存在显著差异（$P<0.05$）。研究结果表明，莱芜猪具有肉色鲜艳、系水力强和大理石纹含量和分布尤为丰富等优良肉质特性（李华等，2010）。

表 4-11　适宜屠宰体重与国际标准屠宰体重下莱芜猪的常规肉质特性

性状	莱芜猪 (114kg)	鲁莱黑猪 (114kg)	大约克夏猪 (114kg)	莱芜猪 (80kg)	鲁莱黑猪 (90kg)	F 值
大理石纹	$4.83^{a}\pm0.06$	$4.05^{dc}\pm0.07$	$1.68^{b}\pm0.07$	$4.67^{a}\pm0.06$	$3.95^{d}\pm0.07$	32.80^{**}
pH_1	$6.67^{a}\pm0.03$	$6.70^{a}\pm0.03$	$6.27^{b}\pm0.3$	$6.63^{a}\pm0.03$	$6.29^{b}\pm0.03$	4.73^{**}
pH_{24}	$5.87^{a}\pm0.01$	$5.87^{ac}\pm0.02$	$5.80^{a}\pm0.02$	$5.90^{a}\pm0.01$	$5.64^{bc}\pm0.02$	3.24^{*}
肉色	$2.83^{ab}\pm0.15$	$2.50^{bc}\pm0.16$	$2.18^{c}\pm0.16$	$3.04^{ab}\pm0.15$	$3.15^{a}\pm0.17$	6.29^{**}
滴水损失（%）	$0.69^{c}\pm0.30$	$1.81^{b}\pm0.31$	$2.87^{a}\pm0.32$	$0.96^{bc}\pm0.30$	$1.24^{bc}\pm0.33$	7.82^{**}
系水力（%）	$80.18^{a}\pm1.26$	$73.76^{b}\pm1.32$	$67.88^{c}\pm1.35$	$81.55^{a}\pm1.26$	$74.59^{b}\pm1.38$	18.01^{**}
烹饪损失（%）	$16.83^{c}\pm1.05$	$26.85^{ab}\pm1.10$	$29.57^{a}\pm1.11$	$17.81^{c}\pm1.05$	$25.98^{b}\pm1.15$	28.42^{**}
拿破率（%）	73.19 ± 1.65	74.55 ± 1.72	71.04 ± 1.71	71.59 ± 1.65	69.13 ± 1.80	1.41^{ns}
剪切值（N）	37.55 ± 1.25	38.95 ± 1.31	37.49 ± 1.32	34.80 ± 1.25	38.23 ± 1.37	1.52^{ns}

注：表中数值以最小二乘均数±标准误表示；ns 表示差异不显著（$P>0.05$），* 表示差异显著（$P<0.05$），** 表示差异极显著（$P<0.01$）；同一行平均数后的不同小写字母表示差异显著（$P<0.05$）。

8. 莱芜猪脂肪性状比较　方绍明等（2015）选取了 333 头纯种莱芜去势公猪与母猪，在 300 日龄进行屠宰，测定了不同部位背膘厚、花油质量、腹脂质量、板油质量等脂肪沉积性状指标。通过对不同指标测定所得数据按不同性别和不同屠宰季节进行分类，利用 SPSS 数据分析软件统计分析出性别效应和屠宰季节效应对莱芜猪脂肪沉积性状的影响。此外，将莱芜猪脂肪沉积性状的相关数据与二花脸猪、杜长大进行对比分析。分析结果表明：①去势公猪与母猪在不同部位背膘厚、花油质量、板油质量均具有极显著差异（$P<0.01$），腹脂质量差异不显著（$P>0.05$）。②冬季屠宰与夏季屠宰的猪在不同部位背膘厚、花油质量、板油质量均具有极显著差异（$P<0.01$），但腹脂质量差异不显著（$P>0.05$）。③莱芜猪与二花脸猪、杜长大在脂肪沉积性状方面具有极显著差异（$P<0.01$）。此外，黄弋轩等人研究测量了莱芜猪和二花脸猪的四点屠体背膘厚。莱芜猪各部位背膘均厚于二花脸猪相应部位的背膘；性别对莱芜猪的背膘厚没有影响。

（二）含不同比例莱芜猪血缘杂交猪的肉质特性

1. 含不同比例莱芜猪血缘杂交猪的肉质特性　2003—2005 年，曾勇庆等以莱芜猪、3/4 莱芜猪、1/2 莱芜猪、1/4 莱芜猪和大约克夏猪（共 60 头）为研究对象，在同样条件下饲养至90kg屠宰，研究比较了不同比例莱芜猪血缘对育肥猪胴体品质和肉质特性的影响。

（1）胴体品质性状分析　莱芜猪以及含不同比例莱芜猪血缘杂交猪的胴体品质性状值及方差分析的结果表明，不同血缘结构试验猪的各胴体品质性状中，宰前体重差异不显著（$P>0.05$），各组试验猪间在胴体重、胴体长、后腿比例和背膘厚方面存在显著差异（$P<0.05$）；眼肌面积和瘦肉率方面则存在极显著差异（$P<0.01$）。在90kg左右屠宰时，其胴体长、后腿比例、眼肌面积和瘦肉率等性状都是以纯种莱芜猪最低、纯种大约克夏猪最高，并且是随莱芜猪血缘含量的减少而逐渐增高；背膘厚则表现出相反的变化趋势，即随莱芜猪血缘含量的减少而逐渐降低。另外，根据各性状的多重比较结果可以看出，不同血缘结构试验猪的主要胴体品质性状，由莱芜猪、3/4莱芜猪至1/2莱芜猪时的变化趋势比较平缓，而由1/2莱芜猪至1/4莱芜猪和大约克夏猪时的变化趋势比较剧烈。

（2）肉品理化特性分析　不同血缘结构的试验猪间在肉色和大理石纹方面存在显著差异（$P<0.05$），在失水率和滴水损失方面存在极显著差异（$P<0.01$）。不同血缘结构的试验猪在90kg左右屠宰时，其肉色和大理石纹评分都是以莱芜猪最高、大约克夏猪最低（$P<0.01$）；而肌肉失水率和滴水损失则是以莱芜猪最低、大约克夏猪最高（$P<0.01$）。其中，肉色评分在含有莱芜猪血缘的4个组间无显著差异（介于正常鲜红与深红肉色），但都显著高于大约克夏猪；含1/2以上莱芜猪血缘的肉品大理石纹丰富且分布均匀，形成明显的大理石纹状肉，1/4莱芜猪较少但尚可接受，而大约克夏猪仅是微量分布。肌肉的失水率是1/4莱芜猪与纯种莱芜猪间差异不显著（$P>0.05$），但却极显著低于大约克夏猪（$P<0.01$）。滴水损失方面，1/4莱芜猪与3/4莱芜猪、1/2莱芜猪差异不显著（$P>0.05$），但却极显著低于大约克夏猪（$P<0.01$）。不同血缘结构的试验猪间肉品的pH、熟肉率和剪切值无显著差异（$P>0.05$）。

（3）食用营养特性分析　莱芜猪以及含不同比例莱芜猪血缘杂交猪肉品的食用营养特性值及方差分析的结果表明，不同血缘结构的试验猪间在肉品水分、干物质和粗蛋白含量方面存在显著差异（$P<0.05$），肌内脂肪含量存在极显著差异（$P<0.01$）。莱芜猪和3/4莱芜猪肌肉中的干物质显著高于1/2莱芜猪、1/4莱芜猪和大约克夏猪（$P<0.05$）。研究结果表明，莱芜猪肌内

脂肪含量尤为丰富，大约克夏猪肌内脂肪含量偏低，随莱芜猪血缘比例的减少，肌内脂肪含量逐渐下降，而粗蛋白含量则呈增加趋势。

2. 莱芜猪与长白猪杂交后代的胴体性能、肉质等性状研究　对莱芜猪与长白猪杂交后代的胴体性能、肉质性状及背最长肌氨基酸、脂肪酸含量进行了研究。结果表明，试验猪屠宰体重 98.42kg，胴体瘦肉率 52.69%，肉色评分 3.83 分、大理石纹评分 3.50 分，$pH_1$6.45，肌内脂肪 2.68%。每 100g 背最长肌氨基酸总量、鲜味氨基酸含量和必需氨基酸含量分别为 18.48g、14.49g、7.38g，必需氨基酸占氨基酸总量比例、鲜味氨基酸占氨基酸总量比例分别为 39.93%、78.41%；含棕榈酸、硬脂酸、油酸、亚油酸分别为 27.22%、13.43%、49.55%、7.51%。

3. 莱芜猪不同品种杂交组合肉质性状分析研究　郭建凤等（2016）对杂交组合猪胴体品质、肌肉质特性以及胴体品质和肉质随体重变化规律进行研究，不同杂交组合育肥猪胴体品质和肉质特性：杜洛克×长大莱的胴体性能最好，与杜洛克×莱芜猪合成系、大约克夏猪×莱芜猪合成系、大约克夏猪×长大莱、莱芜猪合成系×莱芜猪合成系相比，眼肌面积分别增大 28.39%（$P<0.01$）、19.31%（$P<0.05$）、13.52%、58.61%（$P<0.01$），瘦肉率分别提高 6.52%（$P<0.05$）、4.63%、0.55%、11.63%（$P<0.01$）；肉品质以莱芜猪合成系×莱芜猪合成系最优，肉色评分 3.3 分，大理石纹评分 4.0 分，肌内脂肪 7.78%，鲜味氨基酸占总氨基酸比例最高，为 80.11%。

4. 莱芜猪及其杂交猪理化指标分析　对莱芜猪及其杂交猪的不同解剖部位肌肉的破碎指数、传导值等理化指标进行了测定和分析，试验结果表明，各肉质指标间存在着一定的相关，破碎指数与肌浆钙离子浓度间以及传导值与宰后 1h 肌肉 pH 间存在着极显著的正相关。随解剖部位和杂交组合的不同其肉质理化指标存在着差异：腰大肌的破碎指数最小，背长肌次之，半腰肌的最大。肉质的综合评定结果表明，杜长莱是莱芜猪进行三元杂交的最佳杂交组合。

杂交母本的不同使莱芜杂交猪的部分理化性状发生显著变化。杂交父本除了对失水率没有显著影响外，对其他肉质理化性状均有显著或极显著的影响，即杂交父本的不同使莱芜杂交猪的大部分理化性状发生显著变化。这也充分说明了杂交父本对肉质的影响大于杂交母本，总之，莱芜猪通过杂交可以降低肌内脂肪含量，增加粗蛋白的含量，肌肉的嫩度得以改善，从而改善了肉质。

5. 莱芜猪肌纤维的发育规律及其对肉质特性的影响　杨海玲（2006）以40～90kg 6个体重阶段的莱芜猪和鲁莱黑猪为试验对象，每个阶段每组各6头猪，采用组织化学切片染色技术进行组织学观察，探讨猪肌纤维的发育规律及其对肉质特性的影响。结果表明，①随着体重的增加，莱芜猪与鲁莱黑猪肌纤维的发育较为明显，但发育特点明显不同，莱芜猪40～70kg时肌纤维生长较慢，直径和面积变化不明显，70kg后肌纤维生长发育明显加快（$P<0.05$）；而鲁莱黑猪则是40～60kg时肌纤维生长较快，60kg后肌纤维生长发育变慢（$P<0.05$）。②琥珀酸脱氢酶（SDH）组织化学处理显示，肌肉肌纤维是由红肌纤维、中间型肌纤维和白肌纤维这3种类型肌纤维构成，并以白肌纤维占优势。总体上莱芜猪红肌纤维含量有高于鲁莱黑猪的变化趋势。在不同类型肌纤维直径方面，莱芜猪与鲁莱黑猪具有基本相同的发育性变化模式。③相关性分析表明，肌肉的肌纤维尤其是红肌纤维的生长发育，对肌肉的干物质、肌内脂肪及系水力等肉质性状具有有利的影响，但白肌纤维的生长发育对肌肉的系水力具有不利的影响。研究结果提示，在肌肉组织中肌纤维的发育方面，莱芜猪比鲁莱黑猪较为晚熟；在肌纤维类型的组成方面，红肌纤维更有利于优良肉质特性的形成。

二、肌肉中脂肪酸、氨基酸

1. 不同品种猪肌肉中的脂肪酸组成　与大约克夏猪相比，莱芜猪肌肉饱和脂肪酸含量较高，其中月桂酸、棕榈酸和硬脂酸差异显著（$P<0.05$；见表4-12）。不同品种间总不饱和脂肪酸、单不饱和脂肪酸和多不饱和脂肪酸含量差异极显著（$P<0.01$），莱芜猪单不饱和脂肪酸含量最高，其他两项均低于大约克夏猪，但高于鲁莱黑猪，其中多不饱和脂肪酸中的亚油酸、亚麻酸含量差异达到极显著水平（$P<0.01$），单不饱和脂肪酸中棕榈烯酸和油酸差异极显著（$P<0.01$）。

表4-12　不同品种猪肌肉中的脂肪酸组成（%）

脂肪酸	莱芜猪（114kg）	鲁莱黑猪（114kg）	大约克夏猪（114kg）	莱芜猪（80kg）	鲁莱黑猪（90kg）	F值
月桂酸	$0.18^{a}\pm0.01$	$0.15^{b}\pm0.01$	$0.14^{b}\pm0.01$	$0.16^{a}\pm0.01$	$0.14^{b}\pm0.01$	5.84^{*}
豆蔻酸	1.53 ± 0.05	2.02 ± 0.05	1.62 ± 0.05	1.53 ± 0.03	1.65 ± 0.24	3.07
棕榈酸	$26.12^{A}\pm0.20$	$23.32^{B}\pm0.24$	$21.82^{C}\pm0.90$	$25.2^{AB}\pm0.27$	$23.75^{B}\pm0.14$	14.11^{**}

（续）

脂肪酸	莱芜猪（114kg）	鲁莱黑猪（114kg）	大约克夏猪（114kg）	莱芜猪（80kg）	鲁莱黑猪（90kg）	F 值
硬脂酸	$14.25^{B}\pm0.20$	$15.30^{AB}\pm0.52$	$16.78^{A}\pm0.57$	$14.27^{B}\pm0.14$	$15.20^{AB}\pm0.44$	6.28^{**}
花生酸	0.24 ± 0.02	0.21 ± 0.02	0.17 ± 0.02	0.22 ± 0.01	0.20 ± 0.03	1.90
豆蔻烯酸	0.06 ± 0.01	0.05 ± 0.01	0.04 ± 0.01	0.05 ± 0.01	0.05 ± 0.01	3.31
棕榈烯酸	$4.55^{A}\pm0.10$	$3.99^{BC}\pm0.22$	$3.16^{C}\pm0.06$	$4.53^{AB}\pm0.09$	$3.63^{C}\pm0.07$	23.96^{**}
油酸	$47.28^{A}\pm0.23$	$46.44^{AB}\pm0.39$	$45.84^{B}\pm0.21$	$47.52^{A}\pm0.11$	$47.00^{A}\pm0.18$	7.91^{**}
花生烯酸	0.23 ± 0.01	0.24 ± 0.02	0.22 ± 0.02	0.19 ± 0.02	0.19 ± 0.01	1.95
亚油酸	$4.39^{B}\pm0.12$	$4.44^{B}\pm0.05$	$8.73^{A}\pm0.10$	$4.10^{B}\pm0.06$	$4.32^{B}\pm0.04$	35.45^{**}
亚麻酸	$1.23^{A}\pm0.01$	$1.17^{A}\pm0.05$	$0.99^{B}\pm0.03$	$1.24^{A}\pm0.02$	$1.02^{B}\pm0.02$	16.20^{**}
UFA	$57.75^{BC}\pm0.09$	$56.33^{CD}\pm0.24$	$58.98^{A}\pm0.15$	$57.63^{C}\pm0.09$	$56.21^{D}\pm0.14$	54.91^{**}
SFA	42.32 ± 0.32	41.00 ± 0.75	40.53 ± 0.32	41.45 ± 0.25	40.93 ± 0.33	2.50
MUFA	$52.12^{A}\pm0.13$	$50.72^{B}\pm0.18$	$49.26^{C}\pm0.21$	$52.30^{A}\pm0.09$	$50.88^{B}\pm0.16$	59.75^{**}
PUFA	$5.63^{B}\pm0.13$	$5.61^{B}\pm0.09$	$9.72^{A}\pm0.06$	$5.34^{B}\pm0.08$	$5.34^{B}\pm0.04$	93.14^{**}

注：UFA 为总不饱和脂肪酸；SFA 为总饱和脂肪酸；MUFA 为总单不饱和脂肪酸；PUFA 为总多不饱和脂肪酸。表中数值以最小二乘均数±标准误表示；* 表示差异显著（$P<0.05$），** 表示差异极显著（$P<0.01$）；同一行平均数后的不同小写字母表示差异显著（$P<0.05$），不同大写字母表示差异极显著（$P<0.01$）。

2. 不同因素对肉质特性和肌肉脂肪酸的影响

（1）不同营养水平对肉质特性和肌肉脂肪的影响　武英（2003）采用玉米、豆粕、鱼粉、预混料等组成饲料，设计三个营养水平（能量、蛋白质和赖氨酸），测定生长性状、胴体性状和肉质性状。三个营养水平的试验猪日增重、料重比间差异不显著，所以杜莱 2 系商品猪饲喂营养水平中等的饲粮即可。屠宰测定指标不同水平间差异不显著，肉质指标总体较高，未发现肉色差、酸度高和失水率高的猪肉，尤其是肌内脂肪含量均达较高水平，三个营养水平组相差不大。

（2）不同体重对肌肉脂肪酸组成的发育性变化的影响　曾勇庆等（2005）以 40～90kg 6 个体重阶段莱芜猪和鲁莱黑猪为试验对象（$n=6$），研究肌肉脂肪酸组成的发育性变化及其与肉质特性的关系，以及不同组织中脂肪代谢酶活性的发育性变化规律及其与肌内脂肪含量、背膘厚的关系。

①莱芜猪肌肉脂肪酸组成发育性变化。在生长期随着体重的增大，莱芜猪肌肉中 SFA 有下降的趋势、UFA 有上升的趋势，但差异不显著；总脂含量显著（$P<0.05$）增加；在 UFA 中，油酸比例逐渐增加，而亚油酸比例逐渐下降

（P<0.01），花生烯酸比例先下降后稍有上升，PUFA 总体下降（P<0.01）。

②不同体重莱芜猪与鲁莱黑猪肌肉中脂肪酸组成的对比。鲁莱黑猪肌肉脂肪酸组成发育性变化无明显规律性，但各组分与相应体重的莱芜猪相比却有着较大的差异。总体比较，莱芜猪的 SFA 与 MUFA、总脂、棕榈酸、棕榈烯酸比例显著高于鲁莱黑猪，而 PUFA、硬脂酸、亚油酸、花生烯酸比例显著（P<0.05）低于鲁莱黑猪，其他组分则差异不显著。

③莱芜猪肌肉中脂肪酸组成与肉质特性的相关性分析。莱芜猪肌肉中的 PUFA 与总脂、水分、失水率、大理石纹评分相关显著；总脂与水分、大理石纹相关极显著；SFA、UFA 与大理石纹评分呈显著相关。

④肌肉组织中脂肪代谢酶活性发育性变化分析。结果表明，在生长期各体重阶段，肌肉组织中脂肪合成酶异柠檬酸脱氢酶（ICDH）活性极显著高于苹果酸脱氢酶（MDH）活性（P<0.01）。随体重增大，ICDH 活性缓慢上升并在 60～70kg 时达到峰值，而后开始下降，MDH 活性的变化规律则不明显；脂肪分解酶激素敏感脂酶（HSL）活性是先降后升再降，在 70～80kg 时活性最高。研究表明，不同体重莱芜猪肌肉组织中 ICDH、MDH 活性存在显著差异（P<0.05），鲁莱黑猪的 ICDH、HSL 存在极显著差异（P<0.01）。总体比较而言，莱芜猪肌肉组织中 ICDH、MDH 活性极显著高于鲁莱黑猪（P<0.01），而 HSL 无显著差异。

⑤背膘中脂肪代谢酶活性发育性变化分析。结果表明，在生长期随着体重的增大，背膘中合成酶 MDH 活性极显著高于 ICDH 活性（P<0.01）；MDH 活性从 40kg 开始下降，60kg 时有所回升；ICDH 活性同样是先降后升，但总体升降幅度不大；HSL 活性 40～50kg 基本稳定，而后逐步增强。总体比较而言，不同体重间，除鲁莱黑猪的 HSL 有显著差异（P<0.05），其余差异不显著；另外，莱芜猪背膘 MDH、ICDH、HSL 活性有高于鲁莱黑猪的趋势，但差异都不显著。

⑥肝脏组织中脂肪代谢酶活性发育性变化分析。结果表明，在生长期各体重阶段，肝脏组织中 ICDH 活性极显著高于 MDH 活性（P<0.01）。随体重增大，ICDH、MDH 活性逐渐升高，至 60kg 以后趋于稳定；HSL 活性的发育性变化规律不明显。莱芜猪肝脏 MDH 和鲁莱黑猪肝脏 ICDH 在不同体重组间有显著差异（P<0.05），其余差异不显著。另外，莱芜猪肝脏 ICDH 有高于鲁莱黑猪的趋势，HSL 有低于鲁莱黑猪的趋势，但差异都不显著。相关分

析结果表明，肌肉组织中的 MDH、HSL 与肌内脂肪呈极显著相关（$P<0.01$）；肝脏组织中的 MDH、ICDH 分别与肌内脂肪呈显著（$P<0.05$）和极显著（$P<0.01$）正相关，且肝脏 ICDH 与背膘厚呈极显著正相关（$P<0.01$），背膘组织中的 MDH、HSL 与背膘厚呈极显著相关（$P<0.01$）。

3. 不同品种猪肌肉蛋白质中氨基酸含量分析　相同体重不同品种猪肌肉中总氨基酸、鲜味氨基酸、人体必需氨基酸含量表现出鲁莱黑猪最高和大约克夏猪最低，以及高体重的莱芜猪（114kg）和鲁莱黑猪（114kg）分别高于低体重的莱芜猪（80kg）和鲁莱黑猪（90kg）的总体变化趋势，但各项氨基酸含量指标在不同品种间均无显著差异（$P>0.05$；见表 4-13）。

表 4-13　不同品种猪肌肉每百毫克蛋白质中氨基酸的含量（mg）

氨基酸	莱芜猪（114kg）	鲁莱黑猪（114kg）	大约克夏猪（114kg）	莱芜猪（80kg）	鲁莱黑猪（90kg）	F 值
丝氨酸	3.48±0.08	3.59±0.18	3.45±0.11	3.47±0.23	3.19±0.19	0.79
脯氨酸	3.54±0.35	4.28±0.38	4.14±0.15	3.11±0.33	4.15±0.29	2.61
精氨酸	5.12±0.47	5.18±0.32	4.62±0.10	4.99±0.42	4.62±0.49	0.47
酪氨酸	2.96±0.14	3.06±0.32	2.89±0.09	2.93±0.19	2.56±0.12	0.98
组氨酸	3.89±0.12	2.93±1.01	4.14±0.15	3.83±0.24	3.44±0.34	0.93
天冬氨酸	9.03±0.47	9.74±0.60	9.10±0.20	9.02±0.64	8.66±0.56	0.58
谷氨酸	12.99±0.72	13.88±0.64	12.91±0.25	12.71±0.86	12.61±0.84.	0.52
甘氨酸	3.98±0.06	4.14±0.30	3.62±0.05	4.07±0.28	3.77±0.44	0.64
丙氨酸	5.56±0.33	5.76±0.30	5.16±0.13	5.08±0.40	5.03±0.45	0.88
苏氨酸	4.17±0.09	4.59±0.26	4.35±0.10	4.26±0.29	4.08±0.25	0.83
异亮氨酸	3.67±0.01	4.35±0.31	4.04±0.13	3.76±0.31	4.21±0.27	1.53
亮氨酸	7.24±0.37	7.71±0.34	7.08±0.20	7.09±0.55	6.95±0.61	0.45
蛋氨酸	2.52±0.13	2.65±0.22	1.98±0.11	2.48±0.20	2.18±0.13	2.77
胱氨酸	0.72±0.10	0.73±0.12	0.66±0.06	0.60±0.14	0.57±0.07	0.47
缬氨酸	4.45±0.27	4.95±0.35	4.59±0.09	4.22±0.48	4.63±0.28	0.69
苯丙氨酸	3.42±0.13	3.67±0.17	3.62±0.06	3.46±0.28	3.42±0.23	0.40
赖氨酸	7.15±0.27	7.74±0.49	7.12±0.20	6.94±0.46	7.04±0.67	0.49
氨基酸总和	83.87±3.74	88.94±5.74	83.48±2.08	82.02±5.76	81.11±6.09	0.38
鲜味氨基酸	31.56±1.51	33.53±1.84	30.79±0.64	30.89±2.17	30.07±2.28	0.54
必需氨基酸	33.33±1.22	36.39±2.17	33.45±0.91	33.11±2.64	33.07±2.40	0.54

三、食用品质特性

1. 不同品种猪的肌内脂肪、肌苷酸和还原糖含量　不同品种猪间肌内脂肪含量差异极显著（$P<0.01$），总体表现为莱芜猪>鲁莱黑猪>大约克夏猪，但不同体重莱芜猪之间和不同体重鲁莱黑猪之间没有显著差异（$P>0.05$），见表 4-14。不同品种猪肌肉中肌苷酸含量表现出莱芜猪>鲁莱黑猪>大约克夏猪，以及莱芜猪（114kg）和鲁莱黑猪（114kg）分别高于低体重的莱芜猪（80kg）和鲁莱黑猪（90kg）的总体变化趋势，但差异不显著（$P>0.05$）。同品种猪肌肉中还原糖含量总体表现为莱芜猪<鲁莱黑猪<大约克夏猪，但差异不显著；不同体重的莱芜猪和鲁莱黑猪肌肉中还原糖含量也无显著差异（表 4-15）。

表 4-14　三个品种猪肌肉中肌内脂肪、背膘厚

指标	莱芜猪	鲁莱黑猪	大约克夏猪
肌内脂肪（%）	12.78±1.02	7.27±1.26	1.15±0.07
背膘厚（cm）	3.25±0.34	2.74±0.45	1.55±0.60

表 4-15　不同品种猪肌肉中肌内脂肪、粗蛋白、肌苷酸和还原糖含量

指标	莱芜猪（114kg）	鲁莱黑猪（114kg）	大约克夏猪（114kg）	莱芜猪（80kg）	鲁莱黑猪（90kg）	F 值
肌内脂肪（%）	$12.78^{A}\pm1.02$	$7.27^{B}\pm1.26$	$1.15^{C}\pm0.07$	$10.45^{AB}\pm0.97$	$7.15^{B}\pm1.21$	18.09**
粗蛋白（%）	$19.50^{b}\pm1.51$	$22.35^{a}\pm3.75$	$22.66^{a}\pm0.59$	$19.71^{b}\pm1.75$	$21.59^{ab}\pm3.82$	3.82**
肌苷酸（mg/g）	1.45±0.16	1.34±0.06	1.29±0.06	1.43±0.14	1.31±0.10	1.00
还原糖（mg/g）	1.49±0.05	1.50±0.06	1.64±0.04	1.41±0.06	1.54±0.05	2.29

注：表中数值以最小二乘均数±标准误表示；**表示差异极显著（$P<0.01$）；同一行平均数后的不同小写字母表示差异显著（$P<0.05$），不同大写字母表示差异极显著（$P<0.01$）。

2. 不同品种猪肌肉风味前体物质和营养、食用品质特性　陈其美（2010）等以莱芜猪（24 头）、鲁莱黑猪（24 头）和大约克夏猪（12 头）共 60 头去势公猪为试验对象，研究不同品种猪肌肉风味前体物质和营养、食用品质特性的差异。结果表明，①莱芜猪肌内脂肪（IMF）、饱和脂肪酸和单不饱和脂肪酸中的棕榈烯酸及油酸含量显著高于大约克夏猪（$P<0.05$），总多不饱和脂肪酸（PUFA）含量则显著低于大约克夏猪（$P<0.05$）；肌苷酸（IMP）在莱芜猪中含量最高，还原糖在大约克夏猪中含量最高，而鲜味氨基酸和必需氨基酸

在鲁莱黑猪中含量最高，但这几种物质在品种间均无显著差异（$P>0.05$）。②在常规肉质特性方面，不同品种猪间的肉色、大理石纹、pH、滴水损失、系水力和烹饪损失等具有显著差异（$P<0.05$），与大约克夏猪相比，莱芜猪和鲁莱黑猪肌肉具有鲜红的肉色、良好的持水性能和丰富的肌内脂肪含量。研究证明，莱芜猪和鲁莱黑猪肌肉内脂肪沉积以及部分风味前体物质含量较为丰富，营养及食用品质特性优良，在强化猪肉风味多汁的优质肉猪生产方面具有独特的种质资源优势。

四、肉质性状基因分析

（一）肌内脂肪沉积基因

1. 基因（*DGAT1*、*DGAT2*、*ADD1*、*PPARγ*、*ADRP*）　崔景香曾以莱芜猪、鲁莱黑猪、大约克夏猪为研究对象，对影响猪脂肪细胞分化和脂肪细胞肥大的 *DGAT1*、*DGAT2*、*ADD1*、*PPARγ* 和 *ADRP* 5 个候选基因进行了定量表达检测和遗传分析。结果表明，*DGAT2*、*PPARγ*、*ADRP*、*ADD1* 4 个基因在肌肉中 mRNA 的表达量与 IMF 沉积相关性显著（$P<0.05$）；*DGAT1* 基因、*PPARγ* 基因在肝脏中 mRNA 的表达量与背膘厚（BFT）相关性显著（$P<0.05$）；只有 *PPARγ* 基因在肌肉和背膘中与 IMF 和 BFT 都达到显著相关。

2. *PID1* 基因　钱源（2011）对莱芜猪 *PID1* 基因 CDS 区的克隆及进化分析。*PID1* 基因是利用抑制性差减杂交技术筛选肥胖人与正常人腹膜后脂肪组织中的差异表达基因。在莱芜猪肌肉内的 *PID1* 表达量高于鲁莱黑猪与大约克夏猪，在其他猪种组织中与肌内脂肪相关，暗示了 *PID1* 基因可能与肌内脂肪沉积有关。在莱芜猪中对 *PID1* mRNA 表达量与 IMF、BFT 的相关性进行分析，*PID1* 基因与 IMF 含量的相关性高于 *PPARγ*，根据 *PID1* 基因的表达量与 IMF 含量的相关性，筛选 *PID1* 基因进行下一步试验，构建真核表达载体为进一步试验，将构建的 pcDNA3.1（+）/*PID1* 载体转染到毛囊细胞，然后提取总 RNA 和蛋白，利用 RT-PCR 和 Western blotting 检测到 *PID1* 基因在 mRNA 和蛋白水平均有高表达。

徐正刚以莱芜猪和鲁莱黑猪为试验对象（莱芜猪 67 头、鲁莱黑猪 40 头），测序发现，在 *PID1* 基因 CDS 区的第 267 位点发生了碱基 C→T 的突变，SSCP 分析发现，在两个品种中，CC 型个体肌内脂肪含量为 9.77%±5.03%，

CT 型的肌内脂肪含量为 6.11%±1.89%，TT 型的肌内脂肪含量为 5.71%±2.59%。在两个群体中，*C* 为优势等位基因，基因频率为 0.56；在莱芜猪群体中，CC 型个体的肌内脂肪含量为 10.38%±5.25%，CT 型的肌内脂肪含量为 6.38%±2.03%，TT 型的肌内脂肪含量为 6.03%±2.39%，*C* 基因频率为 0.6。在鲁莱黑猪群体中，CC 型的肌内脂肪含量为 7.37%±5.77%，CT 型的肌内脂肪含量为 5.15%±1.13%，TT 型的肌内脂肪含量为 4.74%±2.73%，群体中各类基因型分布均达到哈代-温伯格平衡状态。

3. *H-FABP* 基因和 *A-FABP* 基因　*H-FABP* 基因和 *A-FABP* 基因被认为是肌内脂肪（IMF）累积的候选基因，对不同体重莱芜猪和鲁莱黑猪种群背最长肌（LD）和肝等不同组织评估 *A-FABP* 基因的表达，*H-FABP* 基因和 *A-FABP* 基因分别在两个猪种体内 50kg 与 70kg 达到最大，且证明两基因与肌内脂肪（IMF）累积密切相关。

利用 PCR-RFLP 方法检测心脏脂肪酸结合蛋白的遗传变异以及与肌内脂肪含量的相关性分析，数据来自 223 个个体，包括一个中国本地猪品种和 4 个西方猪种，这意味着本试验种群中 hhddbb 型有最高的 IMF 含量和 *H-FABP* 多态性能，在某种程度上，可作为遗传标记用于改善 IMF 含量。呼红梅（2010）等选择 100kg 莱芜猪 10 头、杜洛克猪 7 头，采用荧光定量 RT-PCR 法测定 *H-FABP* 基因 mRNA 表达量，并测定肌内脂肪和脂肪酸含量。结果表明，莱芜猪背最长肌 *H-FABP* 基因 mRNA 的表达量比杜洛克猪高 36.16%。莱芜猪和杜洛克猪肌肉 *H-FABP* 基因 mRNA 的表达量与肌内脂肪含量显著相关，*H-FABP* 基因 mRNA 的表达量和肌内脂肪含量、饱和脂肪酸含量、单不饱和脂肪酸含量显著相关，莱芜猪 *H-FABP* 基因 mRNA 的表达量和肌内脂肪含量、多不饱和脂肪酸含量显著相关，与脂肪酸总量显著不相关，但是杜洛克猪则与此相反。因此，*H-FABP* 基因可作为莱芜猪肌内脂肪选育的候选基因。

2002 年王存芳选用莱芜猪、杜洛克猪、汉普夏猪、长白猪、大约克夏猪共 207 头作为供试群体，利用 PCR-RFLP 技术和微卫星方法分别对可作为 IMF 含量候选基因的 *H-FABP* 基因和 *A-FABP* 基因进行了研究分析，同时对 *A-FABP* 基因的微卫星位点进行克隆测序，并分析了两基因的遗传变异与 IMF 含量的关系。

①*H-FABP* 基因的 5′上游区存在 HinfⅠ-RFLP，第二内含子区存在 Hae

Ⅲ-RFLP 和 HinfⅠ-RFLP，但酶切位点的各等位基因频率明显不同。在莱芜猪、杜洛克猪、汉普夏猪、长白猪、大约克夏猪中 HinfⅠ-RFLP 等位基因 *H* 的频率分别为 0.609、0.523、0.25、0.851、0.727；HinfⅠ-RFLP 等位基因 *B* 的频率分别为 0.937、0.348、0.600、0.115、0.375；HaeⅢ-RFLP 等位基因 *D* 的频率分别为 0.816、0.643、0.964、0.278、0.652。3 种酶切位点中，5 个猪种之间遗传特性的差异也非常明显。HinfⅠ-RFLP 中除长白猪表现为低度多态（$PIC<0.25$）外，其余 4 个猪种均表现为中度多态（$0.25<PIC<0.5$）。HaeⅢ-RFLP 中汉普夏猪表现为低度多态（$PIC<0.25$），其余 4 个猪种均表现为中度多态（$0.25<PIC<0.5$）。HinfⅠ-RFLP 中杜洛克猪表现为明显的高度多态（$PIC>0.5$），其余 4 个猪种均为中度多态（$0.25<PIC<0.5$）。

②在 5 个供试猪种中均检测到了（CA）n 位点，共发现了 4 个等位基因、10 种基因型。经克隆测序发现，4 个等位基因微卫星序列的重复数目分别为 *A*（33）、*B*（27）、*C*（23）、*D*（21）：片段长度依次为 *A*（279bp）、*B*（265bp）、*C*（257bp）、*D*（253bp）。该位点的多态性是由（CA）重复序列的差异引起的。4 个等位基因的侧翼序列具有 97.58%的同源性，等位基因 *C* 与 Genebank 中注册的野猪 *A-FABP* 基因全序列中的微卫星序列完全一致。等位基因及基因型在 5 个猪种中的分布极不均衡，基因 *C* 为莱芜猪、长白猪的优势等位基因，基因 *A* 在杜洛克猪、大约克夏猪中为优势基因，而汉普夏猪以基因 *B* 为优势基因。莱芜猪、杜洛克猪在此位点上为明显的高度多态（$PIC>0.5$），而其余 3 个品种均表现为低度多态（$PIC<0.25$）。另外，还发现了两个碱基的突变：C→T 和 A→G。等位基因 *B* 和 *C* 中存在这两个碱基突变，而等位基因 *D* 中只有 C→T 的突变，等位基因 *A* 不存在碱基突变。

4. *DGAT* 基因 SNP 检测　二酰基胆碱酰基转移酶（DGAT）在动物脂肪沉积中起着关键的调节作用。对莱芜猪 *DGAT1* 外显子 6 至外显子 8 共 476bp 的序列克隆测序发现，在外显子 6 至外显子 8 上检测到两处 SNPs，*DGAT1* 内含子 6 至内含子 7 上有保守的 GT-AG 拼接识别序列；在莱芜猪和西方猪种外显子 6 至外显子 8 未发现类似于 K232A 的错义突变；针对大约克夏猪和莱芜猪外显子 8 上的 SNP 进行 PCR-SSCP 检测，发现莱芜猪群体处于哈代-温伯格平衡状态（$P>0.05$），大约克夏猪群体均为 CC 纯合体；克隆了猪 *DGAT1* 5′调控区的部分序列（737bp），在距离起始密码子 ATG 241bp 处发现一处由单个腺嘌呤（A）缺失产生的新 SNP 位点［定义为等位基因 *Del*（*A*）］；对大约克夏猪、大莱二元杂交母猪、杜洛克猪和莱芜猪进行了 PCR-SSCP 检测，结果发现莱芜猪群体 *Del*（*A*）等位基因频率最高，所检测的 30 头个体均为 Del（A）/Del（A）纯合型，所检测的 4 个群体均处于哈代-温伯格平衡状态（$P>0.05$）；大莱二元杂交母猪群体不同基因型的猪背膘厚差异不显著（$P>0.05$），在仔猪初生重方面，Del（A）/Del（A）个体与＋/Del（A）个体差异显著（$P<0.05$），该位点对初生重的加性效应为 0.098 68kg，显性效应为 0.045 74kg。

DGAT2 与 *DGAT1* mRNA 在莱芜猪体内肝脏、脂肪与肌肉中的表达量显著高于鲁莱黑猪与大约克夏猪。胡悦等分别用 RT-PCR 和实时荧光定量 RT-PCR 的方法分别对莱芜猪和杜洛克猪 3 日龄仔猪和成年猪背膘组织中 *DGAT1* 和 *DGAT2* mRNA 表达量进行了分析。结果发现，成年莱芜猪和成年杜洛克猪 *DGAT1* mRNA 的表达量均高于 3 日龄仔猪，分别为 5.0 倍和 2.7 倍；成年猪 *DGAT2* mRNA 表达量高于 3 日龄仔猪，分别为 27.6 倍（$P<0.01$）和 4.8 倍（$P<0.05$）。两品种成年猪和 3 日龄仔猪 *DGAT2* 基因表达量的变化均高于 *DGAT1*。品种间同一发育时期比较，杜洛克猪 3 日龄仔猪背膘组织中 *DGAT2* 基因的表达量高于莱芜猪，但成年莱芜猪背膘组织中 *DGAT2* 基因的表达量高于杜洛克猪，差异均不显著（$P>0.05$），提示 *DGAT2* 基因可能与中外猪品种脂肪沉积能力的差异有关。

5. 瘦素（*Leptin*）基因　*Leptin* 基因是一个与摄食和能量代谢有关的基因，*Leptin* 基因敲除的 ob/ob 小鼠表现出肥胖的特征。*Leptin* 基因通过作用于下丘脑的特殊受体 OB-Rb 来调节机体的摄食和能量代谢，从而影响脂肪的沉积。研究发现猪的 *Leptin* 基因启动子区－2825 位点存在 G→A 的突变。PCR-SSCP 的方法检测并计算了杜洛克猪、大约克夏猪、莱芜猪、鲁莱黑猪和商品猪群体的基因型频率和基因频率，结果表明西方猪种以 *G* 等位基因为主，本地猪种中则以 *A* 等位基因为主。除鲁莱黑猪外，其他猪种均处于哈代-温伯格平衡状态。对有背膘厚记录的商品猪和鲁莱黑猪进行了 G2825A 的多态性与生产性状的相关分析。荧光定量 PCR 的方法检测了不同基因型鲁莱黑猪脂肪组织中 *Leptin* 基因 mRNA 的表达量。ELISA 的方法检测了不同基因型鲁莱黑猪血清中 Leptin 蛋白的表达量。无论是背膘厚、mRNA 水平还是蛋白表达水平，三种基因型间差异均不显著，仅存在 GG>GA>AA 的趋势。推测这一位点的突变没有影响到*Leptin*基因及其蛋白的表达。

6. *ME1* 基因　苹果酸酶 1（ME1）是机体内源性脂肪酸合成的关键酶，可催化苹果酸氧化脱羧生成丙酮酸和 CO_2，并使 $NADP^+$ 还原成 NADPH，而 NADPH 是脂肪酸合成及其碳链延长的重要辅酶。*ME1* 基因 5′调控区－1068 位点存在 A→G 的突变，已有研究表明 *G* 等位基因有增加背膘厚的趋势，试验用荧光定量 PCR 的方法在分子水平上检测不同基因型鲁莱黑猪脂肪组织中 *ME1* mRNA 表达水平的差别，结果显示等位基因 *G* 有增加 *ME1* mRNA 表达的趋势，接近显著水平（$P=0.052$）。

7. *LPL* 基因和 *HSL* 基因　2006 年，王刚运用分子生物学技术对 *LPL* 基因和 *HSL* 基因的表达和基因多态性两方面进行研究，为进一步揭示肌内脂肪沉积的遗传机制奠定基础。

莱芜猪与鲁莱黑猪肌肉组织中 *LPL* 基因表达的发育性变化趋势基本相似，即随体重的增长，莱芜猪在 50～70kg 时 *LPL* 基因表达急剧下降（$P<0.05$），80kg 时迅速回升出现一个峰值后再次下降；鲁莱黑猪 *LPL* 基因的表达量随体重的增加呈缓慢下降趋势，70kg 以后变化不大并维持在一个较低水平上。总体上来看，莱芜猪肌肉组织 *LPL* 基因表达量略高于鲁莱黑猪（$P>0.05$）。相关分析表明，在两个猪种中 *LPL* 基因表达的发育性变化与肌内脂肪含量之间均不显著（$P>0.05$），但与肌内脂肪的相对含量（肌内脂肪/体脂量）分别呈显著（$P<0.05$）和极显著（$P<0.01$）正相关。两个猪种肌肉组织的 *HSL* 基因表达的发育性变化相似，随着体重增加，*HSL* 基因表达呈下降趋势；莱芜猪在 60kg 以后 *HSL* 基因的含量急剧下降，然后又有所回升，鲁莱黑猪在 60kg 以后 *HSL* 基因表达呈缓慢下降趋势，两个猪种相比较，在 60～80kg 时鲁莱黑猪 *HSL* 基因的表达量显著高于莱芜猪（$P<0.05$）。相关性分析发现，莱芜猪和鲁莱黑猪 *HSL* 基因表达的发育性变化与肌内脂肪含量均呈显著负相关（$P<0.05$）。结果提示，*LPL* 基因表达量对于正向调节肌内脂肪含量具有一定的影响；HSL 作为脂肪分解的关键酶在向下调节肌内脂肪含量方面具有重要的作用。

（二）莱芜猪抑制性消减杂交分析

2012 年陈其美以 IMF 含量丰富的莱芜猪和 IMF 贫乏的大约克夏猪为研究对象，运用抑制性消减杂交（SSH）技术构建高、低 IMF 莱芜猪和莱芜猪与大约克夏猪的正反抑制性消减杂交文库，筛查和鉴别差异表达基因，并对其中的部分基因进行实时定量 PCR 验证；另外，在候选基因的研究上，对猪 *NDUFS4* 基因进行了克隆和表达分析。主要结果如下：

（1）应用 SSH 技术构建了高 IMF 莱芜猪与低 IMF 莱芜猪正反消减杂交文库。正反向文库扩增后分别得到 631、486 个阳性克隆，PCR 鉴定结果表明插入片段主要分布在 0.1～1.0kb。使用反 Northen 斑点杂交技术对正向文库进行筛选，以高 IMF 莱芜猪为 Tester、低 IMF 莱芜猪为 Driver 的正向文库中获得 97 个阳性差异克隆，进行测序、聚类拼接后得到 35 条单一 ESTs 序列。将这些序列在 NCBI 中进行 BLAST 比对分析，发现其中有 17 条 ESTs 与已知功能基因高度同源，3 条 ESTs 在猪上有预测序列，15 条 ESTs 序列与未知功能的 cDNA 片段高度同源。

（2）应用 SSH 技术构建了莱芜猪与大约克夏猪正反抑制性消减杂交文库。正反向文库扩增后分别得到 1 039、856 个阳性克隆，PCR 鉴定结果表明插入片段主要分布在 0.1～2kb。使用反 Northen 斑点杂交技术对正反向文库进行筛选，以莱芜猪为 Tester、大约克夏猪为 Driver 的正向文库中获得 154 个阳性差异克隆，以大约克夏猪为 Tester、莱芜猪为 Driver 的反向文库中获得 93 个阳性差异克隆。进行测序、聚类拼接后，正向文库得到 83 条单一 ESTs 序列，反向文库获得 55 条单一 ESTs 序列。在 NCBI 中进行 BLAST 比对分析后发现，正向文库中有 33 条 ESTs 与已知功能基因高度同源，15 条 ESTs 在猪上有预测序列，25 条 ESTs 序列与未知功能的 cDNA 片段高度同源，另有 10 条 ESTs 未找到明显的同源序列；反向文库中有 21 条 ESTs 与已知功能基因高度同源，8 条 ESTs 在猪上有预测序列，18 条 ESTs 序列与未知功能的 cDNA 片段高度同源，另有 8 条 ESTs 未找到明显的同源序列。

（3）对与已知功能基因以及有预测序列的基因进行在线分类分析，发现这些基因参与了多种生物学过程；对其中的部分基因或 ESTs 进行了实时定量 PCR 的验证，有 13 个基因或 EST 与文库筛选结果一致，其中上调基因 11 个，分别是 *SERF2* 基因、*ATP6* 基因、*NDUFS4* 基因、*SERPINF1* 基因、*h142*（*EST*）基因、*ACSL1* 基因、*ADFP* 基因、*ACADM* 基因、*HNRNPA2B1* 基因、*PDK4* 基因、*P311* 基因，下调基因 2 个（*AMPD1* 基因和 *PGK1* 基因）。

（4）通过 RT-PCR 及 RACE 技术，得到了猪 *NDUFS4* 基因完整的 cDNA

序列。猪 *NDUFS4* 基因编码区核苷酸序列与人、小鼠、牛、大鼠的同源性分别为 92.99%、87.31%、93.56%、86.55%。猪 *NDUFS4* 基因氨基酸序列与牛的同源性最高为 92.57%，与人、小鼠、大鼠的同源性分别为 90.29%、88.57%、86.29%。对猪 *NDUFS4* 基因在 11 种组织中的表达谱分析发现，该基因在检测组织中呈特异性表达，在背最长肌、脾脏、肾脏中高表达，肝脏、背膘、脑、脊髓中中度表达，心脏中低表达，肺、胃和大肠中几乎不表达。试验还对莱芜猪、大约克夏猪背最长肌组织中 *NDUFS4* 基因 mRNA 的表达情况进行了实时定量 PCR 分析，结果表明莱芜猪中 *NDUFS4* 基因 mRNA 表达量显著高于大约克夏猪。

（三）其他肉质性状相关基因

1. 神经元蛋白 3.1（P311）基因　杨云等曾对 54 头莱芜猪和 40 头鲁莱黑猪，利用 PCR-SSCP 技术检测 *P311* 基因 3′侧翼区 2 个多聚腺苷酸（polyA）结构的长度多态性，测序确定连续腺苷酸的数目，并与肉质性状进行关联分析。结果表明，①在莱芜猪和鲁莱黑猪中共检测出 2 个连续腺苷酸数目的多态位点 polyA-L1 和 polyA-L2，两者的 polyA 数目分别为 18、15 和 15、12，2 个位点的 3 种基因型分别记为 polyA-L1 位点的 MM 型、NN 型和 MN 型，以及 polyA-L2 位点的 BB 型、DD 型和 BD 型；这 2 个多态位点在莱芜猪和鲁莱黑猪群体中均处于哈代-温伯格平衡（$P>0.05$），其多态性在 2 个猪种间的分布差异在统计学上均不显著。②莱芜猪 polyA-L1 位点的 3 种基因型之间在肉质性状上均未表现出统计学上的显著差异，但 MN 型个体各项肉质性状普遍优于 2 个纯合型，肉质较好，鲁莱黑猪中的结果与此相同。③莱芜猪 polyA-L2 位点的 3 种基因型之间在肉质性状上均未表现出统计学上的显著差异，但鲁莱黑猪在该位点处的失水率和烹饪损失指标在统计学上差异显著，其中 DD 型个体的失水率显著高于 BD 型个体，BB 型和 DD 型个体的烹饪损失显著高于 BD 型，其余各指标的基因型间在统计学上差异不显著。总之，在这 2 个位点处普遍表现为杂合型的肉质性状优于纯合型，生产中应重视 2 个纯合型个体间的杂交利用，以产生更多肉质优良的杂合型个体。

2. *ACSL4* 基因　酰基辅酶 A 合成酶长链 4（ACSL4）基因属于酰基辅酶 A 合成酶长链基因家族，在体内催化合成脂酰 CoA，是哺乳动物利用脂肪酸的第一步反应，在脂类代谢和脂肪酸分解中起着最基本的作用，与生长和脂肪酸的比例相关。脂肪酸含量是猪的重要肉质性状，研究表明，*ACSL4* 基因可以作为影响猪肉质性状的候选基因。姜伟等选取了 106 头莱芜猪核心群及部分后备猪，用 PCR-RFLP 的方法分别检测了 *ACSL4* 基因的 SNPG 2645A 位点的 HinfⅠ及 MSpⅠ的多态性。发现在 *ACSL4* 的 SNPG 2645A 位点共检测到 AG 和 GG 两种基因型，没有检测到 AA 基因型，即 *G* 等位基因是优势等位基因；该位点在莱芜猪中呈高度多态性。莱芜猪在上述两个位点均处于哈代-温伯格平衡状态。

3. *COL3A1* 基因　2006 年，包新见以 30～90kg 莱芜猪和 40～100kg 鲁莱黑猪共 84 头去势公猪为试验对象（每组 6 头），采用半定量 RT-PCR 的方法，研究肌肉中 *COL3A1* 基因表达的发育性变化及其对肌肉中胶原蛋白含量和性质的影响。

（1）*COL3A1* 品种和发育性差异分析　莱芜猪和鲁莱黑猪肌肉组织中 *COL3A1* 基因表达存在着明显的发育性变化和品种差异。不同体重组间的表达量差异极显著（$P<0.01$），并且是随着体重的增加，两个品种猪肌肉组织中 *COL3A1* 基因的表达呈逐渐增加趋势，莱芜猪和鲁莱黑猪分别在 70kg 和 80kg 时表达量略有下降。总体上，莱芜猪肌肉组织 *COL3A1* 基因表达量显著高于鲁莱黑猪（$P<0.05$），相同体重组间，除 70kg 组外，其余体重组 *COL3A1* 基因表达量均是莱芜猪高于鲁莱黑猪。这表明 *COL3A1* 基因在动物体的不同发育阶段是呈持续表达的，且 *COL3A1* 基因的表达与机体的生长发育呈现一致性。

（2）*COL3A1* 表达对肉质的影响　通过 *COL3A1* 基因表达量与体重、肌内胶原性质及含量的相关分析发现，莱芜猪和鲁莱黑猪不同发育阶段肌肉组织中 *COL3A1* 基因的表达量与体重间分别呈极显著正相关（$P<0.01$）。莱芜猪肌肉组织 *COL3A1* 基因表达的发育性变化与总胶原（TC）和不溶性胶原含量（IC）呈极显著正相关（$P<0.01$），与胶原溶解度（CS）呈极显著负相关（$P<0.01$）。鲁莱黑猪肌肉组织 *COL3A1* 基因表达的发育性变化与 IC 和 SC 分别呈显著正相关和负相关（$P<0.05$）。这说明猪肌肉组织中Ⅲ型胶原是形成分子间交联的重要组分，其编码基因 *COL3A1* 表达对于肌内胶原的含量和性质起着至关重要的作用。

4. 脂联素及其受体（AdipoRs）基因　脂联素（AdipoQ）是由动物脂肪细胞分泌的一类激素蛋白，是由脂肪细胞高度表达的产物，具有抑制动物肝糖原的异生、促进机体对糖原的吸收、促进脂肪酸氧化、调节机体脂肪代谢、增加胰岛素敏感性和加强胰岛素对糖原的异生等作用，脂联素是参与脂肪生成与代谢的一个非常重要的因子，在猪的不同组织中发挥着非常重要的作用。

陈其美（2010）以相同体重（114kg）的莱芜猪、鲁莱黑猪和大约克夏猪各12头去势公猪为试验对象，运用QRT-PCR方法，定量研究了*AdipoQ*基因和*AdipoRs*基因在莱芜猪、鲁莱黑猪、大约克夏猪的背膘、肌肉和肝脏组织中的表达差异及其与IMF和BFT的相关性，为莱芜猪这一优良的地方猪种资源的开发利用和优质肉猪的培育提供科学依据。研究表明，猪的背膘、肌肉和肝脏三种组织中*AdipoQ*基因和*AdipoRs*基因表达存在着明显的品种间差异，在背膘组织中莱芜猪*AdipoR1*基因表达水平略高于鲁莱黑猪（$P>0.05$），但显著高于大约克夏猪（$P<0.05$）。

（1）*AdipoQ*基因和*AdipoR1*基因在不同猪品种间的差异表达　肌肉组织中*AdipoQ*基因和*AdipoR1*基因在不同品种间的表达情况同脂肪组织中*AdipoR1*基因的表达情况相同，也是莱芜猪中表达量最高（$P<0.05$），鲁莱黑猪次之（$P<0.05$），大约克夏猪略低（$P>0.05$）。肌肉和肝脏组织中*AdipoR2*在不同品种间差异也呈显著水平（$P<0.05$），表达量表现为大约克夏猪略高于鲁莱黑猪（$P>0.05$），莱芜猪最低（$P<0.05$）。

（2）*AdipoQ*基因和*AdipoR1*基因在不同组织间的差异表达　肌肉组织中不同IMF含量的莱芜猪中*AdipoQ*基因和*AdipoR1*基因的表达水平存在显著差异（$P<0.05$），并且高IMF含量的莱芜猪肌肉组织中的*AdipoQ*基因和*AdipoR1*基因的表达水平显著高于低IMF含量的莱芜猪（$P<0.05$），但中IMF含量的莱芜猪和高IMF的莱芜猪之间没有显著差异（$P>0.05$），说明*AdipoQ*基因和*AdipoR1*基因的表达可能影响了IMF的沉积。

（3）*AdipoQ*基因和*AdipoRs*基因的表达对肉质的影响　*AdipoQ*基因和*AdipoRs*基因的mRNA表达水平与IMF含量的相关分析表明，在背膘、肌肉和肝脏3种组织中*AdipoR1*基因的表达均与IMF含量呈显著正相关（$P<0.05$），*AdipoR2*基因的表达均与IMF含量呈显著负相关（$P<0.05$），但在背膘组织中，*AdipoQ*基因的表达与IMF含量呈显著负相关（$P<0.05$），而在肌肉中，*AdipoQ*基因的表达与IMF含量呈显著正相关（$P<0.05$）。*AdipoQ*和*AdipoRs* mRNA表达水平与BFT间相关分析表明，除肝脏中

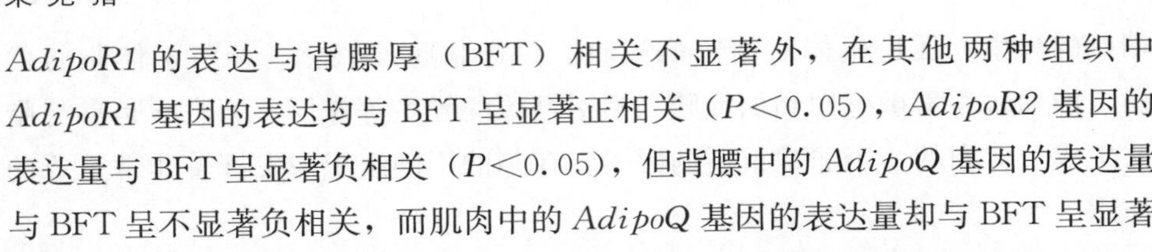

AdipoR1 的表达与背膘厚（BFT）相关不显著外，在其他两种组织中 *AdipoR1* 基因的表达均与 BFT 呈显著正相关（$P<0.05$），*AdipoR2* 基因的表达量与 BFT 呈显著负相关（$P<0.05$），但背膘中的 *AdipoQ* 基因的表达量与 BFT 呈不显著负相关，而肌肉中的 *AdipoQ* 基因的表达量却与 BFT 呈显著正相关（$P<0.05$）。这表明 *AdipoQ* 基因在不同的组织中发挥的具体功能可能不同，并且 *AdipoQ* 基因在调控 IMF 与背膘的沉积方面可能有类似的作用。

5. *MC4R* 基因和 *ME1* 基因　猪 *MC4R* 基因和 *ME1* 基因的多态性及与背膘厚存在一定的联系，可能是猪脂肪沉积的候选分子标记。采用 PCR-RFLP 技术对 *MC4R* 基因的 298 位点错义突变在莱芜猪、大莱二元杂交猪和商品猪中的多态性进行了检测，并对该突变与商品猪背膘厚的关系进行了关联分析。对猪 *ME1* 基因 5′调控区进行了克隆，并对该区段的多态性及其与商品猪背膘厚的关系进行了分析。结果如下：

（1）*MC4R* 基因　在 *MC4R* 基因研究方面，在 33 头莱芜猪中只检测到 11 基因型，而在大莱二元杂交猪和商品猪中 11 基因型、12 基因型和 22 基因型均有分布，且等位基因 *1* 的频率均高于等位基因 *2*。商品猪不同基因型个体背膘厚差异显著，22 基因型个体均值极显著高于 12 基因型（$P<0.01$）个体均值，显著高于 11 基因型（$P<0.05$）个体均值。*MC4R* 基因 Asp298Asn 错义突变与商品猪的背膘厚有关，可以作为以西方猪种为杂交亲本的商品猪背膘厚的分子标记。

（2）*ME1* 基因　利用 PCR-RFLP 和 PCR-SSCP 方法对猪 *ME1* 5′调控区进行多态性检测，获得 3 个突变位点，－486、－283 及－1068 存在多态性。－486 位点共检测 5 个猪群体（野猪、莱芜猪、杜洛克猪、大莱二元杂交猪及商品杂交猪）的多态性分布，结果只检测到 BB 和 AB 两种基因型，*B* 等位基因为优势等位基因，5 个群体在该突变位点均处于哈代-温伯格平衡状态。关联分析表明，*ME1* 基因－486 位点商品猪及大莱二元杂交猪不同基因型个体背膘厚差异不显著（$P=0.1402>0.05$），但 BB 型个体背膘厚的最小二乘均值低于 AB 型个体（MBB＝2.898±0.048，MAB＝3.070±0.111），*B* 等位基因趋向于一种有利等位基因，可能有降低背膘厚的效应。－1068位点，商品猪不同基因型个体背膘厚差异显著（$P=0.025<0.05$），说明该位点的多态性与背膘厚具有显著相关，等位基因 *A* 具有降低背膘厚的效应。

第四节 抗逆性能研究

一、抗病性研究

抗病力一般受先天性免疫和后天性免疫所调控。按遗传基础的不同，抗病力可分为特殊抗病力和一般抗病力。特殊抗病力是指猪对某一特定疾病或病原体的抗性，这一抗性主要受一个主基因位点控制，表现为宿主体内存在或缺失某种分子或其受体。一般抗病力不限于对某一种病原体的抗性，病原体抗原性的差异对一般抗病力影响极小，甚至根本没有影响，这种抗病力体现了机体对疾病的整体防御功能，会涉及先天性和获得性免疫两个系统。

（一）一般抗病性

2014 年高彦华对来源于猪中性粒细胞等免疫细胞的 PR-39 抗菌肽进行分析，发现其含有 39 个氨基酸残基的 cathelicidin 家族抗菌肽。针对抗病力不同的地方品种莱芜猪、荣昌猪和藏猪，以及引进猪种长白猪，首先比较了中国地方品种猪和长白猪 PR-39 抗菌肽和肠道先天免疫关键基因表达的品种差异。结果表明，地方猪莱芜猪等 *PR-39* 基因表达量总体上高于长白猪。肠道先天免疫因子的品种差异表达结果表明，地方品种猪中，荣昌猪的肠道主要先天免疫因子表达水平总体高于长白猪；细胞因子方面，莱芜猪和荣昌猪 *IL-1α* 表达量和 *IL-1β* 表达量显著高于长白猪（$P<0.05$），而莱芜猪、藏猪 *IFN-γ* 的表达量显著高于长白猪（$P<0.05$）；趋化因子方面，荣昌猪 *MCP-1* 和 *IL-8* 的表达量显著高于长白猪（$P<0.05$），而藏猪仅 *MCP-1* 的表达量显著高于长白猪；主要病原模式识别受体基因方面，地方品种猪 *TLR-2*、*TLR-4*、*TLR-5* 和 *NOD-1*、*NOD-2* 表达量总体高于长白猪。抗病力较高的地方品种猪 PR-39 抗菌肽与肠道先天免疫因子表达水平总体上高于长白猪，这也说明了莱芜猪具有较高的一般抗病力。

（二）蓝耳病抗性分析

猪繁殖与呼吸综合征（PRRS）是由猪繁殖与呼吸综合征病毒（PRRSV）引起的一种病毒性传染病。PRRS 导致妊娠母猪严重繁殖障碍，仔猪高死亡率以及各年龄段尤其是仔猪的呼吸道疾病。有研究表明我国优良地方品种猪

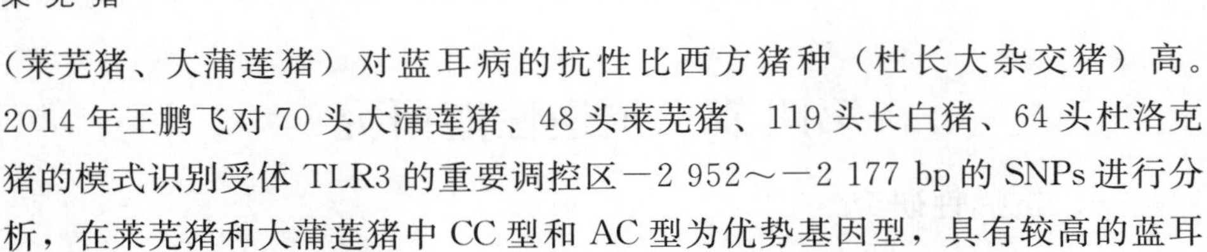

（莱芜猪、大蒲莲猪）对蓝耳病的抗性比西方猪种（杜长大杂交猪）高。2014 年王鹏飞对 70 头大蒲莲猪、48 头莱芜猪、119 头长白猪、64 头杜洛克猪的模式识别受体 TLR3 的重要调控区－2 952～－2 177 bp 的 SNPs 进行分析，在莱芜猪和大蒲莲猪中 CC 型和 AC 型为优势基因型，具有较高的蓝耳病抗性；而以 AA 型作为优势基因型的西方商品猪则具有较低的蓝耳病抗性。

综合国内外的研究现状可见，虽然找到了一些差异表达的基因，初步揭示了猪与 PRRSV 感染有关的一些受体和细胞因子表达的变化，但尚未确定这些差异表达基因对蓝耳病的易感和抵抗的关系，猪抗蓝耳病的关键基因尚未确定。山东省有丰富的地方猪品种，如大蒲莲猪、莱芜猪、里岔黑猪、沂蒙黑猪和烟台黑猪等，对蓝耳病和圆环病毒病均表现出很强的抗病性，目前对其抗病机制的分析未见报道。

（三）圆环病抗性

猪圆环病毒病为损害我国养猪业的重要疫病之一。猪圆环病毒Ⅱ型（PCV2）具有强致病性，是引起猪呼吸道疾病综合征的主要病原。同时，PCV2 还能够引起免疫抑制，当与其他病毒共感染时，将引起更为严重的机体损伤，造成个体死亡。不同品种猪对 PCV2 感染所表现出的不同临床症状是由宿主遗传差异导致的。有研究表明我国优良地方品种莱芜猪比大长杂交猪抗猪圆环病毒病。

1. 莱芜猪肺组织抗圆环病毒病的遗传特性分析　2015 年王力圆通过 miRNA 高通量测序的方法挖掘莱芜猪肺组织特异 miRNA 作为相应的分子标记，并通过对差异 miRNA 功能的研究了解猪抗圆环病毒病机理，对于提高猪的抗病性能研究有重要的理论意义和应用前景，结果寻找到了 282 个已知和 108 个新发现的 miRNA；在总共测出的 282 个已知 miRNA 中发现了 23 个显著差异表达的 miRNA（$P<0.05$）。对 5 个表达量较高且变化幅度较大的 miRNA 进行了 qRT-PCR 验证分析，发现这 5 个 miRNA（miR-122、miR-192、miR-451、miR-486、miR-504）表达模式均与测序结果一致（$P<0.05$），表明测序结果是可信的。其中，miR-122、miR-192、miR-451、miR-486 均在攻毒后显著上调表达，而 miR-504 则呈显著下调表达，并且这 4 个 miRNA 的靶基因主要富集于与细胞增殖凋亡和疾

病免疫等相关的信号通路。对这 4 个 miRNA 预测的靶基因进一步研究发现 *NFAT5* 基因与 *IGFl* 基因均可以靶向上调这 4 个 miRNA 中的两个以上，且参与多个相关通路。*NFAT5* 基因和 *IGFl* 基因的不同品种猪感染 PCV2 后肺组织差异 miRNA 的鉴定及 qRT-PCR 分析发现，这两个基因表达趋势与上调的 miRNA 相反，呈显著上调表达。证明我国莱芜猪在抗 PCV2 方面与西方猪种间存在显著差异，为我国地方猪遗传多样性的保护提供依据。

2. *SERPINA1* 基因　2016 年刘浩在 RNA-seq 的基础上，对莱芜猪和大长杂交猪在感染 PCV2 前后 *SERPINA1* 基因的表达变化、所调控的基因的表达进行了分析，对影响其启动子活性的关键区段进行了鉴定，对该基因编码区的突变与蛋白表达量以及 PCV2 的关系进行了分析；比较了莱芜猪和大长杂交猪在感染 PCV2 前后 *MRC1* 基因的表达变化，对影响其启动子活性的关键区段和多态位点进行了分析。研究结果如下：

(1) 猪 *SERPINA1* 基因的表达特征、多态性及其与 PCV2 感染的关系

利用 qPCR 分析了 *SERPINA1* 基因在各组织的 mRNA 表达水平。结果表明，在健康状态下，其在莱芜猪的扁桃体和肝脏中高表达，在大长杂交猪大肠、扁桃体、小肠和肝脏高表达。在感染 PCV2 35d 后，其在莱芜猪和大长杂交猪的肝脏中表达显著上升，而在大长杂交猪的小肠中表达显著下降（$P<0.05$）。利用 Western blotting 分析了 *SERPINA1* 基因表达的蛋白在肺脏中的含量。结果表明，莱芜猪在 35d 时蛋白含量出现上升趋势，与 mRNA 表达结果相似，同时莱芜猪攻毒组的蛋白含量显著高于大长杂交猪攻毒组（$P<0.05$）。利用 ELISA 分析了 SERPINA1 和中性粒细胞弹性蛋白酶（NE）在感染 PCV2 后的血清含量变化。结果表明，在感染 PCV2 后，SERPINA1 在莱芜猪中的含量呈现逐渐上升的趋势，在 21d 达到峰值（$P<0.05$），NE 的含量与其具有相似的趋势；而 SERPINA1 在大长杂交猪中的含量不断下降，在 10d 降到最低（$P<0.05$），NE 含量在感染早期出现持续上升的趋势。利用 qPCR 分析了受 *SERPINA1* 基因所调控的基因的 mRNA 表达情况。结果表明，在感染 PCV2 后，莱芜猪肺脏组织中的 *TGF-β1* 基因、*TGF-β2* 基因和 *VEGF* 基因的表达显著升高（$P<0.05$），而大长杂交猪攻毒前后无变化。

(2) 猪 *MRC1* 基因的表达特征、多态性及其与 PCV2 感染的关系　利用

qPCR 分析了 *MRC1* 基因在各组织的 mRNA 表达水平。结果表明，在健康状态下，其在莱芜猪的淋巴结和肝脏中高表达，在大长杂交猪的肺脏中高表达。感染 PCV2 35d 后，其在莱芜猪的肾脏中表达显著上升，而在大长杂交猪的心脏和肺脏中表达显著下降（$P<0.05$）。初步表明 *SERPINA1* 基因和 *MRC1* 基因的差异表达可能与莱芜猪对 PCV2 的抗性有关，并对 *MRC1* 基因的 5′调控区进行了分析，找到了影响基因表达的元件，并发现了基因型频率在猪种间存在差异。同时检测发现 *SERPINA1* 基因编码区的 SNP 与其血清含量有关。本研究为进一步探索不同猪种对 PCV2 易感性不同的机制和抗 PCV2 感染的 DNA 分子标记奠定了基础。

（四）其他抗病性

猪气喘病广泛流行于世界各地，国外称此病为猪支原体肺炎或猪地方流行性肺炎，是猪的一种慢性呼吸道传染病。主要表现为咳嗽和气喘，患猪生长发育缓慢，饲料转化率低。本病的死亡率不高，但在饲养管理不良，有继发性感染时会造成严重死亡，特别是在高密度饲养的条件下，传播更迅速，经济损失更严重。气喘病可发生于不同年龄、不同性别的莱芜猪，其中以刚断奶仔猪和保育猪最易感，发病率和死亡率较高，其次是初产母猪妊娠后期和哺乳期，经产母猪和成年公猪发病率低，多为阴性感染；本病对于莱芜猪育肥猪主要危害是生长发育受阻、饲料利用率下降，易继发其他疾病，病猪治愈后在不良的饲养环境下易复发等，本病四季均可发生，冬春寒冷季节多见。仔猪断奶过早、猪舍通风不良、猪群拥挤、气候突变、阴湿寒冷、饲养管理和卫生条件不良可诱发本病且加重病情。如有继发感染，则病情更重。常见的继发性病原体有巴氏杆菌、肺炎球菌等。

二、抗氧化性研究

动物体在代谢过程中，会不断地产生大量超氧阴离子自由基、羟自由基、过氧化氢等活性氧（ROS），如果不能被及时清除，ROS 会攻击生物大分子，引起细胞损伤，过多的活性氧在活体状态下会引起动物应激反应和多种生理病变；而在屠宰后的肉质方面，则表现为肉色变暗、系水力下降、肌内脂肪降解、风味物质降解、肌肉细胞损伤而产生劣质肉。动物体在长期的进化中形成了一套完整的保护体系——抗氧化系统来清除体内多余的活性氧，从而保护肌肉细胞结构、维持肌内脂肪等生物大分子的正常代谢、保护风味前体物质，从而会直接对肉质产生重要影响。

商品肉猪屠宰后，其肉品在加工、贮藏等过程中会产生氧自由基，从而引发脂质过氧化作用，形成脂质过氧化物，并降解成丙二醛（MDA）等产物。MDA 含量作为肉类食品在贮藏过程中氧化变质程度和安全性的重要指标，在西方国家普遍使用。动物体内的酶类抗氧化剂，主要包括超氧化物歧化酶（SOD）等，具有清除氧自由基、保护细胞免受氧化损伤、阻止脂质氧化反应的作用，其活性的高低与肉品的加工性能和货架期密切相关。因此，通过测定 SOD 和 MDA，对分析肉品的抗氧化性能具有重要意义。

2010 年李华等研究发现，莱芜猪、大蒲莲猪不仅猪肉品质优良，而且其抗病抗逆性能，尤其是抗氧化性能也显著优于国外引进猪种，如皮特兰猪、大约克夏猪和长白猪。可见，莱芜猪等地方猪在抗氧化性等方面具有独特的优良特性，是培育抗应激、抗氧化和抗病性肉猪品种的理想素材。

1. 不同品种猪宰后肌肉 SOD 活性和 MDA 含量比较分析　由表 4-16 可见，不同品种猪宰后肌肉在 0～4℃保存，随保存时间的延长，肌肉 SOD 活性逐渐下降，在第 5 天时达到最低值。MDA 含量则呈逐渐上升趋势，并且是由保存第 3 至第 5 天，其数值的升高最为明显。不同品种猪间宰后各保存时间所测定的 SOD 活性和 MDA 含量，除 MDA 5d 差异不显著（$P>0.05$）外，其余均具有极显著的差异（$P<0.01$）。不同品种猪 114kg 屠宰后各保存时间所测定的肌肉 SOD 活性和 MDA 含量的变化较为规律，其中，SOD 活性总体上表现为莱芜猪＞鲁莱黑猪＞大约克夏猪，MDA 含量则表现为莱芜猪＜鲁莱黑猪＜大约克夏猪。研究结果表明，与引进猪种大约克夏猪相比，地方猪种莱芜猪屠宰后肌肉中始终保持较高的 SOD 活性，能够有效遏制肌肉中的脂质氧化。

表 4-16　适宜屠宰体重与国际标准屠宰体重下莱芜猪肌肉的抗氧化性能

性状	莱芜猪 (114kg)	鲁莱黑猪 (114kg)	大约克夏猪 (114kg)	莱芜猪 (80kg)	鲁莱黑猪 (90kg)	F 值
SOD_{1d} (U/mg)	$17.34^{a}\pm0.71$	$15.93^{ab}\pm0.74$	$13.56^{c}\pm0.74$	$16.68^{ab}\pm0.71$	$15.15^{bc}\pm0.77$	4.09^{**}
SOD_{2d} (U/mg)	$13.86^{a}\pm0.56$	$12.12^{b}\pm0.58$	$10.27^{c}\pm0.59$	$12.90^{ab}\pm0.56$	$11.69^{bc}\pm0.61$	5.54^{**}

（续）

性状	莱芜猪（114kg）	鲁莱黑猪（114kg）	大约克夏猪（114kg）	莱芜猪（80kg）	鲁莱黑猪（90kg）	F 值
SOD_{3d}（U/mg）	10.95^{a}±0.46	8.59^{bc}±0.48	7.71^{c}±0.47	9.54^{b}±0.46	8.60^{bc}±0.50	6.98**
SOD_{5d}（U/mg）	6.87^{a}±0.27	5.42^{b}±0.29	4.51^{c}±0.28	6.45^{a}±0.27	4.77^{bc}±0.30	13.32**
MDA_{1d}（nmol/mg）	0.26^{c}±0.01	0.26^{c}±0.01	0.34^{a}±0.01	0.27^{bc}±0.01	0.29^{b}±0.01	11.70**
MDA_{2d}（nmol/mg）	0.32^{c}±0.02	0.41^{b}±0.02	0.45^{a}±0.01	0.35^{c}±0.01	0.43^{ab}±0.02	26.96**
MDA_{3d}（nmol/mg）	0.50^{c}±0.02	0.58^{b}±0.02	0.64^{a}±0.01	0.53^{c}±0.02	0.62^{ab}±0.02	13.24**
MDA_{5d}（nmol/mg）	0.92±0.03	0.97±0.02	1.03±0.01	0.94±0.02	0.96±0.02	1.75^{ns}

注：表中数值以最小二乘均数±标准误表示；ns 表示差异不显著（$P>0.05$），**表示差异极显著（$P<0.01$）；同一行平均数后的不同小写字母表示差异显著（$P<0.05$）。

2. 莱芜猪 *CuZnSOD* 基因 cDNA 和启动子区域进行克隆测序分析　2014 年杜金芳对莱芜猪 *CuZnSOD* 基因 cDNA 和启动子区域进行克隆测序，分析基因结构和功能，并构建能在细胞中表达的真核表达载体。用 qRT-PCR 检测 *CuZnSOD* 基因的品种和组织差异表达，研究其表达对肉质性状和肉质抗氧化的影响。在 mRNA 水平上，*CuZnSOD* 是一个广谱表达基因，在大脑、心脏、脾脏、肝脏、肾脏、肺、大肠、小肠、脊髓、肌肉、背膘和胃中都能检测到，同一个品种内 *CuZnSOD* 基因 mRNA 的表达存在明显的组织差异（$P<0.05$），其在肾脏、小肠和肺中表达量较高，在心脏和肌肉组织中表达量较低。在肌肉、背膘和肝脏组织中 *CuZnSOD* 基因 mRNA 的表达存在明显的品种差异（$P<0.05$），并且 *CuZnSOD* 基因 mRNA 的表达始终是莱芜猪>鲁莱黑猪>大约克夏猪。*CuZnSOD* 基因的 mRNA 表达越高，SOD 活性越高，MDA 含量越低，肌肉的系水力越高、肉色越鲜艳，并且肉质越细嫩。

3. 莱芜猪抗氧化酶基因表达分析　2014 年陈伟等研究发现，莱芜猪骨骼肌的超氧化物歧化酶（SOD）、谷胱甘肽过氧化物酶（GPX）和过氧化氢酶（CAT）主要抗氧化酶活性显著高于大约克夏猪（图 4-3 至图 4-5），莱芜猪的丙二醛含量显著低于大约克夏猪（图 4-6）。结果表明，莱芜猪肌肉抗氧化能力高于大约克夏猪。

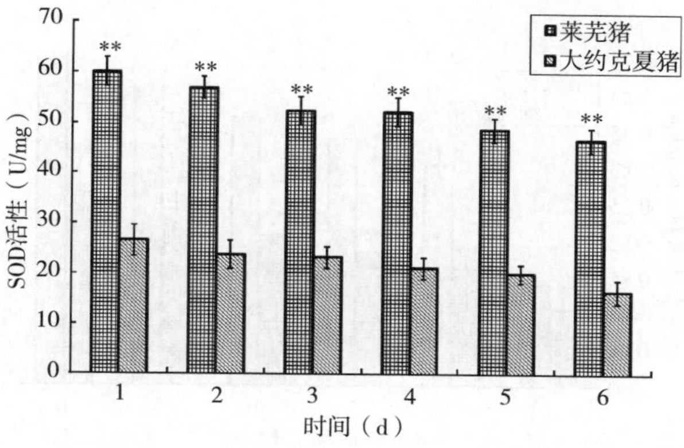

图 4-3　SOD 活性变化

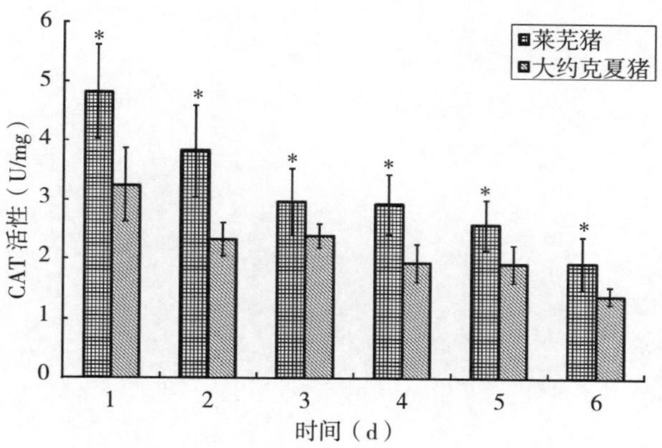

图 4-4　CAT 活性变化

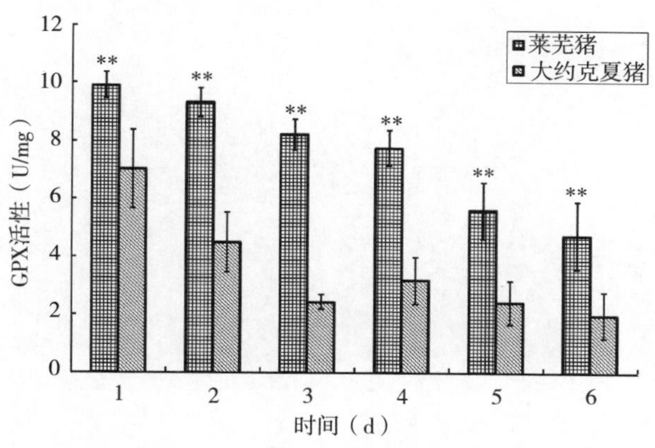

图 4-5　GPX 活性变化

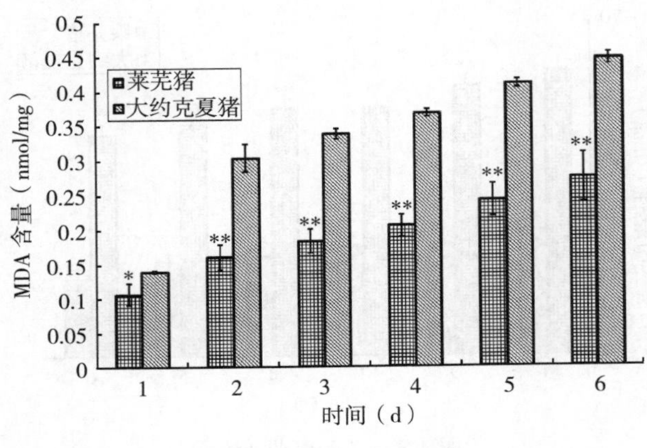
0.5
0.45
0.4
0.35
0.3
0.25
0.2
0.15
0.1
0.05
0
MDA 含量（nmol/mg）
莱芜猪
大约克夏猪
*
**
**
**
**
**
1
2
3
4
5
6
时间（d）

图 4-6　MDA 含量变化

第五章
莱芜猪的营养需要与日粮配制

第一节　莱芜猪的营养需要

一、莱芜猪的维持需要

莱芜猪好动，运动强度大。对外部环境变化敏感且调节能力强。好打斗玩耍，生长慢。这些因素决定了莱芜猪自身维持需要比国外猪种要大。

二、莱芜猪的生产需要

莱芜猪的生产需要主要是指用于生长、妊娠、泌乳的营养需要。莱芜猪生长速度慢、周期长，因此需要的营养就多，每增重 1kg 需要精日粮 4～5kg。莱芜猪产仔多，泌乳性能好，这都需要大量的能量和蛋白用于胎儿、胎盘、乳腺生长和泌乳。

三、莱芜猪的饲养标准

莱芜猪的饲养标准是从 1985 年开始试验测定制定的。先后完成了莱芜猪后备猪、繁殖母猪、生长育肥猪及杂交猪的营养需要标准试验研究及测定，并进行了多次制修订。从 1985—1989 年先后进行了 3 次的制修订。1989 年 10 月完成了《莱芜猪暂行饲养标准》（第一版），莱芜猪各阶段饲养标准见表 5-1、表 5-2、表 5-3。

表 5-1　繁殖用公、母猪每头每日养分需要量（1）

项目	种公猪（90～120kg）		经产母猪（90～130kg）			初产母猪（75～110kg）		
	休闲期	配种期	妊娠前期（1～84d）	妊娠后期（85d以后）	哺乳期	妊娠前期	妊娠后期	哺乳期
风干料喂量（kg）	2.0	2.5	2.2	2.4	4.0	2.1	2.3	3.0
采食量占体重（%）	1.9	2.4	2.2	2.1	3.5	2.5	2.4	3.5
消化能（MJ/kg）	20.9	31.4	22.07	25.08	50.16	21.06	24.04	37.62
粗蛋白（g）	240	400	220	264	680	252	299	540
可消化蛋白（g）	180	300	132	168	500	168	207	405
赖氨酸（g）	8.0	9.5	6.0	8.0	23.5	7.35	8.3	18.0
蛋氨酸＋胱氨酸（g）	5.0	6.0	4.5	5.0	14.5	4.6	5.3	12
苏氨酸（g）	6.0	7.2	5.0	6.0	17.5	6.3	7.13	13.2
异亮氨酸（g）	6.5	8.0	5.5	6.5	16.0	6.3	7.13	13.2
钙（g）	12.5	15.0	12.5	14.0	30.0	12.6	13.8	22.5
磷（g）	10.0	12.0	10.0	11.2	20.0	10.5	11.5	18.0
食盐（g）	8.0	9.5	7.9	8.0	20.0	8.0	9.2	15.0
铁（mg）	110	138	110	137	320	137	161	240
铜（mg）	7.0	8.7	7.7	8.8	20.0	8.4	9.2	15
锌（mg）	70	88	66	88	200	95	115	180
硒（mg）	0.25	0.30	0.25	0.31	0.45	0.23	0.28	0.42
维生素 A（IU）	5 795	7 000	5 500	7 200	8 400	6 720	8 510	8 400
维生素 D（IU）	285	350	275	360	800	315	368	600
维生素 E（IU）	13.3	17.5	15.4	16.8	40	16.8	20.7	30
维生素 B_2（mg）	4.8	6.0	4.8	6.0	13.5	5.25	5.98	10.2

表 5-2　仔猪、育肥猪、后备猪每头每日养分需要量（1）

项目	仔猪	育肥猪		后备公猪		后备母猪	
	28～75 日龄（5～15kg）	前期（16～60kg）	后期（61～90kg）	3～6 月龄（16～50kg）	7～8 月龄（51～65kg）	3～6 月龄（16～55kg）	7～8 月龄（56～75kg）
风干料喂量（kg）	0.50 加乳 0.35	1.80	2.50	1.35	1.60	1.60	2.00
采食量占体重（%）	5.0	4.8	3.3	4.15	2.8	4.60	3.0
消化能（MJ/kg）	8.99	22.57	30.31	16.65	18.72	18.72	22.58

（续）

项目	仔猪	育肥猪		后备公猪		后备母猪	
	28～75 日龄（5～15kg）	前期（16～60kg）	后期（61～90kg）	3～6 月龄（16～50kg）	7～8 月龄（51～65kg）	3～6 月龄（16～55kg）	7～8 月龄（56～75kg）
粗蛋白（g）	106	306	375	216	240	240	280
可消化蛋白（g）	90	234	288	162	176	176	200
赖氨酸（g）	6.5	11.0	13.5	10.5	13.5	9.8	13.1
蛋氨酸＋胱氨酸（g）	4.5	7.5	8.0	7.2	8.0	6.9	7.8
苏氨酸（g）	4.5	7.2	9.0	7.2	9.0	6.9	8.7
异亮氨酸（g）	5.0	8.0	10.0	8.0	10.0	7.6	9.7
钙（g）	4.2	10.0	13.0	9.0	13.0	8.4	12.7
磷（g）	3.1	8.0	10.4	7.2	10.4	6.7	10.1
食盐（g）	1.3	7.2	9.6	6.0	8.0	7.0	10.0
铁（mg）	60	90	96	62	74	63	80
铜（mg）	2.8	5.4	7.2	4.7	6.1	4.2	6.0
锌（mg）	45	90	96	62	74	63	80
硒（mg）	0.13	0.3	0.42	0.20	0.30	0.28	0.32
维生素 A（IU）	1 000	2 340	3 124	1 823	2 400	1 680	2 520
维生素 D（IU）	95	270	300	230	240	208	260
维生素 E（IU）	5.5	19.8	26.4	17	22.4	15.4	22
维生素 B_2（mg）	1.45	5.4	6.4	2.9	3.6	4.3	4.3

表 5-3　每千克日粮养分含量（1）

项目	仔猪	后备公猪		后备母猪		种公猪		种母猪			育肥猪	
		前期	后期	前期	后期	非配种期	配种期	妊娠前期	妊娠后期	哺乳期	前期	后期
消化能(MJ/kg)	12.96	12.33	11.70	11.70	11.29	10.45	12.54	10.03	10.45	12.54	12.54	12.12
粗蛋白（%）	19	16	15	15	14	12	16	10	11	17	17	15
钙（%）	0.65	0.72	0.81	0.53	0.64	0.66	0.60	0.57	0.58	0.75	0.56	0.52
磷（%）	0.55	0.58	0.65	0.42	0.50	0.53	0.48	0.45	0.47	0.50	0.44	0.42
赖氨酸（%）	0.78	0.84	0.84	0.61	0.66	0.42	0.57	0.35	0.36	0.60	0.61	0.54

注：以上标准中喂料量为混合饲料量，粗饲料占 10%～20%，该数值为参考值。

1990—2005 年，莱芜猪在本品种选育基础上，随着生产和市场的需要，以莱芜猪为素材，先后培育了莱芜猪合成Ⅰ系和Ⅱ系、鲁莱黑猪、鲁农Ⅰ号猪配套系和欧得莱猪配套系等新品种。在这些新品种（配套系）的培育、利用和推广过程中，莱芜猪的生长速度、营养物质需求及特性也发生了不同程度的变化。因此，饲养管理方面亦有新的要求，特别是营养需求上变化较大。这期间，生产中以追求生长速度、饲料报酬和胴体瘦肉率及商品出肉率为目标，选用较高营养水平的日粮。对莱芜猪的营养需要进行试验测定，筛选出了较高水平的营养需要量，并进行制修订，形成了《莱芜猪营养标准》（第二版），见表5-4、表5-5、表5-6。

表5-4　繁殖用公、母猪每头每日养分需要量（2）

项目	种公猪（90～120kg）		经产母猪（90～130kg）			初产母猪（75～110kg）		
	休闲期	配种期	妊娠前期（1～84d）	妊娠后期（85d以后）	哺乳期	妊娠前期	妊娠后期	哺乳期
风干料喂量（kg）	2.0	2.5	2.2	2.4	3.5	2.1	2.3	3.0
采食量占体重（%）	1.9	2.4	2.2	2.1	3.1	2.55	2.36	3.5
消化能（MJ/kg）	23.40	34.0	24.64	28.08	47.60	23.52	26.91	40.8
粗蛋白（g）	280	400	242	312	612	231	300	525
可消化蛋白（g）	210	300	145	200	451	138	190	386
赖氨酸（g）	9.4	8.5	9.5	12.5	27.7	9.0	12.0	23.7
蛋氨酸+胱氨酸（g）	5.2	8.5	4.7	7.0	15.7	5.0	6.3	14.6
苏氨酸（g）	6.1	8.4	5.4	8.0	17.7	5.6	7.1	15.2
异亮氨酸（g）	6.5	9.4	5.7	7.5	18.5	5.9	8.6	16.3
钙（g）	12.4	16.3	13.6	15.6	25.2	13.0	15.0	21.6
磷（g）	9.8	13.0	11.0	12.5	20.3	10.5	12.0	17.4
食盐（g）	8.1	9.7	8.2	8.2	19.8	7.8	7.9	17.0
铁（mg）	110	134	115	142	330	110	136	282
铜（mg）	7.0	8.9	8.1	8.4	22.0	7.8	8.0	18.7
锌（mg）	72	85	72	91	210	69	87	180
硒（mg）	0.24	0.32	0.27	0.33	0.50	0.26	0.32	0.43
维生素A（IU）	5 825	7 300	5 600	7 300	8 600	5 400	7 000	7 371
维生素D（IU）	287	360	278	370	800	265	354	685
维生素E（IU）	14.1	17.8	15.1	16.8	40	14.4	16.1	34.3
维生素B_2（mg）	4.9	6.2	4.7	6.0	13.5	4.5	5.8	11.5

表 5-5　仔猪、育肥猪、后备猪每头每日养分需要量（2）

项目	仔猪	育肥猪			后备公猪		后备母猪	
	28～75 日龄（5～15 kg）	前期（16～40 kg）	中期（41～75 kg）	后期（76～100 kg）	3～6 月龄（20～50 kg）	7～8 月龄（51～70 kg）	3～6 月龄（20～55 kg）	7～8 月龄（56～75 kg）
风干料喂量（kg）	0.5	1.3	1.8	3.0	1.5	1.6	1.6	2.0
采食量占体重（%）	5.0	3.5～4	3～3.5	3.5～4	3.5	3	4	3.5
消化能（MJ/kg）	6.85	16.84	23.22	38.7	18.83	20.08	20.08	24.30
粗蛋白（g）	100	220	290	450	260	250	260	280
可消化蛋白（g）	90	170	210	320	190	180	190	200
赖氨酸（g）	5.95	11.0	13.0	18.0	10.8	10.1	12.5	13.4
蛋氨酸+胱氨酸（g）	5.6	7.5	8.5	12.1	8.2	7.4	9.1	8.7
苏氨酸（g）	5.7	7.2	9.3	12.8	9.0	8.0	9.9	8.5
异亮氨酸（g）	6.2	7.7	10.1	13.0	9.9	9.0	10.6	9.7
钙（g）	4.0	8.3	9.7	13.8	9.6	8.8	10.0	10.6
磷（g）	3.2	7.2	7.7	11.1	8.3	7.4	8.5	8.8
食盐（g）	1.5	5.2	7.3	11.5	6.7	8.0	7.0	10
铁（mg）	70	65	90	115	68	74	63	80
铜（mg）	2.8	3.9	5.5	8.6	5.2	6.1	4.2	6.0
锌（mg）	45	65	90	115	69	74	63	80
硒（mg）	0.13	0.22	0.3	0.50	0.23	0.30	0.28	0.32
维生素 A（IU）	1 000	1 690	2 300	3 700	2 100	2 400	1 680	2 520
维生素 D（IU）	95	195	260	360	254	240	208	260
维生素 E（IU）	5.5	14.3	20.0	32.0	18.5	22.4	15.4	22
维生素 B_2（mg）	1.5	3.9	5.5	7.5	3.1	3.58	4.34	4.3

表 5-6　每千克日粮养分含量（2）

项目	仔猪	后备公猪		后备母猪		种公猪		种母猪			育肥猪		
		前期	后期	前期	后期	非配种期	配种期	妊娠前期	妊娠后期	哺乳期	前期	中期	后期
消化能（MJ/kg）	13.70	12.55	12.55	12.55	12.15	11.70	13.60	11.20	11.70	13.60	12.95	12.9	12.9
粗蛋白（%）	20.0	17.5	15.5	16.0	14.0	14.0	16.0	11.0	13.0	17.5	17.0	16.0	14.0
钙（%）	0.80	0.64	0.55	0.62	0.53	0.62	0.65	0.62	0.65	0.72	0.64	0.54	0.46
磷（%）	0.64	0.55	0.46	0.53	0.44	0.49	0.52	0.50	0.52	0.58	0.55	0.43	0.37
赖氨酸（%）	1.19	0.72	0.63	0.78	0.67	0.47	0.74	0.43	0.52	0.79	0.85	0.72	0.80

2006—2016年，生猪市场发生了较大变化，人们在满足猪肉消费数量需求的基础上，开始追求猪肉的品质、口味、安全与健康，地方猪生产的特色猪肉受到消费者的青睐。人们开始探讨以地方猪为基础育种素材进行商品猪生产的模式，开发高档、特色、优质、安全、品牌猪肉。莱芜猪、鲁莱黑猪及其配套系猪的饲养和生产开发，也成为市场的热点。猪肉产品的优势已不是出肉率、瘦肉率和商品率，而是安全优质风味的肉。因此，生猪养殖从追求高的生产效率、瘦肉率和出肉率变为追求好的肉品品质。通过多次的研究测定和修改形成了《莱芜猪营养标准》（第三版），见表5-7、表5-8、表5-9。

表5-7　繁殖用公母猪、后备猪每头每日养分需要量

项目	种公猪（90～120kg）		种母猪（90～130kg）			后备公猪		后备母猪	
						（20～50kg）	（51～70kg）	（20～55kg）	（56～75kg）
	休闲期	配种期	妊娠前期（1～90d）	妊娠后期（90d以后）	哺乳期	3～6月龄	7～8月龄	3～6月龄	7～8月龄
风干料喂量（kg）	2.0	2.5	2.0	2.5	3.0	1.4	1.6	1.6	2.0
采食量占体重(%)	1.8	2.3	1.8	2.3	2.7	3.5	3.0	4.0	3.5
消化能（MJ/kg）	23.0	26.0	22.4	28.75	39.0	17.5	20	19.2	24.0
粗蛋白（g）	280	320	240	360	520	220	240	240	280
可消化蛋白（g）	210	240	150	230	380	170	180	180	220
赖氨酸（g）	9.4	15.6	8.6	16.0	25.2	10.5	12.9	11.0	14.0
蛋氨酸+胱氨酸(g)	6	12.3	5.3	11.2	14.0	7.3	8.2	7.9	9.0
苏氨酸（g）	6.9	13.2	5.9	12.2	15.2	7.3	9.1	8.0	10.5
异亮氨酸（g）	7.3	14.2	6.2	13.7	16.3	8.1	10.2	8.6	11.4
钙（g）	12.4	16.2	12.4	19.0	29.4	8.9	12.8	9.5	12.6
磷（g）	9.8	15.8	10.0	28.2	28.8	7.7	9.4	7.4	11.2
食盐（g）	8.1	9.6	7.5	8.5	14.8	6.3	8.0	7.1	10.0
铁（mg）	109	1336	104	14	247	63	74	65	85
铜（mg）	7.0	8.36	7.4	8.7	16.5	4.8	6.1	4.2	6.0
锌（mg）	72	836	86	95	157	64	74	63	80
硒（mg）	0.24	0.29	0.32	0.34	0.38	0.22	0.30	0.28	0.32
维生素A（IU）	5 700	7 200	6 720	7 600	6 400	2 000	2 400	1 700	2 500
维生素D（IU）	288	360	340	380	600	236	240	208	250
维生素E（IU）	14.1	16.7	18.1	17.5	30.0	17.2	22.3	15.4	23.0
维生素B_2（mg）	4.9	6.0	5.7	6.3	10.1	3.0	3.7	4.3	4.4

表 5-8 仔猪、育肥猪每头每日养分需要量

项目	仔猪		育肥猪			
	3～8kg	9～15kg	16～30kg	31～50kg	51～80kg	81～100kg
风干料喂量（kg）	0.3	0.6	1.0	1.4	2.1	3.0
采食量占体重（%）	5.0	5.0	4.0	3～3.5	3.5～4.0	4.0～4.5
消化能（MJ/kg）	4.2	8.1	13.0	18.1	27.1	43.5
粗蛋白（g）	65	108	160	196	252	300
可消化蛋白（g）	54	86	125	147	183	215
赖氨酸（g）	4.3	7.26	11.5	11.62	14.91	34.5
蛋氨酸+胱氨酸（g）	2.8	2.5	4.2	4.5	6.8	10.4
苏氨酸（g）	2.8	3.4	6.1	6.5	8.5	11.1
异亮氨酸（g）	3.1	4.7	7.5	8.6	9.4	12.4
钙（g）	2.6	3.7	5.7	7.6	10.7	14.7
磷（g）	2.2	4.9	7.8	10.5	15.3	21.3
食盐（g）	0.9	2.4	4.1	5.4	8.1	13.1
铁（mg）	42	30	50	54	81	160
铜（mg）	1.7	1.80	3.1	4.0	6.0	9.9
锌（mg）	27.0	30	50	53	80	160
硒（mg）	0.08	0.10	0.17	0.23	0.35	0.54
维生素 A（IU）	600	780	1 300	1 800	2 700	4 200
维生素 D（IU）	60	90	144	168	252	460
维生素 E（IU）	3.3	6.6	11.1	14.9	22.4	35.5
维生素 B_2（mg）	1.0	1.8	3.1	3.5	5.3	9.9

表 5-9 每千克日粮养分含量（3）

项目	仔猪		后备公猪		后备母猪		种公猪		种母猪			育肥猪			
	3～8kg	9～15kg	前期	后期	前期	后期	非配种期	配种期	妊娠前期	妊娠后期	哺乳期	15～30kg	31～50kg	51～80kg	81～100kg
消化能(MJ/kg)	14.0	13.5	12.5	12.5	12.00	11.50	11.5	13.0	11.2	11.5	12.5	13.0	12.0	11.5	14.0
粗蛋白（%）	21.0	18.0	17.0	15.0	16.0	14.5	14.0	16.0	12.0	14.0	17.0	17.0	14.0	12.0	10.0
钙（%）	0.88	0.61	0.64	0.55	0.68	0.79	0.62	0.81	0.62	0.76	0.98	0.59	0.54	0.51	0.49
磷（%）	0.74	0.82	0.55	0.46	0.71	1.04	0.49	0.79	0.50	1.13	0.96	0.78	0.75	0.73	0.71
赖氨酸(%)	1.42	1.21	0.75	0.68	0.73	0.67	0.47	0.78	0.43	0.64	0.84	1.15	0.90	0.70	1.15

注：1. 以上标准中风干料喂量为精料量。喂量数值为参考值。2. 采食量占体重（%）也仅为参考数值。3. 粗纤维在莱芜猪等地方猪种饲养中也非常重要，参考值：后备猪为6%～8%、空怀母猪为7%～9%、哺乳猪和种公猪为5%～7%、育肥猪为前低（5%）、中高（6%～8%）后低（5%）。

第二节 莱芜猪的日粮

莱芜猪是华北型猪在山东境内最具代表性的猪种，千百年来适应了当地物产的饲料资源，从而形成了特有的猪肉品质。

一、能量饲料

能量饲料是饲料中占比最大的一类原料。凡干物质中粗纤维含量为18%以下、粗蛋白质含量在20%以下、消化能在10.46MJ/kg以上的饲料均称为能量饲料，消化能在12.55MJ/kg以上的称为高能饲料。包括谷物类饲料、糠麸类、块根块茎及瓜果类、油脂等，当地主要有玉米、小麦、高粱、大麦、稻米、麸皮、油脂、乳清粉等。

二、蛋白饲料

蛋白质饲料是指干物质中粗纤维含量在18%以下、粗蛋白质含量为20%以上的饲料。这类饲料的粗纤维含量低，是配合饲料的基本成分。蛋白质饲料可分为植物性蛋白质饲料、动物性蛋白质饲料和单细胞蛋白质饲料。

1. 植物性蛋白质饲料　主要为饼粕类及某些其他产品的副产品。常用的当地有大豆饼粕、棉籽饼粕、花生饼粕及玉米蛋白等。

2. 动物性蛋白质饲料　主要包括鱼粉、肉类、乳品加工副产品及其他动物产品。

3. 单细胞蛋白质饲料　饲用酵母、饲料添加剂的一种。含有丰富的蛋白质、氨基酸、维生素和微量元素，并含有消化酶和一些未知的生长刺激因子，具有较高的生物活性，是配制畜、鱼、虾及珍贵毛皮动物饲料的理想蛋白质原料。用本产品部分替代鱼粉及豆粕，可有效降低成本。

三、矿物质饲料

矿物质饲料是补充矿物质需要的饲料。常用的矿物质饲料以补充钙、磷、钠、氯等元素为主。主要饲料原料包括食盐，含磷矿物质，含钙矿物质，含磷钙的矿物质。一般将动物体内含量高于0.01%的称为常量元素，含量低于

0.01%的称为微量元素。常量元素包括钠、氯、钙、磷、镁、钾、硫，微量元素包括铁、铜、锌、锰、钴、碘、硒、氟、钼、铬等。

食盐：日粮中应补充0.3%左右的饲料食盐，以提高饲料的适口性，增强食欲，满足钠的需要。

含磷的矿物质饲料：当饲料中钙的比例过高或钙、磷饲料缺乏时，用其来补充磷的含量和平衡钙磷比例。常用补磷的矿物质有磷酸二氢钠、磷酸氢二钠，其磷含量分别为25.81%、21.82%。添加植酸酶不仅可以减少30%左右磷酸氢钙的添加量，还可显著提高日增重和饲料利用率。

含钙的矿物质饲料：主要有石粉、贝壳粉、蛋壳粉、碳酸钙等。

含钙磷的矿物质饲料：既含钙又含磷的矿物饲料在生产中使用较为广泛，通常与含钙的饲料共同配合使用，以使钙、磷比例适宜。这类矿物质饲料有骨粉、磷酸氢钙、磷酸钙、过磷酸钙等。

四、维生素饲料

维生素是维持机体代谢必需的低分子营养物。虽然猪本身不能合成维生素，但是植物和微生物能合成各种维生素，因此通过采食植物性饲料和微生物饲料便能获取其部分或全部所需的维生素。维生素添加剂需要额外补充，缺乏和过量添加均对猪的健康有害。

维生素一般分为脂溶性维生素和水溶性维生素两类。脂溶性维生素包括维生素A、维生素D、维生素E和维生素K。水溶性维生素包括硫胺素（维生素B_1）、核黄素（维生素B_2）、泛酸、烟酸、维生素B_6、维生素B_{12}、生物素、叶酸、维生素C。

五、粗副饲料

一般粗纤维含量在18%以上的干饲料、秸秆、干草粉、粮食和食品加工的副产品都归类于粗副饲料。粗副饲料消化率低，可利用营养少，猪的消化道特点决定了其可利用的粗饲料有限但不可或缺。

1. 苜蓿草粉　苜蓿草粉粗蛋白含量14%～20%，粗纤维含量25%～30%，消化能6.0～7.0MJ/kg。苜蓿草粉富含胡萝卜素、维生素D，适口性好，可促进肠道蠕动，有防止便秘和消化道溃疡的作用，在种猪、怀孕母猪、后备猪日粮中添加一些效果很好，育肥猪添加还能有效改善肉质，添加量一般

5%左右。

2. 米糠　饲料用米糠是以糙米为原料，精制大米、小米后的副产品。饲料用米糠呈淡黄灰色的粉状，色泽新鲜一致，无酸败、霉变、结块、虫蛀及异味。饲料用米糠粗蛋白含量12.0%，粗纤维含量57.0%，粗灰分含量7.5%，钙含量0.07%，非植酸磷含量0.10%。饲料用米糠水分含量不得超过13.0%。

3. 甘薯叶粉　甘薯叶粉是以新鲜甘薯叶、叶柄及部分甘薯茎为原料，经人工干燥、晾干或晒干再经粉碎、加工而成。饲料用甘薯叶粉的水分含量不得超过13.0%。

4. 莱芜猪常用的其他粗副饲料　有松针、槐叶等树叶粉、花生秧粉、豆科秸秆粉、野生青干草粉、中草药干藤秧粉、玉米皮、大麦芽、干酒糟、烘干啤酒糟等。

六、发酵饲料

发酵饲料是指在人工控制条件下，微生物通过自身的代谢活动，将植物性、动物性和矿物性物质中的抗营养因子分解或转化，产生更能被猪采食、消化、吸收且无毒害作用的饲料原料。通过发酵处理的饲料不仅具有改善饲料营养吸收水平，降解饲料原料中可能存在的毒素，还能起到促进生长、维持猪体内微生态平衡、改善胃肠道内环境、增强机体免疫力、防病治病以及改善肉品质的作用。

1. 发酵饲料种类　微生物发酵饲料按照水分含量可分为液体发酵饲料和固体发酵饲料。液体发酵饲料是采用饲料中天然存在的乳酸菌、酵母菌等发酵或添加菌种发酵，而固体发酵饲料是使用微生物发酵剂或菌种发酵专用饲料。

（1）益生菌液体发酵饲料　微生物液体发酵饲料不添加菌种自然发酵或添加菌种发酵而成。在发酵好的液体中发酵饲料微生物菌群占据主导地位的是乳酸菌。液体发酵饲料在国内外的使用都有悠久的历史，国外对其研究比较深入，并且广泛使用。莱芜猪已全面使用该型饲料。

（2）微生物固体发酵饲料　微生物固体发酵饲料的种类大致可分为全价发酵饲料、发酵浓缩料、发酵豆粕、酵母培养物和其他发酵产品等。

全价发酵饲料：是在营养均衡全面的无抗生素全价配合饲料中加入微生物和水，混合后在适当的温度下经厌氧或好氧发酵而成的饲料。该类饲料不仅能全面满足动物的营养需要，还能增加多种消化酶、有机酸、维生素、多肽、小肽、氨基酸的含量，富含大量的益生菌，具有明显的促生长、防治疾病、提高肉质品质等生物学效应，并能节约生产成本。

发酵浓缩料：是将不含抗生素的浓缩饲料与微生物和水等混合后发酵而成的非全价饲料。与全价益生菌发酵饲料相比，发酵浓缩料只是在制作时少添加能量饲料，其他功能作用相同，具有体积小、运输使用方便的优点，是最具市场前景的一类产品。

发酵豆粕：是一种以豆粕为原料，经微生物发酵而成的富含小肽的高档饲料蛋白质。由于小肽营养机理研究的深入、益生菌发酵豆粕在饲料中应用的优良效果以及全球鱼粉产量减少价格走高等原因，益生菌发酵豆粕目前成为饲料行业中的热点。益生菌发酵豆粕中小肽的含量和抗营养因子的消除程度与发酵所使用的微生物菌种及发酵工艺息息相关，在生产中一般采用多种益生菌搭配使用，促进酶解，分解抗原和抗营养因子，经过多种益生菌分阶段发酵酶解，使蛋白质得到充分降解，产品富含多种活性小肽、益生菌、生物活性酶等。益生菌发酵豆粕在我国许多地方已大批量生产，在高档饲料中作为优质饲料蛋白的植物蛋白源。

2. 发酵饲料优势　利用微生物加工和调制饲料具有物理和化学方法所不可替代的优势，这是由微生物本身的特点所决定的。归纳起来微生物发酵饲料具有以下优势。

（1）原料来源广泛　据统计，目前已发现的微生物种类多达10万种以上，而且不同种的微生物具有不同的代谢方式，能够分解各种各样的有机物质。因此，利用微生物发酵生产饲料具有原料来源广的优点。例如，各种农作物秸秆、木屑、蔗渣、薯渣、甜菜渣，甘薯、木薯、马铃薯等淀粉类物质和废糖蜜等。同时利用微生物不同的代谢方式可以生产菌体蛋白、酶制剂、饲用抗生素、有机酸、氨基酸等。

（2）投资少、效能高　微生物一般都能在常温常压下，利用简单的营养物质生长繁殖，并在生长繁殖过程中积累丰富的菌体蛋白和中间代谢产物。因此，利用微生物生产和调制饲料，一般具有投资少、效能高等特点。同时，因为微生物个体微小、构造简单、世代间隔短、对外界条件敏感，因此容易产生变异，这有利于有目的地进行诱变育种，改变菌种的生产特性和提高菌种的生产能力。

（3）代谢旺盛产出率高　由于微生物个体微小，具有极大的比表面积，因此，它们能够在有机体与外界环境之间迅速进行营养物质与废物交换。

（4）不受生产产地和气候条件所限制　微生物发酵生产的单细胞蛋白不需要占用大量的土地和耕地，也不受季节和气候的限制。

（5）可以保护环境　微生物不仅可以利用大量的工业有机废水、废渣发酵生产优质蛋白饲料，为环境保护做出贡献，而且利用微生物加工和调制饲料，可以避免因酸、碱等化学方法加工饲料对环境造成的污染。

七、青绿多汁饲料

青绿多汁饲料主要是指多种青饲料和块根、块茎等。这种饲料水分多，干物质含量相对较低。

1. 青饲料　凡用作饲料的绿色植物（如野草、树叶、水生作物、人工栽培的牧草等）统称为青饲料。山东地方猪养殖中常见的青绿多汁饲料有青草、树叶、菜叶、白菜、鲜花生秧等。

2. 块根、块茎和瓜类　其特点是含水分多，最多可达90%以上，淀粉和糖是干物质的主要成分，粗纤维含量少，通常在1%左右，含钾相对较多，而含钙、磷、钠较少。莱芜猪养殖中常用的块根、块茎和瓜类有甘薯、南瓜、甘蓝、苤蓝、胡萝卜、马铃薯、白萝卜等。

第三节　莱芜猪的饲料结构及配制

根据莱芜猪所处的不同生理阶段和不同生产目的，可划分为后备公猪、后备母猪、妊娠母猪、哺乳母猪、断奶仔猪、生长育肥猪。莱芜猪耐粗饲，主要表现在母猪阶段和生长育肥期，其日粮中要有较高含量的粗纤维，并通过合理配制日粮、科学调制，满足其营养需要，使其发挥生长潜能，提高生产效益和肉品品质。

一、莱芜猪的饲料结构

（一）后备猪饲料结构特点

莱芜猪后备猪处于生长发育阶段，需要适当的营养物质。这一阶段饲料质量的好坏直接影响后备猪的正常发育、发情、排卵、受孕以及之后妊娠、哺乳和配种准胎性能。这一阶段尤其重视优质蛋白质和优质粗纤维的供给。后备猪的饲料营养水平建议消化能为 11.29MJ/kg 以上、粗蛋白 14%～15%、钙 0.53%～0.64%、磷 0.42%～0.50%。可增加发酵青粗饲料的比例，发酵青粗饲料可占 20%～30%，以充分刺激消化道的发育和骨骼的生长。

（二）妊娠母猪饲料结构特点

莱芜猪妊娠母猪同化作用很强，消化能力提高。随着妊娠期的增长，母猪体重增加，需要的营养物质也随之增加。为保证胎儿的正常发育，提高仔猪初生重，妊娠期间应为母猪提供充足的蛋白质、维生素、矿物质，尤其重视叶酸、生物素等维生素和矿物质中钙、磷的添加。莱芜母猪对粗纤维的消化能力较强，因此青粗饲料的添加可增加，如青绿多汁的饲料、优质牧草等，添加量 25%～40%。青粗饲料制作成发酵饲料饲喂。

（三）哺乳母猪饲料结构特点

莱芜猪哺乳母猪除了维持自身生命活动所需营养外，每天还需产乳 4～6kg，因此哺乳母猪的营养需要远高于妊娠期。哺乳期母猪以精料为主，并搭配优质青绿饲料和优质发酵饲料，添加量 15%～20%。

（四）生长育肥猪饲料结构特点

莱芜猪生长育肥前期，主要以蛋白质沉积为主，要有较高含量的蛋白质饲料。生长中期为骨骼发育期，用低能量、中低蛋白水平饲料；育肥后期以脂肪沉积为主，要用高能量、低蛋白水平饲料。生长育肥期日粮中粗纤维含量要前低（5%）、中高（6%～8%）、后低（5%）。

二、莱芜猪日粮配制原则

（一）乳猪料配制原则

哺乳仔猪由于消化功能尚未完善，采食量也低，要为其配制高营养浓度、高消化吸收率的日粮。这类饲料要以专业厂家蒸煮加工过的谷物、较高含量的乳制品、易消化的动物蛋白质和动、植物油为基础配制，还要有较好的适口性。

（二）断奶仔猪饲料配制原则

断奶仔猪生长快，对饲料营养的需求相对较高。配制断奶仔猪日粮的关键是饲料消化率高、适口性好、抗营养因子低，而且应含有一定比例的优质动物蛋白，如优质鱼粉、乳清粉等，同时添加合成氨基酸，使饲料的氨基酸含量能满足仔猪的需要，而饲料的蛋白质含量不至于太高；添加2%～4%的油脂，以提高能量水平；添加酸化剂、抗生素、酶制剂等，以降低腹泻发生率。

（三）生长育肥猪饲料配制原则

莱芜猪生长育肥主要是通过生长速度、饲料利用率和肉质品质来体现的。因此，要根据生长育肥期的营养需要配制合理的日粮，以最大限度地提高肉品品质，并兼顾增重速度、饲料报酬和瘦肉率。

为了获得最佳的生长育肥效果和肉品品质，不仅要满足蛋白质和能量碳水化合物不同阶段的需求，还要考虑必需氨基酸之间的平衡和利用率。在生长育肥期的不同阶段，对饲料能量和蛋白质的需要不同。因此，育肥期饲料配制要根据其生长速度、各阶段营养需求、环境温度等，参照现行饲养标准配制。

（四）后备种猪饲料配制原则

莱芜猪后备猪不同于肥猪，不追求高的生长速度，相反生长速度过快会降低后备猪的种用价值。后备猪要求健康、结实、器官和骨骼发育良好。后备猪一般在20～30kg时应与育肥猪分开饲养，蛋白质和氨基酸的需要量要稍高点，钙、磷、维生素的需要量也要稍高于育肥猪。后备猪日粮的能量浓度应比育肥猪饲料低一些，后备母猪日粮消化能12.0MJ/kg以下。饲料中多配入一些含纤维高的粗饲料，如麦麸、啤酒糟、苜蓿草粉等，这样有助于减少消化道溃疡，强化胃肠功能，增强体质和骨骼、器官的发育，提高生产期内的繁育能力，降低能量浓度和饲料成本。可分两个饲养阶段，3～5月龄为前期，6～8月龄为后期。

（五）妊娠母猪饲料配制原则

莱芜猪妊娠母猪繁殖器官和胎儿的生长在114d的怀孕期内表现为前低后高的特点。怀孕前几周，仅仅母猪的子宫、胎衣增长及胎水增加；胎儿到第9

周才有初生体重的8%，繁殖器官的增长很少，此阶段母猪的营养需要仅仅略高于维持需要；怀孕的后半期，胎儿的生长速度明显加快，营养物质的沉积增加，特别是怀孕的后1/3，最后几周母猪乳腺中营养物质的沉积明显增加，营养需要也增加。

莱芜母猪在怀孕期消化采食能力增强，同化作用加强，自身储存大量能量。相对于采食能力饲料营养需要较低，可以利用一些廉价的粗饲料喂。一般可配入发酵的麦麸、米糠、草粉等粗副饲料25%～40%，这样母猪更有饱感，更安静，不易发生便秘，有利于防止消化道溃疡，降低成本。

（六）哺乳母猪饲料配制原则

莱芜猪哺乳期的饲喂目标是使母猪产生足够的奶水以哺育自己的仔猪，并要防止体重减轻过多以保证断奶后能尽快发情和配种。

莱芜猪怀孕期能储存充分的能量来满足哺乳需要。常因产仔多，泌乳性好，出现身体能量负平衡。因此要提高日粮营养浓度和提高其采食量。

使用脂肪可以提高日粮能量水平，减少母猪失重，提高乳汁脂肪含量，提高体重较小仔猪的成活率。油脂添加量3%～4%，不高于5%。

蛋白质和必需氨基酸对哺乳母猪极其重要。日粮中的赖氨酸水平与能量具有互作关系，泌乳期赖氨酸与消化能摄入量对乳中有效成分的含量具有互作关系。随着消化能摄入量的增加，想要提高产奶量，赖氨酸需要量相应也要增加。因此，赖氨酸的水平应相应提高。

哺乳母猪对维生素和矿物质的需求与妊娠母猪是有些区别的，尤其是某些常量元素，如钙、磷的水平。哺乳母猪料中叶酸也不需要像妊娠母猪料那样高。在哺乳母猪料中，离子平衡很重要，对提高母猪的泌乳能力、乳房炎的预防、产后下痢的防治等都具有重要意义。

莱芜猪哺乳期粗饲料和发酵饲料添加非常重要，可有效防止便秘、增加采食量和泌乳，添加量15%～20%。

（七）种公猪饲料配制原则

莱芜猪种公猪的日粮要保证其性欲旺盛、体质结实、精液质量好、精液量足。日粮蛋白质的含量和质量对公猪精液的影响明显，特别是日粮中的赖氨酸和蛋氨酸的水平。能量饲料主要是玉米等谷物及副产品。蛋白质饲料以豆粕为主，不可用棉粕、菜粕等。在公猪日粮中配入一定比例的优质鱼粉对提高公猪的繁殖力很有利，在公猪饲料中配入3%～5%的优质苜蓿草粉可改善公猪的繁殖性能、防止便秘及消化道溃疡。

公猪日粮结构应以精料为主，日粮结构根据配种负担而变动，配种期间的日粮中能量饲料和蛋白饲料占80%～90%，其他种类饲料占10%～20%。非配种期间能量蛋白饲料应减少到70%～80%，其余可由青粗饲料来满足。

三、饲料加工、调制方法

（一）粉碎

各种干粗精饲料，如干甘薯藤、干青草、豆荚以及一般籽实类饲料等，须经粉碎后才能饲喂。粉碎时以细为原则，采用直径2～3mm的筛孔为宜。

（二）打浆青贮发酵

青贮是贮存青饲料，使其营养物质损失减少，保存时间延长的有效方法。所有的青绿多汁饲料，如甘薯藤、野草、青菜、水生饲料及块根、块茎类都可以青贮，但以含糖较多的原料为好。青贮饲料具有质地柔软、酸香适口、消化率高的特点。制作过程中养分损失一般不超过10%，可以起到调整和改善青饲料供应的作用。

制作方法：将青饲料切块放入打浆机中打浆，在青贮窖或水泥池底铺放干净消毒过的塑料薄膜打底，发酵池底放入20cm厚草粉，大蒜粉更好，以防浆汁渗出；青饲料打浆后放入青贮窖或水泥池中踩实，用篦子压紧，然后注水再放入干酵母或微生态制剂，如加入酵母菌500g或EM-S液（含乳酸菌、酵母菌、芽孢杆菌等）适量，池内不宜装太满，以免发酵汁液溢出；将发酵池的表面盖上20～30cm草粉。夏季一般发酵3d左右就可以使用，冬季须7～10d可以使用。经过发酵后的青饲料浆与其他精料、粗料加水搅拌后可直接喂猪。池内保持发酵液满漫池内，防止雨水进入，不能缺水。密封和发酵液是保证不变质的基础。一般每头每天1～2kg即可，哺乳母猪每头每天2.5～3kg，具体用量要观察猪的采食情况，可适当添加。使用时应注意从发酵池的一角开始使用，不可随处挖口。出现雨雪天气时，需要在池的表面盖一层薄膜，雨雪过后尽快将薄膜拿掉，或于发酵池上方设遮盖棚。根据饲料的发酵情况可以不定时加入微生态制剂。

（三）混合搅拌浸泡

配制好的全价饲料＋发酵好的块茎饲料＋3 倍水进行搅拌混合，经过 4 个多小时浸泡，实际是一个全价日粮发酵过程，便可饲喂。

传统莱芜猪饲料调制见图 5-1，现代化水料设备饲喂生产线见图 5-2。

图 5-1 传统莱芜猪饲料调制

图 5-2 现代化水料设备饲喂生产线

第六章
莱芜猪的饲养管理

第一节　公猪的饲养管理

一、后备公猪（6月龄之前）的饲养管理

选用后备公猪料，日喂3次。饲喂量以猪体重的3%～3.5%为宜。3～5头一圈饲养。

二、基础公猪的饲养管理

单圈饲养，带有运动场或集体大运动场，公猪可自由运动。定量饲喂，日喂2～3次，每头每天喂2.0kg（休闲期）和2.5kg（配种期）。配种期每天加喂一个鸡蛋，并增加鱼粉等蛋白料的喂量。喂食前后1h以内，不得配种。每季度驱虫1次。每周猪舍消毒2次。使用年限4～7年。

三、公猪使用方法

（一）公猪适配年龄

公猪达7～8月龄、体重60～70kg，膘情良好即可开始调教配种。

（二）公猪配种操作

后备公猪初配要进行调教，将其放在配种能力较强的公猪隔离栏观摩、学习配种方法。第1次配种时，公母大小比例要合理，母猪发情状态要好，不让母猪爬跨新公猪，以免影响公猪配种的主动性，循序渐进让其达到正常配种能

力。公猪正在交配时不能推拉喝吓，更不能驱打。

（三）公猪使用次数

7～10 月龄的公猪每周配种 1～2 次，10～12 月龄公猪每周配种 3～4 次，12 月龄以上公猪每周配种 5～6 次，老龄公猪每周 2～3 次。

（四）与母猪配种顺序

严格按照配种计划实施配种。同一头公猪新配母猪的顺序为：从易到难的原则，按刚断奶母猪、复配母猪、后备母猪、难配母猪的顺序进行配种。

（五）配种间隔

1. 初产母猪　当日发情，第 3 天起配第 1 次，随后每间隔 12h 配第 2 和第 3 次。一般来说，2d 内配完。

2. 经产母猪　当日发情，次日配第 1 次，第 3 天配第 2 次（间隔 12h），2d 内配完。断奶后发情较迟（7d 以上）的母猪及复发情的母猪，要早配，当日发情当日配，次日配第 2 次，2d 内配完。

第二节　母猪的饲养管理

一、后备母猪的饲养管理

饲喂后备母猪料，日喂 3 次。精料饲喂量占体重的 3.5%～4%，添加 10%～20%发酵好的青绿饲料和草粉，泡透生喂，料水比为 1∶3。6 月龄前进行大圈运动场饲养，8～15 头一栏，每日都有适当的运动锻炼强度，有条件可实行自由放牧饲养。达 6 月龄后实行小群饲养，4～6 头一栏，对其进行限制饲喂，保持八成膘。从 6 月龄开始利用后备公猪试情后备母猪观察发情性状并做好记录。科学检测，程序化免疫，每 2 个月驱虫 1 次，每周消毒 2 次。后备母猪在配种前适当增加饲喂量，短期优饲，增加排卵。

二、妊娠母猪的饲养管理

饲喂妊娠母猪料，每日 2～3 次。温度要控制，夏季防暑降温，冬季防寒保温。注意观察配种后 3 周左右的母猪有无外阴红肿、流黏液、减食等返情表现。已配母猪至少要观察两个情期，谨防空怀。转群时驱赶动作要慢，防止拥挤、急转弯，尽量不要在光滑地面上行走，同时严禁鞭打驱赶。临产母猪在场内转群前一顿应少喂，添加麸皮，转群后第一天要少喂，并加麸皮加电解多维。不喂发霉、变质、冰冻等饲料。期内先粗料后精料，九成饱，提高食欲，增加膘情，料水比为1∶4。防疫在配种后2个月进行，并进行驱虫。每周消毒2次。

三、哺乳母猪的饲养管理

围产期要减少饲喂量，产前一天饲喂少量精料，并添加麸皮。产后1d内只饲喂麸皮和糖、盐、维生素C或口服补液盐加清水，第2天喂少量精混料和麦麸水，3～5d后逐渐调整至正常饲喂量。饲喂哺乳母猪料，每日3次，料水比为1∶4。根据母猪的膘情、个体大小、带仔情况及胎次等增减喂料量，对膘情差、带仔多、泌乳性能好的母猪适当增加日喂料量。对产后厌食采食量低的猪要减少精料喂量，增加发酵料和麸皮的量。断奶前5d开始减料，预防母猪乳房炎的发生。断奶时把仔猪转走，断奶时期临近的4～5头母猪进行合圈饲养。每天打扫1次环境卫生。圈舍消毒3d 1次，每周1次全面大消毒。饮水要清洁充足。夏天通风、降温，冬天保温，保持室内温度15℃左右。

四、空怀母猪的饲养管理

根据膘情分群饲养，每圈4～5头，瘦弱的猪进行单独补饲复壮。饲喂妊娠母猪料，每日2～3次，料水比为1∶（3～4），限制饲喂，冬季酌情加料，保持圈舍清洁卫生，充足饮水。观察母猪发情表现，适时配种。按照驱虫防疫程序，在此时间进行驱虫、免疫。

第三节　种猪的选留

后备公母猪的选留在断奶和4月龄、6月龄进行。断奶时进行初选，以家系选择为主；4月龄、6月龄实行个体选择，以6月龄选择为主。

断奶阶段根据血统、母祖系进行选择。要求每个血统、母祖系都有后代留种。一般每窝选留1公2母，体型外貌符合品种特征，有效乳头7对以上，发育良好，无明显遗传缺陷的个体进入后备猪培育。体貌特征检查见图 6-1。

图 6-1　断奶仔猪体貌特征检查

4 月龄阶段主要依据个体本身的生长发育进行选择。只淘汰生长发育较差或有遗传疾患、体型外貌不符合选育目标要求等（选留比例 60%～80%）。

6 月龄阶段根据个体、同胞性能测定结果进行选择，并参考系谱血统和体型外貌进行选留与淘汰，从中挑选公母猪组成候选群（选留比例60%～80%）。

初产母猪的选留在初配前和第 1 胎进行。初配前根据生殖器官的外部发育、发情表现、乳头形状、排列等情况选定，组成新的核心群进行繁育。繁殖一胎后根据其本身生长发育、头胎配种、产仔成绩、哺育能力及仔猪生长发育情况进行选择，并做好记录，为选育群积累繁育资料。

经产母猪的选留在第 2、第 3 胎进行。以本身繁殖成绩和后裔肉质品质为主选目标。繁殖性状的选择以本身和后裔的产仔性状为主，并兼顾同胞半同胞的产仔性状；肉质性状的选择以后裔肉质性状为主，并兼顾同胞半同胞的肉质性状进行选择。

第四节　哺乳仔猪饲养管理

仔猪出生后 1h 内固定好奶头，保证吃上初乳。第 1 天称重、打耳号、记录。3d 内要补铁，做好寄养工作。第 3 天开始训练饮水，7 日龄开始训练补料，可先往嘴里塞几粒料诱食。小料槽清洗消毒后才能用。补料时少给勤添，保证饲料新鲜。至 13 日龄时可转为定时喂料，每日 5～7 次，用小勺子分给，1h 内吃完，料型为半粉半粒型乳猪料。

不留种用的小公猪、母猪21日龄前去势。应阉未阉割的公猪（病残）和未能成功阉割的母猪要做好记录，在断奶时单独放在一圈，待猪体况合适时再进行二次阉割。

保证补料圈清洁。每日清扫补料栏二次，并每日对补料栏进行一次消毒。及时清除补料槽内的粪便，食槽每日清洗消毒更换一次。保持舍内干燥和仔猪适宜的温度。勤观察仔猪状况，包括采食活动、精神状态和粪便情况，发现问题及时处理。按照场内制订的免疫程序进行防疫。根据季节调节温度，保持室内温度在20℃左右、补料栏温度在26～28℃。

第五节　保育猪的饲养管理

断奶转群时对仔猪要进行药浴（敌百虫）冲洗，并注射驱虫剂及相应的疫苗。按窝或强弱、大小分群，保持合理的密度。后备公猪4～5头一圈，后备母猪7～15头一圈；育肥仔猪20头左右一圈。病猪、僵猪隔离饲养。转群当天训练猪群吃料、睡觉、排便“三定位”。转群一周内，在饲料中适当添加一些抗应激药物如维生素C、电解多维等，同时饲料中添加微生态制剂、中药制剂、酶制剂等。

刚断奶转过来的仔猪，限制性饲喂7d左右的乳猪料，以防腹泻；然后，用乳猪料和育成仔猪料混合饲喂，并逐渐增大育成料的比例，到第15天，全部换成育成仔猪料。喂料时观察食欲情况，休息时检查呼吸情况，发现病猪，及时隔离治疗。按季节温度的变化，做好通风换气、防暑降温及防寒保温工作，保持室内温度在20～24℃。需分群合群时要遵守“留弱不留强”“拆多不拆少”“夜并昼不并”的原则进行，以减少应激。

第六节　生长育肥猪的饲养管理

保育猪30kg、70～90日龄时转入生长、育肥舍。合理分群，以体重大小、强弱为分群原则。密度适中，每栏5～10头（放牧群可大）。新转入的猪喂一周原仔猪料，然后用仔猪料和育肥前期料混合饲喂，用5d的时间逐渐由育成料过渡到生长、育肥期料。

育肥猪30～50kg饲喂育肥前期料。精料量为猪体重的3%～3.5%，并添加发酵的青绿饲料（15%～20%），料水比 1 ∶ （3.5～4）；51～80kg 饲喂育肥中期料，精料量为猪体重的 3%～3.5%，并添加发酵的青绿饲料（20%～25%），料水比 1∶（3.5～4）；81kg 至出栏饲喂育肥后期料，精料量为猪体重的 4%，并添加发酵的青绿饲料（10%～15%），料水比 1∶（3～3.5）。

如果进行放养，则在 30～80kg 阶段进行放牧饲养，80kg 以后进行圈养囤肥。放牧期间每天补料二次，中午 12：00 和下午 6：00—7：00，囤肥阶段每日喂 3 次，以多吃为原则，实现快速囤肥，以提高肉质。

第七节　莱芜猪的疫病防控

一、原种场免疫规程（参考）

（一）种猪免疫程序

1. 后备母猪

（1）配种前 45d　猪瘟苗 4 头份注射免疫。

（2）配种前 30d　伪狂犬病、蓝耳病疫苗 2 头份注射免疫。

（3）配种前 20d　细小病毒病、乙型脑炎疫苗各 2 头份分别注射免疫。

2. 经产母猪

（1）产前 30d　伪狂犬病疫苗 2 头份注射免疫。

（2）产后 20d　细小病毒病、乙型脑炎疫苗 2 头份注射免疫。

（3）猪瘟每隔 4～6 个月全群防疫注射 4 头份，口蹄疫每隔 4～6 个月全群防疫注射 2 头份，进口气喘病疫苗 2 头份，每年注射 1 次（2 胎以后不防）。

（4）每年免疫 2 次蓝耳病灭活苗，中间间隔 1 个月。

3. 种公猪

（1）伪狂犬病疫苗 2 头份注射免疫，每年春季和秋季各 1 次。

（2）间隔 10d，细小病毒病、乙型脑炎疫苗每年春季和秋季 2 头份免疫。

（3）每隔 4 个月，猪瘟 4 头份注射免疫；口蹄疫油苗注射 2 头份。

（4）每年免疫 2 次蓝耳病灭活苗，中间间隔 1 个月。

（二）仔猪免疫程序

1d：滴鼻伪狂犬病疫苗 1 头份、补铁 1mL。

5d：气喘病活苗 1 头份胸腔注射。

15d：猪瘟苗 2 头份注射免疫。

21d：气喘病灭活苗 1 头份肌内注射。

28d：伪狂犬病、蓝耳病活苗 1 头份注射免疫。

45d：断奶称重，口蹄疫油苗注射 1 头份，驱虫药 1mL 分别注射。

（三）保育及生长育肥猪免疫程序

70～80d：猪瘟苗 2 头份免疫。

120～150d：气喘病灭活苗 2 头份肌内注射。

二、主要疫病的防治

莱芜猪与国内其他地方猪一样具有较强的抗逆抗病性能，能较好抵御一些常见细菌病和病毒病，且对某些疾病敏感，如支原体肺炎。本节主要对莱芜猪几种常见病的防控做简要介绍。

（一）气喘病控制与净化

气喘病又称猪支原体肺炎，是一种直接接触、慢性呼吸道传染病，发病率高。病原为猪肺炎支原体。主要通过鼻腔接触和空气传播，在猪群密集、通风不良的条件下有利于本病的传播。主要症状为咳嗽和气喘。以杜洛克猪、长白猪、大约克夏猪及以大长或者长大为主的杂交猪，杂交配套系对猪气喘病敏感性较低，仅表现轻度咳嗽，而对中国地方品种猪，如莱芜猪易感。为防止该病的暴发，主要采取如下措施控制。

1. 免疫　按以上免疫程序进行免疫可有效控制该病暴发。

2. 饲养管理

（1）注意观察，一是检查并记录咳嗽，特别在夜间、清晨打扫猪舍、喂食、猪运动时，尤其是强制运动时有无咳嗽、喷嚏现象；二是检查呼吸，在猪群休息时注意呼吸次数和深度及是否有腹式呼吸现象。

（2）病猪及时隔离，并采取药物治疗措施。

（3）注意猪舍的通风，尤其是在冬季，在注意保温的同时，还要确保空气流通。

（4）养殖密度以小群体为好。

（5）避免饲料突然更换、饲料霉变等造成的应激。

（6）猪舍定期消毒。

（7）对猪群进行药物预防。预防首选恩诺沙星，次选替米考星和金霉素，第三选支原净和土霉素。连用1周，中间间隔1周，再用药1周。

3. 淘汰

（1）不做种用的仔猪，发病后及时隔离并治疗，无治疗价值的淘汰。

（2）有气喘病的后备猪淘汰。

（3）出现气喘病的种公猪、种母猪淘汰。

（二）猪瘟的防治

猪瘟是一种急性、热性、高度接触性的传染病。其特征为急性经过，高热稽留，死亡率很高，有小血管变性引起的出血、梗死和坏死等变化，给养猪业造成较大的经济损失。主要防治措施如下：

1. 免疫　按以上免疫程序免疫可有很好保护效果。在暴发猪瘟时，可在吃初乳前对仔猪进行“超前免疫”，可有效避免母源抗体对疫苗的干扰，而发挥较好的防疫效果。

2. 免疫剂量　当前，猪瘟的免疫剂量正在被加大，有的养猪场的兽医人员认为用苗剂量越大其保护性越好。据目前市场主流疫苗产品情况，加大1～4倍即可，而且尽可能使用单苗，而不用三联苗。

3. 免疫效果监测　疫苗免疫后，及时进行免疫效果监测，用间接血凝检测免疫抗体，1∶16以上有保护作用，低于1∶16者应补注疫苗。

4. 管理措施

（1）自繁自养　必须引进猪种时，应注射猪瘟兔化弱毒苗，待产生免疫后才可引进，进场后应单独饲养在隔离舍2～3周，再进行混群。

（2）建立起猪场有效的兽医卫生生物安全防控体系，并严格制度、落实到位。

（3）制定科学的免疫程序　强化猪瘟兔化弱毒苗的免疫，加强猪瘟抗体水平监测。对于猪瘟病毒胎盘感染的控制，须经几年的严格检疫，淘汰带毒母猪。

（三）口蹄疫的防治

口蹄疫由口蹄疫病毒引起，以口腔黏膜、蹄部和乳房等处发生水疱和糜烂为特征。本病传染性极高，感染动物范围比较广泛，常呈大流行性，发病率高，难以控制和消灭，在我国被列为一类传染病。主要防治措施如下：

1. 免疫　最好选用合成肽口蹄疫疫苗，种猪每隔 4 个月全群防疫注射 2 头份；仔猪 45d 断奶时注射 1 头份，以后每隔 4 个月左右，根据检测结果防疫注射油苗 2 头份。

2. 饲养管理

（1）注重舍内卫生，定期用酸性和碱性消毒液交替消毒。

（2）控制猪舍内湿度，保持通风、干燥，在冬季猪舍保温时尤其要注意。

（3）在口蹄疫高发的季节定期在饲料中添加黄芪多糖、板蓝根等有抗病毒功能的中药。

（四）伪狂犬病的防治

猪伪狂犬病是由疱疹病毒群的伪狂犬病病毒（ADV）引起猪发病的一种病毒性传染病。猪的感染因年龄不同症状有所区别，仔猪以中枢神经症状为特征，呈现非化脓性脑炎；断奶猪及育肥猪以呼吸系统症状为主；怀孕母猪表现流产、死胎、木乃伊胎。2 周龄以内仔猪致死率可达 100%。目前已成为养猪业危害最大的疫病之一。主要防治措施如下：

1. 免疫预防　目前可用于猪伪狂犬病预防的疫苗有 3 种：弱毒疫苗、灭活疫苗及基因工程疫苗。研究表明，弱毒疫苗免疫后仍然能感染强毒而不发病，但可继续排毒成为隐性感染，造成本病再流行；灭活疫苗效果稍好一些，免疫母猪后，可提高仔猪母源抗体水平，使仔猪母源抗体持续时间较长，也可干扰对仔猪直接免疫时仔猪产生免疫抗体。因此免疫预防本病，应重点加强仔猪的免疫。

2. 免疫程序　使用弱毒疫苗及灭活疫苗免疫，一般仔猪 6～14 周龄首免，4～6 周后再免疫 1 次，保护期可达 5～6 个月。

3. 管理措施　猪是本病毒的重要保存者，引进种猪时应进行检测和注意隔离观察，防止带入病原。消灭饲养场的鼠类对本病的预防有重要作用。如发生本病，应将病猪隔离扑杀，对场内的易感猪进行紧急预防接种，畜舍及用具每隔 5～6d 消毒 1 次，粪便发酵处理。

（五）蓝耳病的防治

蓝耳病又称猪繁殖与呼吸综合征（PRRS），是一种有高度传染性的综合征，以母猪发热、厌食和流产、木乃伊、死胎、弱仔、繁殖障碍及仔猪的呼吸道症状和高死亡率为特征。主要防治措施如下。

（1）科学免疫　目前，疫苗有灭活苗和弱毒苗两种，一般预防蓝耳病发病，可选用弱毒苗进行免疫。

（2）平时做好药物保健　保健方案中建议不要使用氯霉素类药物（氟苯尼考），慎用磺胺药物。多选用黄芪多糖、板蓝根等具有抗病毒功能的中药。

（3）定期消毒　消毒要使用多种类型的消毒药进行更换使用（如卤素类、酸类、醛类、双季铵盐和双胍类、酚类和碱类消毒药）。

（4）搭配合理的营养，增强猪群机体的抗病能力。

（5）提倡福利饲养，为猪创造良好的生长环境，减少应激对该病的诱发。

（六）主要寄生虫病的防治

莱芜猪寄生虫病以疥螨和蛔虫病最为常见，危害也特别严重，常常造成猪群饲料转化率下降、生长发育不良、生长缓慢。因此，做好猪群体内外寄生虫的驱虫工作是提高经济效益的重要措施之一。莱芜猪生长慢、皮肤厚，疥螨对它的危害尤其严重。

疥螨病猪以剧烈瘙痒为特征，躁动不安，食欲降低，生长缓慢，饲料报酬下降，危害严重。病变通常先在耳部发生，耳部皮屑脱落，进而出现过敏性皮肤丘疹，以后逐渐蔓延至背部、躯干两侧及前后肢内侧。猪常在猪栏、墙壁等处摩擦，严重时造成出血、结缔组织增生和皮肤增厚，局部脱毛。

猪蛔虫病主要危害 2～6 月龄的猪群。病猪一般表现为生长缓慢、消瘦，被毛粗乱无光，采食饲料时经常卧地，有时咳嗽、呼吸短促，粪便带血。蛔虫的寄生破坏了胃肠道黏膜，妨碍营养吸收；蛔虫的发育还与猪体争夺营养，并且分泌一些毒素影响猪的生长发育，使猪饲料报酬降低。蛔虫幼虫移行经过肝脏，造成肝脏坏死变性，结缔组织增生，出现“蛔虫斑”，导致屠宰时肝脏废弃率增加而造成经济损失。蛔虫幼虫移行损伤肺，造成蛔虫性肺炎，引起喘咳和呼吸困难。幼虫侵袭造成的病变易造成细菌或病毒的继发感染。

应采取综合性措施，选用广谱的驱虫药物，制订有效的驱虫程序，防控寄生虫病的发生。

1. 建立有效的生物安全体系　坚持自繁自养的原则，新引进的种猪应在隔离期间进行粪便及其他方面的检查，并使用广谱驱虫剂进行重复驱虫，严防外源寄生虫的传入；严禁饲养猫、犬等宠物，搞好猪群及猪舍内外的清洁卫生和消毒工作，定期做好灭鼠、灭蝇、灭蟑、灭虫等工作，消灭中间宿主；坚持做好本场寄生虫病的监测工作。猪舍必须经严格冲洗消毒，空置几天后再转入新的猪群，有效地切断寄生虫病的传播途径，提供猪群不同时期各个阶段的营养需要量，提高猪群机体的抵抗力。

2. 防治结合

（1）选用好驱虫药　选用新型、广谱、高效、安全，且可以同时驱除猪体内外寄生虫的药物。伊维菌素、阿维菌素对驱除疥螨等寄生虫效果较好，而对在猪体内移行期的蛔虫等幼虫、毛首线虫等则效果较差，而阿苯达唑对线虫、吸虫、球虫及其移行期的幼虫、绦虫都有较强的驱杀作用，对虫卵的孵化有极强的抑制作用，应选用复方的驱虫药进行驱虫，如主要成分为伊维菌素、阿苯达唑和增效剂。如果发现猪囊虫，可选用吡喹酮进行驱虫。

（2）驱虫程序

①驱虫时间。基础母猪、种公猪每年春秋两季各驱虫一次或每季度驱虫1次。生长育肥猪：45日龄断奶时敌百虫药浴、打驱虫针，以后每间隔3～5个月驱虫1次。每次驱虫7d，间隔1周后再驱虫7d，再间隔1周后驱虫7d。育肥猪宰前30～45d，停止驱虫。

②驱虫方式。驱虫期间，早上正常饲喂，晚上拌料饲喂，驱虫药一次性给足，现拌现喂，若猪不食可在饲料中加入少量盐水或糖精。驱虫期间注意进行圈舍及用具消毒。

第七章
莱芜猪的利用

自20世纪80年代以来，在进行莱芜猪有效保护的同时积极开展利用研究，为生产和社会服务。几十年来，广大科技工作者利用莱芜猪先后开展了经济性能杂交利用研究；培育了两个合成系、一个新品种和两个配套系，并通过繁育推广在生产发展中产生了巨大的经济效益和社会效益。

第一节　莱芜猪的杂交利用

一、莱芜猪与国外瘦肉型猪的杂交试验研究

（一）20世纪80年代完成的莱芜猪与国外瘦肉型猪杂交的二元、三元育肥猪试验研究

1. 育肥性能　见表7-1。

表7-1　莱芜猪杂交育肥性能（1）

组合		头数	结束体重（kg）	日增重（g）	料重比
二元	汉莱	46	102.36±2.67	528±13	3.45±0.49
	杜莱	48	102.75±3.29	475±11	3.70±0.06
	长莱	46	100.25±2.98	490±9	3.67±0.15
	大莱	52	99.59±1.48	491±11	3.82±0.25
三元	杜大莱	38	101.36±1.82	643±20	3.09±0.22
	汉大莱	36	103.55±4.13	726±19	3.14±0.03

（续）

组合	头数	结束体重（kg）	日增重（g）	料重比
大大莱	36	98.68±1.35	574±16	3.54±0.27
长大莱	40	102.48±0.79	653±12	3.20±0.18

2. 产肉性能　见表7-2。

表7-2　莱芜猪杂交商品猪产肉性能（1）

组合		头数	屠宰率（%）	眼肌面积（cm^2）	膘厚（cm）	瘦肉率（%）	后腿比例（%）
二元	汉莱	28	71.87±2.67	26.86±3.17	3.62±0.42	52.71±2.58	28.15±2.49
	杜莱	26	72.82±0.74	23.70±3.18	3.15±0.29	52.95±1.88	28.70±0.99
	长莱	28	72.49±1.87	24.69±2.29	3.23±0.68	51.50±1.96	28.67±1.76
	大莱	31	72.77±1.45	22.20±5.32	3.58±0.51	50.40±2.26	28.36±1.81
三元	杜大莱	20	73.33±0.46	31.42±2.02	3.22±0.19	56.99±0.95	30.44±0.28
	汉大莱	22	71.75±0.85	33.54±2.14	2.89±0.24	61.48±1.02	30.23±0.70
	大大莱	23	73.51±0.72	23.96±1.48	3.42±0.18	52.93±1.10	29.77±0.41
	长大莱	26	71.86±0.44	31.61±1.05	2.95±0.18	58.56±0.64	30.47±0.39

（二）20世纪90年代完成的莱芜猪与国外瘦肉型猪杂交的三元、四元育肥猪试验研究

1. 育肥性能　见表7-3。

表7-3　莱芜猪杂交育肥性能（2）

组合		头数	结束体重（kg）	日增重（g）	料重比
三元	杜大莱	40	97.15±1.89	657±7.34	3.18±0.02
	汉大莱	38	100.05±0.63	670±5.50	3.15±0.04
	大大莱	40	106.39±1.75	656±16.84	3.21±0.06
	长大莱	42	102.50±2.33	647±19.23	3.23±0.11
四元	汉杜大莱	24	9.59±2.53	685±31.05	3.02±0.04
	杜皮大莱	24	97.87±4.24	668±35.18	3.12±0.04
	杜汉大莱	22	94.20±1.83	676±16.57	2.91±0.06
	长大大莱	22	100.65±3.0	640±19.05	3.15±0.01
	大长大莱	24	101.28±2.80	647±24.59	3.14±0.18

2. 产肉性能　见表 7-4。

表 7-4　莱芜猪杂交商品猪产肉性能（2）

	组合	头数	屠宰率（%）	眼肌面积（cm^2）	膘厚（cm）	瘦肉率（%）	后腿比例（%）
三元	杜大莱	18	75.41±0.26	37.22±0.31	2.49±0.56	58.45±0.25	30.67±1.09
	汉大莱	18	74.57±1.86	37.86±2.05	2.56±1.81	58.98±0.36	31.78±0.35
	大大莱	18	74.67±3.97	39.63±2.22	2.25±0.72	58.91±0.37	31.02±0.32
	长大莱	18	75.53±0.67	37.62±3.45	2.53±0.22	56.55±0.34	29.83±0.81
四元	汉杜大莱	12	72.82±1.22	39.59±5.08	2.34±0.46	61.10±0.44	32.10±0.60
	杜皮大莱	12	75.33±1.09	37.04±7.83	2.75±0.35	59.05±3.68	32.31±0.64
	杜汉大莱	12	75.77±1.3	32.59±1.42	2.28±0.33	58.01±1.24	30.96±0.74
	长大大莱	12	76.34±0.27	33.87±3.54	3.25±0.36	59.74±1.59	28.23±0.77
	大长大莱	12	74.57±0.67	38.68±0.82	2.28±0.20	58.19±1.19	29.76±0.34

（三）21 世纪后完成的莱芜猪与国外瘦肉型猪杂交的三元、四元商品猪试验研究

1. 育肥性能　见表 7-5。

表 7-5　莱芜猪杂交育肥性能（3）

	组合	头数	结束体重（kg）	日增重（g）	料重比
三元	杜大莱	40	102.11±2.35	651±12.94	3.21±0.18
	大大莱	30	101.25±2.28	665±15.19	3.42±0.41
	长大莱	30	101.76±2.64	643±18.18	3.35±0.27
四元	长大大莱	24	101.27±4.13	673±26.73	3.06±0.11
	大长大莱	24	100.93±3.21	682±18.29	3.02±0.21
	杜大大莱	20	99.87±2.97	742±21.54	2.99±0.12
	杜长大莱	22	102.13±3.26	816±23.56	2.90±0.14

2. 产肉性能　见表 7-6。

表 7-6　莱芜猪杂交商品猪产肉性能（3）

	组合	头数	屠宰率（%）	眼肌面积（cm^2）	膘厚（cm）	瘦肉率（%）	后腿比例（%）
三元	杜大莱	24	72.52±0.43	36.82±1.10	2.71±0.51	57.41±0.42	31.09±0.84
	大大莱	24	71.85±1.24	35.93±1.29	2.69±0.34	54.32±0.28	29.14±0.71
	长大莱	24	73.26±1.12	34.88±2.10	2.94±0.41	57.65±0.39	30.25±0.52
四元	长大大莱	24	75.19±0.52	41.36±2.19	2.18±0.55	60.24±2.13	29.77±0.58
	大长大莱	24	73.19±0.47	38.16±3.25	2.27±0.42	59.63±2.17	30.12±0.65
	杜大大莱	20	74.86±0.72	40.11±6.81	2.33±0.22	58.39±4.40	29.54±0.98
	杜长大莱	20	75.85±050	42.80±1.46	2.03±0.18	62.32±1.70	32.88±1.01

二、莱芜猪与国内外其他猪种的杂交试验研究

（一）莱芜猪与圩猪的杂交试验

2009—2011 年，对圩猪（♂）与莱芜猪（♀）的杂交利用进行了研究，并完成了繁殖性能、育肥性能和肉质性能等各项指标的测定。莱芜猪×圩猪繁殖性能测定结果见表 7-7，莱芜猪×圩猪育肥性能测定结果见表 7-8，莱芜猪×圩猪肉质性能测定结果见表 7-9。

表 7-7　莱芜猪×圩猪繁殖性能

类别	窝数	总产仔数（头）	产活仔数（头）	21 日龄泌乳力（kg）	45d 断奶	
					头数	窝重（kg）
初产	15	11.14±0.28	9.62±0.23	31.21±1.01	9.14±0.19	64.85±2.98
经产	42	13.23±0.41	11.61±0.33	38.55±1.24	11.01±0.29	78.54±3.82

表 7-8　莱芜猪×圩猪育肥性能

育肥性状			屠宰性状		
数量	日增重（g）	料重比	数量	屠宰率（%）	瘦肉率（%）
36	418.5±11.2	4.06±0.14	24	71.17±0.42	40.71±0.32

表 7-9 莱芜猪×圩猪肉质性能

数量	肉色	大理石花纹	pH	失水率（%）	滴水损失（%）	嫩度（N）	肌内脂肪（%）
24	3.38±0.32	3.91±0.21	6.43±0.27	14.73±1.58	0.95±0.11	35.25±1.45	7.08±0.83

（二）莱芜猪与定远猪的杂交试验

2011—2014 年，对定远猪（♂）与莱芜猪（♀）的杂交试验进行了研究，并完成了繁殖性能、育肥性能和肉质性能等各项指标的测定。定远猪×莱芜猪繁殖性能测定结果见表 7-10，定远猪×莱芜猪育肥性能测定结果见表 7-11，定远猪×莱芜猪肉质性能测定结果见表 7-12。

表 7-10 定远猪×莱芜猪繁殖性能

类别	窝数	总产仔数（头）	产活仔数（头）	21 日龄泌乳力（kg）	45d 断奶	
					头数	窝重（kg）
初产	21	11.42±0.33	10.68±0.14	31.21±0.98	10.21±0.21	70.45±2.41
经产	52	14.19±052	13.20±0.42	38.55±1.24	12.09±0.47	85.84±4.11

表 7-11 定远猪×莱芜猪育肥屠宰性能

育肥性能			屠宰性能		
数量	日增重（g）	料重比	数量	屠宰率（%）	瘦肉率（%）
48	398.6±10.7	4.42±0.18	36	72.06±0.63	44.16±0.34

表 7-12 定远猪×莱芜猪肉质性能

数量	肉色	大理石花纹	失水率（%）	滴水损失（%）	嫩度（N）	肌内脂肪（%）
24	3.44±0.19	3.95±0.22	15.0±1.36	0.94±0.14	38.59±1.62	6.84±0.76

（三）莱芜猪与巴克夏猪的杂交试验

2015—2017 年，对巴克夏猪（♂）与莱芜猪（♀）的杂交试验进行了研究，并完成了繁殖性能、育肥性能和肉质性能等各项指标的测定。巴克夏猪×莱芜猪繁殖性能测定结果见表 7-13，巴克夏猪×莱芜猪育肥性能测定结果见表 7-14，巴克夏猪×莱芜猪肉质性能测定结果见表 7-15。

表 7-13　巴克夏猪×莱芜猪繁殖性能

类别	窝数	总产仔数（头）	产活仔数（头）	21 日龄泌乳力（kg）	45d 断奶	
					头数	窝重（kg）
初产	16	9.64±0.15	9.34±0.08	39.78±0.82	9.04±0.13	78.66±1.93
经产	32	11.5±0.42	10.9±0.36	38.55±1.24	10.2±0.31	91.4±2.79

表 7-14　巴克夏猪×莱芜猪育肥屠宰性能

育肥性能			屠宰性能		
数量	日增重（g）	料重比	数量	屠宰率（%）	瘦肉率（%）
38	524.8±8.3	3.5±0.07	20	73.01±0.51	52.87±0.28

表 7-15　巴克夏猪×莱芜猪肉质性能

数量	肉色	大理石花纹	pH	失水率（%）	滴水损失（%）	嫩度（N）	肌内脂肪（%）
24	3.3±0.10	3.3±0.24	6.2±0.21	17.1±1.12	1.01±0.06	40.2±0.81	5.6±0.43

三、杂交组合的筛选与推广

1. 筛选优秀杂交组合　以莱芜猪、莱芜猪合成系为母本，引进国外瘦肉型良种公猪大约克夏猪、汉普夏猪、杜洛克猪和长白猪、汉杜猪等为父本筛选的杂交组合表现出明显的杂交优势。其中，两元杂交商品猪“汉莱”日增重528g、料重比 3.45∶1、瘦肉率 52.71%；三元杂交商品猪“汉大莱”日增重726g、料重比 3.14∶1、瘦肉率 61.48%；四元杂交商品猪“汉杜大莱”日增重 766g，料重比 2.91∶1、瘦肉率 61.92%。这些优秀组合试验筛选为 20 世纪 80 年代以来不同时期的社会瘦肉型猪的生产提供了基础。

2. 建立良种繁育体系　几十年来在试验研究的同时，建立良种繁育体系进行社会化生产，先后建立了由 3 个一级繁育场、14 个二级扩繁场和 150 多个生产场组成的良种繁育体系，繁育生产能力快速提高。核心群基础母猪达到 400 头、繁育群 1 500 头、社会生产群基础母猪达到了 1 万余头，累计推广莱芜猪优良种猪 6 万头、杂交二元母本 33 万头、出栏杂优商品猪 1 200 余万头，增产效益 20 多亿元。

第二节 鲁莱黑猪培育

20 世纪 90 年代，我国养猪业随着规模化、工厂化生产和市场经济的迅速发展，高产量的瘦肉型猪需求量不断扩大。以莱芜猪为基础的二元、三元杂交猪生产已不能满足社会及人们生活水平的需求，而单纯引进国外猪种进行生产，不仅引种费用高，而且造成母猪繁殖性能和商品猪肉品质下降。解决上述问题的唯一途径就是以地方优良品种猪为基础，导入国外猪高产血缘，定向培育具有高繁殖性能和良好生长及肉质性能的专门化母本品种（系），进而与具有生长、育肥、产肉性能良好的国外猪种配套杂交，优势互补，达到商品猪高产、优质、高效的目标。因此，1994 年山东省农业良种工程猪项目启动，在此项目资助下，开始论证设计规划莱芜猪更深层次的利用途径，莱芜猪合成系、配套系及新品种的培育方案规划纳入日程。

1994—2006 年，先后得到中国农业大学陈清明教授、山东省农业科学院徐锡良研究员、武英研究员、山东省畜牧总站曲万文研究员、山东农业大学曾勇庆教授、南京农业大学王林云教授、东北农业大学盛志廉教授、陈润生教授、安徽农业大学张伟力教授等专家教授的指导和帮助，逐步形成了较为清晰的技术路线、目标和方法，并在实践中不断探索、多次论证、不断修订，形成了成熟的方案、路线。

鲁莱黑猪的培育过程为 1995—2000 年培育成莱芜猪合成Ⅰ系、Ⅱ系两个品系，2001—2005 年两个系合成进行品种培育，2006 年至今继续进行品种世代选育。

一、育种材料

鲁莱黑猪是利用莱芜猪与国外生长性能高、繁殖性能也较好的大约克夏猪通过杂交建系、横交固定、定向培育而成的新品种。素材来源：

1. 莱芜猪　经过“莱芜猪自群选育及杂交利用研究”和“莱芜猪高繁特性利用研究”等项目的实施，本品种选育已至 5 世代，核心群已达 150 头，生产群 8 000 头规模。6 个血统、36 个母祖系亲母本莱芜猪就是从这 150 头核心群中选择具备繁殖力高、哺乳力强、耐粗抗病的优秀个体。

2. 大约克夏猪　是 1995 年从国内其他场引进的法系、英系、丹系等血统种公猪 12 头；2001 年后，又先后引入加系、美系大约克夏猪等血统种公猪 8

头。与莱芜猪杂交、横交制种，选育优秀个体加入核心选育群。

二、技术路线

利用莱芜猪、大约克夏猪遗传互补性，采取杂交建系、横交固定、继代选育、定向培育的方法进行培育。培育过程中先是进行品系选育，设立二个品系。一是含50%莱芜猪血统的培育，即莱芜猪与大约克夏猪杂交，F1代自交，选择黑色猪进行横交固定；二是含75%莱芜猪血统的培育，即莱芜猪与大约克夏猪杂交后，再利用莱芜猪公猪对F1代进行回交，选择黑色猪进行横交。两品系定向选育到2世代后，对两品系的优秀个体进行结合。不断引进国外大约克夏猪中的优秀品系和个体，与莱芜猪杂交、横交制种，选择优秀个体不断加入到世代选育中，即采用不完全闭锁制种选育。利用常规育种技术与基因分子标记育种技术相结合，每年一个世代进行选育。对各世代种猪的生长发育、繁殖性能、育肥性能、肉质性能进行综合评定。群体平均近交系数控制在5%以内，最终经过4～6个世代的选育，形成遗传性能稳定的、具有地方猪和国外猪综合优点的新品种。鲁莱黑猪培育技术路线见图7-1。

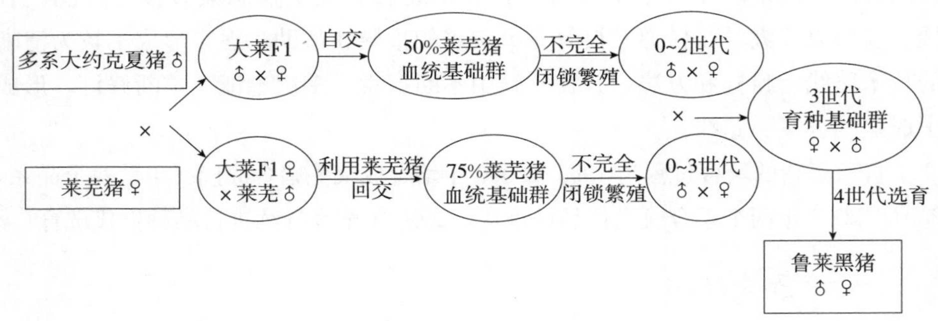

图7-1　鲁莱黑猪培育技术路线

三、培育目标

1. 第一阶段　1995—2000年，利用莱芜猪导入国外大约克夏猪（多系）血，定向培育成生产优质肉猪的专门化品系——莱芜猪合成系（Ⅰ系、Ⅱ系）。达到的主要性能指标：初产母猪平均窝产仔数12头，平均窝产活仔数11头，60日龄育成10头、窝重110 kg；经产母猪平均窝产仔数14头，平均窝产活仔数12头，60日龄育成11头、窝重180.0 kg。同胞育肥猪达90 kg时，日增重 550g，料重比 3.4∶1，屠宰率 72%，平均背膘厚 2.5 cm，眼肌面积 28.0cm^2，瘦肉率 50.0%。产仔数变异系数 20%，日增重和瘦肉率变异系数分别 15%、12%。

2. 第二阶段 2001—2005 年，对莱芜猪合成系（Ⅰ系、Ⅱ系）进行合并形成一个选育群，并对群体进行定向品种培育。培育目标：繁殖母猪初产平均窝产仔数 12 头，经产平均窝产仔数 14 头，产活仔数 13 头以上，60 日龄育成 12 头、窝重 200kg；同胞育肥猪 25～90 kg，平均日增重 580g、料重比 3.3∶1、瘦肉率 52%、肌内脂肪 6%。

四、培育结果

（一）遗传性能趋于稳定，形成了稳定的品种遗传基础

1. 繁殖性能 经过品系和品种的选育培育，产仔数变异系数由基础群的 19.4%，到 2 世代的 18.7%下降至 6 世代的 11.9%；产活仔数变异系数由基础群的 28.4%，到 2 世代的 20.4%下降至 6 世代的 14.2%；遗传基础趋于稳定。鲁莱黑猪与莱芜猪、培育基础群的繁殖性能及变异系数对比结果见表 7-16。

表 7-16 鲁莱黑猪与莱芜猪、培育基础群的繁殖性能及变异系数对比结果

项目	初产母猪				经产母猪			
	产仔数	产活仔数	60 日龄育成头数	60 日龄窝重（kg）	产仔数	产活仔数	60 日龄育成头数	60 日龄窝重（kg）
鲁莱黑猪（$\overline{X}$）	12.20	11.30	10.53	136.46	14.60	13.30	12.60	205.23
比莱芜猪（%）	−0.4	3.2	2.6	12.5	−1.5	3.8	9.3	35.8
比基础群（%）	−0.6	2.7	5.8	13.4	−4.0	−3.6	−0.8	−4.9
变异系数（*C.V.*）	13.3	14.9	16.6	16.4	11.9	14.2	11.55	8.19
比莱芜猪（%）	−0.35	−0.58	−0.62	−0.75	−0.21	−0.32	−0.35	−0.20
比基础群（%）	−6.73	−18.21	−11.52	−13.43	−3.22	−20.14	−6.71	−4.23

2. 同胞育肥性能与肉质性状 鲁莱黑猪同胞育肥日增重达 598 g，料重比 3.25∶1，肌内脂肪含量 6.27%。鲁莱黑猪育肥性能与肉质性状遗传基础见表 7-17。

表 7-17 同胞育肥、肉质性状遗传基础与莱芜猪、鲁莱黑猪选育基础群比较

项目	日增重（g）	料重比	瘦肉率（%）	肌内脂肪含量（%）
鲁莱黑猪（$\overline{X}$）	598	3.25	53.2	6.27
比莱芜猪（%）	25.8	18.7	9.6	−38.6
比基础群（%）	5.8	6.3	1.7	2.5
变异系数（C.V.）	9.01	9.5	4.4	10.5
比莱芜猪（%）	0.33	0.47	0.26	0.27
比基础群（%）	1.45	3.23	2.23	1.20

3. 毛色遗传性状　鲁莱黑猪核心群选育培育过程中，前期杂色猪、花猪（个别地方有白毛）出现率在1%左右；后期杂色猪、花猪出现率在0.5%左右。鲁莱黑猪后代毛色分离情况见表7-18。

表 7-18 鲁莱黑猪后代毛色分离情况

项目		0世代（167头）	1世代（278头）	2世代（211头）	3世代（366头）	4世代（267头）	5世代（323头）	6世代（392头）
黑毛猪	头数	165	275	209	363	265	321	390
	所占比例（%）	98.8	98.92	99.05	99.12	99.25	99.38	99.49
非黑毛猪	头数	2	3	2	3	2	2	2
	所占比例（%）	1.2	1.08	0.95	0.82	0.75	0.62	0.51

（二）外貌特征

被毛黑色，多数个体有绒毛。育成期耳直立，成年耳根较软稍前伸下垂，中等偏大。头中等大小，额头有不典型的倒“八”字皱纹，嘴直中等大小。背腰平直，臀部较丰满，四肢健壮，肢蹄不卧。公猪头颈粗，前躯发达，睾丸发育良好，性欲旺盛，成年体重一般130～160kg，母猪头颈稍细、清秀，腹较大不垂，乳头排列均匀、整齐，乳头数7对以上，发育良好，成年体重一般120～155kg。鲁莱黑猪母猪见图7-2、公猪见图7-3。

图 7-2　鲁莱黑猪母猪

图 7-3　鲁莱黑猪公猪

（三）生产性能

1. 生长发育　经过基础群、0 世代、1～6 世代的选育，鲁莱黑猪的体重和体尺发育较基础群有了较大提高。鲁莱黑猪后备猪生长发育情况见表 7-19。

表 7-19　鲁莱黑猪后备猪生长发育情况

世代	性别	头数	2 月龄	4 月龄	6 月龄				8 月龄			
			体重（kg）	体重（kg）	体重（kg）	体高（cm）	体长（cm）	胸围（cm）	体重（kg）	体高（cm）	体长（cm）	胸围（cm）
基础群	♂	20	16.38±0.30	34.47±0.34	61.56±0.70	54.25±0.52	101.40±0.80	90.47±0.66	74.48±0.50	58.38±0.72	107.63±0.64	99.61±0.56
	♀	171	16.63±0.64	37.55±1.66	56.28±2.15	51.62±0.49	99.32±0.79	86.68±0.74	82.13±0.75	59.50±0.76	108.24±0.76	98.48±0.59
0 世代	♂	26	14.50±0.48	31.71±0.72	61.85±0.80	57.41±0.65	98.46±0.76	90.41±0.96	76.85±0.46	62.28±0.58	106.43±0.56	98.62±0.66
	♀	168	13.18±0.39	30.57±0.62	60.24±0.52	53.78±0.64	96.28±0.69	90.03±0.76	78.21±0.55	62.31±0.78	106.70±0.57	98.83±0.56
1 世代	♂	25	15.17±1.01	38.72±1.06	66.75±3.84	61.86±1.01	101.21±1.31	87.71±1.61	80.78±2.16	68.00±2.41	117.57±1.71	98.50±1.44
	♀	172	14.80±1.12	31.10±1.88	57.66±2.83	61.44±0.96	100.11±1.18	85.44±2.04	78.11±2.57	65.56±0.97	111.22±1.58	95.78±2.84
2 世代	♂	22	15.37±1.06	38.94±1.14	66.89±3.12	62.06±1.24	101.53±1.25	87.86±1.37	81.45±2.36	68.47±2.54	118.65±1.46	98.79±1.59
	♀	180	14.96±1.02	31.45±1.54	57.73±2.54	61.78±0.85	100.48±1.09	85.69±2.24	78.78±2.05	65.95±0.76	112.44±1.36	96.27±2.12

（续）

世代	性别	头数	2月龄	4月龄	6月龄				8月龄			
			体重（kg）	体重（kg）	体重（kg）	体高（cm）	体长（cm）	胸围（cm）	体重（kg）	体高（cm）	体长（cm）	胸围（cm）
3世代	♂	26	14.98±1.33	37.49±1.45	66.98±2.43	62.48±1.64	101.76±1.65	88.42±1.52	81.96±2.24	68.26±2.13	119.25±1.78	100.39±1.64
	♀	176	14.44±1.54	32.65±1.65	58.63±2.47	61.35±0.87	100.08±1.12	86.73±2.04	79.38±2.43	67.05±0.87	112.56±1.34	96.67±2.42
4世代	♂	23	15.39±1.06	38.99±1.87	67.96±2.42	62.56±1.64	102.13±1.13	88.97±1.27	82.93±2.39	68.78±2.45	119.75±1.17	102.76±1.47
	♀	181	15.01±1.02	33.65±1.34	59.33±2.26	62.78±0.95	100.78±1.24	85.77±2.87	80.76±2.56	66.25±1.76	113.23±1.44	99.88±2.44
5世代	♂	26	15.25±1.41	38.50±1.40	67.58±2.40	62.45±1.58	101.89±1.59	88.46±1.50	82.23±2.20	68.54±2.11	119.50±1.75	101.48±1.56
	♀	184	14.74±1.43	33.24±1.50	59.24±2.38	62.50±0.77	100.45±1.10	85.93±2.00	80.50±2.35	66.15±0.75	113.14±1.35	96.75±2.38
6世代	♂	24	15.50±1.00	39.11±1.20	68.24±1.87	62.76±1.50	102.33±1.14	89.03±1.25	82.25±2.12	68.75±1.96	119.85±1.08	102.54±1.27
	♀	183	15.10±0.98	33.80±1.25	60.23±1.97	63.05±0.55	103.15±0.94	85.80±1.52	81.34±1.97	66.20±0.54	113.35±1.44	99.56±1.89

2. 繁殖性能　鲁莱黑猪6世代经产产仔数14.60头，产活仔数13.30头，60日龄育成头数12.60头，60日龄育成窝重205.23kg。随着世代选育的进行，产仔数、产活仔数、60日龄育成头数、育成窝重的变异系数总体来看是逐步减小，遗传性能趋于稳定。鲁莱黑猪核心群各世代繁殖性能见表7-20。

表7-20　鲁莱黑猪核心群各世代繁殖性能

世代	产次	统计窝数	产仔数		产活仔数		60日龄育成头数		60日龄育成窝重（kg）	
			$\overline{X}$	C.V.	$\overline{X}$	C.V.	$\overline{X}$	C.V.	$\overline{X}$	C.V.
基础群	初产	163	12.28	20.1	11.00	33.1	9.95	28.2	120.25	29.8
	经产	144	15.21	19.4	13.81	28.4	12.70	18.2	216.00	12.4
0世代	初产	135	12.00	20.4	10.60	28.4	9.30	25.4	125.40	25.6
	经产	134	14.10	19.7	12.70	26.7	11.90	17.5	198.46	11.5
1世代	初产	142	12.20	20.1	11.10	24.1	10.20	23.4	130.70	26.4
	经产	130	14.37	19.2	12.83	23.5	11.93	16.1	198.79	12.1

（续）

世代	产次	统计窝数	产仔数		产活仔数		60日龄育成头数		60日龄育成窝重（kg）	
			$\overline{X}$	C.V.	$\overline{X}$	C.V.	$\overline{X}$	C.V.	$\overline{X}$	C.V.
2世代	初产	154	12.22	19.4	11.16	20.7	10.37	21.4	132.38	21.7
	经产	139	14.28	18.7	12.63	20.4	11.75	14.5	195.44	11.0
3世代	初产	172	12.02	17.9	11.06	18.7	10.27	17.4	131.34	18.9
	经产	146	14.42	16.7	12.95	18.2	12.32	14.2	199.36	9.7
4世代	初产	187	11.58	15.9	11.26	17.4	10.44	17.6	133.34	17.8
	经产	149	14.55	14.4	13.26	16.5	12.55	14.9	200.49	10.4
5世代	初产	178	11.84	13.8	11.10	16.4	10.35	17.5	132.45	17.6
	经产	156	14.35	12.4	13.05	15.7	12.40	12.4	199.64	9.7
6世代	初产	153	12.20	13.3	11.30	14.9	10.53	16.6	136.46	16.4
	经产	139	14.60	11.9	13.30	14.2	12.60	11.55	205.23	8.19

3. 育肥性能　鲁莱黑猪6世代同胞育肥全期25～100kg平均日增重598g、料重比3.25∶1、胴体瘦肉率53.2%（表7-21），血统之间差异不明显（$P>0.05$）。与基础群相比，日增重提高33g，每增重1kg少耗料0.22kg，瘦肉率提高0.9个百分点；与0世代相比，日增重提高44g，每增重1kg少耗料0.36kg，瘦肉率提高0.8个百分点。随着世代选育的进行，日增重、料重比、瘦肉率的变异系数在逐步减小，遗传性能趋于稳定。鲁莱黑猪同胞育肥屠宰测定结果见表7-21。

表7-21　鲁莱黑猪同胞育肥屠宰测定结果

世代	育肥					屠宰剥离								
	头数	日增重（g）		料重比		头数	屠宰率（%）		眼肌面积（cm²）		后腿比例（%）		瘦肉率（%）	
		$\overline{X}$	C.V.	$\overline{X}$	C.V.		$\overline{X}$	C.V.	$\overline{X}$	C.V.	$\overline{X}$	C.V.	$\overline{X}$	C.V.
基础群	24	565	10.8	3.47	12.8	12	72.98	14.5	25.13	15.1	26.0	15.2	52.3	12.4
0世代	24	554	10.2	3.61	11.7	12	70.85	13.3	25.04	13.3	26.8	13.1	52.4	10.5
1世代	23	580	10.7	3.35	11.8	12	72.89	14.4	28.64	12.9	29.2	13.4	52.7	10.8
2世代	26	586	10.4	3.29	11.2	12	73.22	12.2	28.93	13.4	29.6	11.2	52.9	9.4
3世代	22	588	10.3	3.31	10.5	12	73.32	11.1	28.96	10.4	29.5	10.8	52.4	6.9
4世代	23	595	9.8	3.27	9.9	12	73.65	10.2	29.45	9.4	29.8	9.4	53.2	5.4
5世代	21	590	9.5	3.30	9.6	12	73.26	9.9	29.25	8.9	29.8	8.7	52.6	4.8
6世代	24	598	9.01	3.25	9.5	12	73.55	9.8	29.50	8.7	29.9	8.4	53.2	4.4

4. 肉质品质　肉色评分3.0分（中国5分制评分标准），大理石纹评分3.5分（中国5分制评分标准），pH 6.1（屠宰后45～60min测定），肌内脂肪含量6.27%，系水力80%，氟烷敏感基因型猪发生率为0。鲁莱黑猪肉品品质见表7-22。

表7-22　鲁莱黑猪肉品品质

肉色	大理石纹	pH	肌内脂肪（%）	系水力（%）	氟烷敏感基因型猪发生率（%）
3.0分	3.5分	6.1	6.27	80	0

5. 经济杂交

（1）以鲁莱黑猪为母本与国外引进猪种的二元杂交配合力测定，测定5个组合，筛选的二元最优杂交组合“汉鲁莱”日增重642.32g，料重比3.26∶1，瘦肉率55.26%，肉质良好。见表7-23至表7-25。育肥性能综合评定（MI_1）排序为：①汉鲁莱②杜鲁莱③长鲁莱④大鲁莱。肉质综合评定（MI_2）排序为：①长鲁莱②汉鲁莱③大鲁莱④杜鲁莱。各性状综合评定：综合评定指数MI由育肥性能综合指数MI_1占75%和肉质评分MI_2占25%组成。鲁莱黑猪二元杂交猪育肥性能测定结果见表7-23，鲁莱黑猪二元杂交猪肉质测定结果见表7-24，各组合综合评定指数见表7-25。

表7-23　鲁莱黑猪二元杂交猪育肥性能测定结果

组合	头数	日增重（g）	料重比	屠宰率（%）	眼肌面积（cm^2）	后腿比例（%）	瘦肉率（%）	MI_1
汉鲁莱	42	642.32±15.77	3.26±0.01	73.97±0.96	35.20±0.96	30.75±1.06	55.26±1.00	49.93
杜鲁莱	40	638.31±16.32	3.27±0.002	74.79±0.88	34.66±3.10	30.31±0.40	54.30±1.71	49.38
长鲁莱	40	644.75±13.02	3.22±0.01	73.19±0.37	32.99±3.12	29.76±0.74	54.10±2.13	49.20
大鲁莱	46	605.24±19.87	3.29±0.10	72.69±0.52	34.31±1.41	29.17±0.81	53.54±1.72	47.39
鲁莱	48	565.45±29.76	3.31±0.03	72.98±0.74	28.89±1.39	28.74±0.25	53.11±1.89	42.44

表 7-24　鲁莱黑猪二元杂交猪肉质测定结果

组合	头数	CS（分）	MS（分）	pH	LW（%）	CM（%）	SF（N）	DM（%）	CF（%）	CP（%）	CA（%）	MI_2
大鲁莱	24	3.05±0.61	3.25±0.27	6.26±0.10	15.29±6.55	67.43±3.51	2.72±1.21	29.56±2.71	7.52±2.20	19.80±1.79	1.02±0.07	67.91
长鲁莱	24	3.00±0.71	2.75±0.35	6.00±0.00	11.63±3.48	64.80±0.09	4.29±0.27	26.02±0.54	4.38±2.00	21.39±0.10	1.06±0.20	77.94
汉鲁莱	24	2.75±0.35	3.00±0.00	6.10±0.14	8.27±0.56	65.61±2.83	2.67±0.09	26.94±1.27	5.47±1.42	19.47±3.05	0.97±0.04	75.93
杜鲁莱	24	2.63±0.25	3.25±0.50	6.18±0.29	14.11±7.24	69.33±6.71	2.94±0.56	34.48±2.82	4.86±2.62	17.80±2.16	0.89±0.12	64.32

注：CS 肉色评分，MS 大理石纹评分，pH 酸碱度，LW 失水率，CM 熟肉率，SF 剪切值，DM 干物质含量，CF 粗脂肪含量，CP 粗蛋白含量，CA 矿物质含量。MI_2为肉质综合评分，10 项理化指标按综合指数法计算得出，最高 100 分，最低 0 分。

表 7-25　各组合综合评定指数 *MI*

	大鲁莱	长鲁莱	汉鲁莱	杜鲁莱
MI	52.52	56.38	56.43	53.12

（2）以鲁莱黑猪为母本，国外瘦肉型猪为父本的三元杂交配合力测定，共 7 个组合，筛选的最优杂交组合“汉杜大鲁莱”，日增重 766g、料重比 2.91∶1、瘦肉率 61.92%，见表 7-26 至表 7-28。各组合育肥性能综合评分 MI_1排序为：①汉杜大鲁莱②杜皮大鲁莱 ③汉大鲁莱 ④长大大鲁莱 ⑤杜大鲁莱 ⑥长大鲁莱⑦大鲁莱，见表 7-26。各组合普遍具有肉色好，大理石纹评分高的特性，但由于某些组合失水率过高，故而评分较低。7 个组合肉质综合评分 MI_2排序为：①大鲁莱 ②汉大鲁莱 ③汉杜大鲁莱 ④杜皮大鲁莱 ⑤长大大鲁莱 ⑥杜大鲁莱⑦长大鲁莱，见表 7-27。综合评定指数 *MI* 由育肥性能综合指数 MI_1占 75%和肉质综合评分 MI_2占 25%组成。各组合综合评定指数见表 7-28。

表 7-26　鲁莱黑猪三元杂交猪育肥屠宰结果

组合	头数	日增重（g）	料重比	屠宰率（%）	眼肌面积（cm^2）	后腿比例（%）	瘦肉率（%）	MI_1
汉杜大鲁莱	28	765.93±23.56	2.91±0.14	75.85±0.50	47.80±1.46	32.88±1.01	61.92±1.70	53.34
杜皮大鲁莱	27	746.12±20.67	2.95±0.03	75.59±0.94	44.14±2.13	32.75±0.85	61.45±4.11	52.32

（续）

组合	头数	日增重（g）	料重比	屠宰率（%）	眼肌面积（cm^2）	后腿比例（%）	瘦肉率（%）	MI_1
长大大鲁莱	28	740.38±23.82	3.00±0.07	75.28±0.68	42.10±1.95	32.43±0.64	60.57±3.76	51.15
汉大鲁莱	27	737.79±21.58	3.02±0.03	77.70±0.39	43.91±2.37	32.33±0.49	59.99±0.91	51.40
杜大鲁莱	28	729.64±10.65	3.09±0.31	75.22±0.60	38.98±2.42	32.68±0.54	58.93±1.49	49.17
长大鲁莱	30	702.35±18.37	3.10±0.09	75.48±0.65	39.57±2.31	32.14±0.58	58.64±1.29	49.05
大鲁莱	30	610.12±28.30	3.29±0.05	75.38±1.48	28.47±2.86	28.81±0.86	53.13±0.74	42.06

表 7-27　肉质测定结果

组合	头数	pH	肉色（分）	大理石纹（分）	失水率（%）	熟肉率（%）	MI_2
汉杜大鲁莱	28	6.13	3.25	3.00	15.49	77.45	−7.64
杜皮大鲁莱	27	6.30	3.38	3.13	15.90	70.38	−8.75
长大大鲁莱	28	6.30	3.00	3.25	16.60	73.30	−12.71
汉大鲁莱	27	6.20	3.25	3.25	15.40	76.55	−5.90
杜大鲁莱	28	6.25	3.00	3.00	13.95	69.58	−23.08
长大鲁莱	30	6.60	3.13	3.13	14.92	72.88	−23.86
大鲁莱	30	6.04	3.34	2.75	7.45	65.27	−2.22

表 7-28　各组合综合评定指数 *MI*

	汉杜大鲁莱	杜皮大鲁莱	长大大鲁莱	汉大鲁莱	杜大鲁莱	长大鲁莱	大鲁莱
MI	38.10	37.05	35.19	37.08	31.11	30.82	30.99

（四）繁育推广情况

1. 种群繁育　1995 年开始培育至今，鲁莱黑猪在培育的过程中，边培育边繁育扩群，核心群、繁殖群不断扩大。1995—1997 年选育核心群 115 头，繁育基础群 145 头；2000 年选育核心群 136 头，繁育基础群 840 头；2003 年选育核心群 147 头，繁育基础群 930 头；2016 年选育核心群常年保持 200 头，繁育基础群保持 1 000 头，有 80%以上的个体超过育种指标［产仔数的育种指标（$u-x$）/s＝－0.687 5，产活仔数的育种指标（$u-x$）/s＝－0.687 8］，三代内无亲缘关系的家系 10 个。

2. 品种审定与推广　2005 年鲁莱黑猪通过国家畜禽品种审定委员会审定，2006 年获得国家畜禽新品种审定证书，被山东省列为“十一五”“十二五”期间主导推广品种。多年来，建立完善了由 1 个一级原种场，10 个二级扩繁场及 200 个规模繁育场（户）组成的塔形母本繁育体系，已累计推广种猪 12 万余头。随着现代生活水平不断提高，具有含莱芜猪特色风味的高档品牌猪肉产品越来越受到人们的喜爱，鲁莱黑猪作为高档猪肉生产的育种素材和生产用材料备受国内育种生产企业的青睐。广东温氏集团、河南雏鹰集团、山东得利斯集团等知名企业纷纷引进，进行种质资源的利用和高品质猪肉生产。鲁莱黑猪鉴定证书见图 7-4，商品猪群见图 7-5。

畜禽新品种（配套系）

证　书

（副本）

新品种（配套系）名称　　鲁莱黑猪

培育单位　　莱芜市畜牧办公室

该品种业经审定，根据国务院《种畜禽管理条例》，特发此证。

发证机关

图 7-4　鲁莱黑猪鉴定证书

图 7-5　鲁莱黑猪商品猪群

3. 今后的发展方向

（1）选育方向　依据生产利用目标，进行性能系选育。一是以母本为目的进行利用的，实行繁殖性状的目标选育；二是以生产高档猪肉为目的进行利用的，实行肉质性状的目标选育。以家系选择为主变为个体性状综合加权指数选择，加快选育进程和育种目标的实现，以拓宽利用途径，发挥更大价值。

（2）生产利用方向　一是以鲁莱黑猪为基础，与国外猪种进行高生产水平的优质肉猪杂交配套生产优质猪肉；二是充分发挥鲁莱黑猪肉质好的特点，研发生产高档特色猪肉，打造鲁莱黑猪特色猪肉品牌。

第三节　欧得莱猪配套系培育

一、培育的依据及背景

对于猪的育种研究发达国家以提高生长速度、瘦肉率和产肉性能为主要指标。美国、英国、荷兰等育种公司培育了四系、五系配套的迪卡、PIC、托佩克等著名的配套系，取得了显著的成绩，以配套系为主的瘦肉猪商品生产走在了世界的前列，商品猪日增重 800g 以上，料重比 2.8∶1，瘦肉率 65％以上，发挥了巨大的经济效益。这些国外配套系瘦肉产量提高了，但是肉质品质却明显下降，随着人们生活水平的提高和改善，优质安全猪肉将是人们追求的目标，安全、优质、高效是未来猪业生产的发展方向。

莱芜猪是我国优良地方猪种，具有繁殖力高、哺育力强、肉质细嫩香醇、杂交优势明显等特点。多年来，通过开展莱芜猪的保种选育工作，莱芜猪得到有效的保纯。尤其是“十五”期间山东省科技攻关计划“莱芜猪选育与合成系培育及产业化开发”项目历时五年的实施，取得了显著的成果。2000 年通过了省级鉴定验收，项目研究达到国内先进水平，莱芜猪的繁殖性能和肉质性状达到我国华北型地方猪种的领先水平。培育的莱芜猪合成系平均产仔 14 头以上，筛选的优秀杂交组合“汉杜大莱”日增重 766g，料重比 2.9∶1，瘦肉率 61.9％，肉质良好。

为进一步提高以莱芜猪为基础的瘦肉型商品猪的生产水平，在实施莱芜猪选育与合成系培育及产业化开发项目的基础上，通过开展专门化父系、母系的选育，杂优配套系商品猪筛选、性能测定等一系列试验研究，培育出高生产性能的商品猪配套系，以满足社会对优质、高产商品猪的需求。

二、培育的主要内容及目标

（一）配套系母系母本（Ⅰ系）的选育

Ⅰ系猪是在莱芜猪合成Ⅱ系选育的2世代基础上再进行2个世代的选育。突出以繁殖性状、肉质性状和适应性为选育重点，通过性能测定、基因检测标记、育种值估计与综合选择指数的应用等措施进行品系选育。

（二）配套系父本（Ⅱ系、Ⅲ系）的选育

Ⅱ系猪突出繁殖性状，兼顾生长育肥性状和肉质性状。因此，Ⅱ系猪被筛选的重点定位在丹系长白、加系长白、英系大约克、法系大约克这4个猪群的选择。Ⅲ系猪突出生长育肥性状和肉质性状，兼顾胴体性状（主要是瘦肉率）。因此，Ⅲ系猪被筛选的重点定位在美系杜洛克和台系杜洛克，并且在确定的基础上进行严格的性能测定和基因型检测，通过育种值估计与选择指数的应用和选种选配对各系不断进行选优选育。

（三）配套系商品猪的培育

进行两系配套（Ⅰ系♀×Ⅱ系♂）和三系配套［（Ⅰ系♀×Ⅱ系♂）♀×Ⅲ系♂］性能测定和基因型检测，利用综合指数选择培育配套系商品猪。

（四）预期目标

1. 配套系Ⅰ系　经产母猪产仔数14头，产活仔数12头，平均日增重580g，料重比3.4∶1，胴体瘦肉率52%以上，肉质优良，肌内脂肪含量4%以上，应激敏感基因型猪发生率为0。

2. 配套系Ⅱ系　经产母猪产仔数12头，产活仔数10头，日增重800g，料重比2.8∶1，瘦肉率63%以上。

3. 配套系Ⅲ系　日增重850g，料重比2.8∶1，瘦肉率65%以上。

4. 两系配套（Ⅰ系♀×Ⅱ系♂）　生产母本：经产母猪平均产活仔13头以上，年提供商品猪23头以上。三系配套［（Ⅰ系♀×Ⅱ系♂）×Ⅲ系♂］商品猪平均日增重800g，料重比3.0∶1，瘦肉率60%，肉质良好，肌内脂肪含量3.5%以上，应激敏感基因型猪发生率为0。

三、培育的方法

1. 配套系母系母本（Ⅰ系）的选育　以莱芜猪合成Ⅱ系为基础，应用常规育种技术与基因分子标记相结合建立辅助选择技术方案，主要通过表型选择实现高繁、优良肉质基因在核心群中的频率，进行应激敏感基因检测，确保肉质品质。

2. 配套系父本（Ⅱ系、Ⅲ系）的选育　选择组建杜洛克猪、长白猪、大约克夏猪各两个品系的选育猪群，进行品系选育。利用常规育种及基因标记、PCR 测定技术相结合，开展繁殖性能、育肥性能、肉质性状及氟烷敏感基因的测定研究，选择繁殖力强、瘦肉率高、肉质良好的配套系父本。

3. 配套系商品猪的培育　进行育肥、屠宰、肉质等性能性状的测定，筛选最佳配套系商品组合，达到预期计划目标。

四、培育的技术路线

以实现肉质与肉量同步提高的瘦肉猪平衡育种为目标，即在育种目标的性状选择上，既注重对生长速度、胴体瘦肉率等性状的选择，同时也注重对肉质性状（肉色、系水力、肌内脂肪等）的选择。为此，在实施中将常规育种技术与现代生物技术结合选育欧得莱猪。常规育种技术应用方面主要侧重家系选择、个体选择与后裔测定相结合，并采用育种值估计与选择指数法对种猪进行遗传评定与选择。现代生物技术运用方面主要是对种猪群的应激敏感基因（*Hal*）、脂肪酸结合蛋白基因（*FABP*）、雌激素受体基因（*ESR*）等的检测，并通过标记辅助选择（MAS）稳定和提高主要性能指标。具体做法：一是研究利用常规育种技术与现代生物技术，进行父系和母系猪的选育与制种；二是结合 *Hal* 基因、*FABP* 基因和 *ESR* 基因检测及肉质与繁殖性能测定，检测、筛选种猪；三是通过二系和三系杂交配合力测定培育配套系商品猪。具体技术路线见图 7-6 和图 7-7。

五、欧得莱猪配套系选育结果

（一）欧得莱猪配套系母系母本（Ⅰ系）选育

1. 生长发育性能　经过 4 个世代的选育，8 月龄后备公猪平均体重

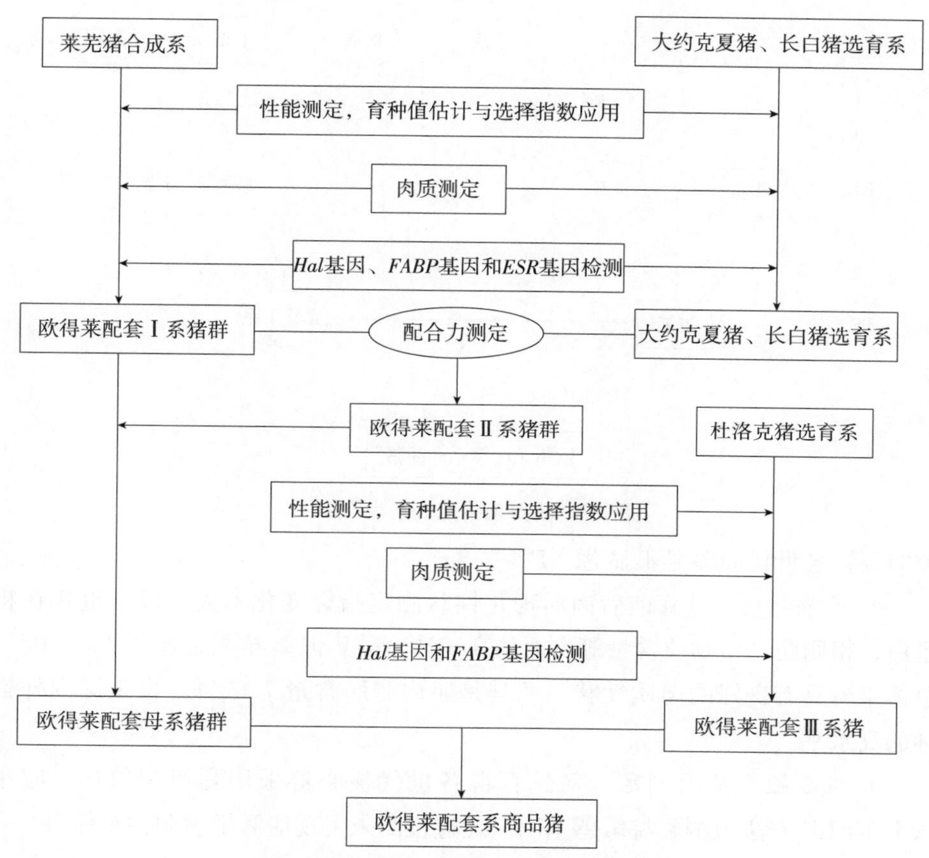

图 7-6　欧得莱猪配套系培育技术路线

82.93kg、体高 68.78cm、体长 119.75cm、胸围 102.76cm，比选育前提高了 1.8%、0.5%、－0.9%和 1.1%；后备母猪平均体重 80.76kg、体高 66.25cm、体长 113.23cm、胸围 99.88cm，提高 2.5%、0.45%、0.7%和 3.7%。但差异不显著（$P>0.05$），说明各世代后备猪生长发育趋于稳定。

2. 繁殖性能　随着世代选育的进展，繁殖性能有所提高，4 世代经产产仔数 14.55 头，产活仔 13.06 头，60 日龄育成 12.10 头，60 日龄育成个体重 16.57kg，分别提高 0.27 头、0.63 头、0.35 头、3.87kg，差异不显著（$P>0.05$）。

3. 同胞育肥性能　4 世代同胞育肥平均日增重 595g，料重比 3.27∶1，胴体瘦肉率 53.28%。日增重提高 9g，每增重 1kg 少耗料 0.02kg，瘦肉率提高

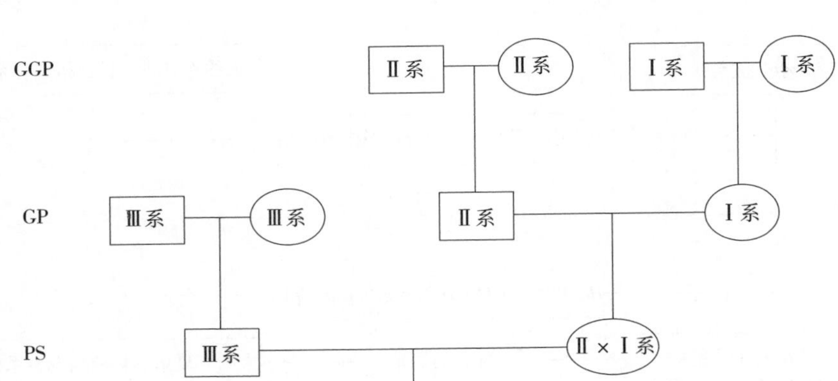

图 7-7 欧得莱猪配套系生产模式

0.34%；各世代间差异不显著（$P>0.05$）。

4. 肉质特性 选育前后肉质理化性状测定指标变化不大，以 4 世代在粗蛋白、粗脂肪、干物质含量等方面稍高于选育前，但差异不显著（$P>0.05$）。总体来看具有良好的肉质性状，尤其是肌内脂肪含量 7.52%，也是国内外猪种的高水平。

5. 氟烷敏感基因测定 对选育群各世代核心群采用耳组织取样，应用 PCR-RFLP 方法检测氟烷敏感基因。通过检测未发现应激敏感阳性个体。

（二）欧得莱猪配套系母系父本（Ⅱ系）的选育

通过对英系大约克（EYY）、法系大约克（FYY）、丹系长白（DLL）、加系长白（JLL）各品系进行性能测定，其繁殖性能比较结果如下：英系大约克、法系大约克、加系长白、丹系长白之间的总产仔数、产活仔数、初生窝重、21 日龄窝重、35 日龄断奶头数、断奶窝重均无显著差异（$P>0.05$）。但加系长白的繁殖性状好于其他品系，分别为总产仔数（11.67±0.27）头、产仔存活（10.40±0.24）头、初生窝重（14.50±0.18）kg、21 日龄窝重（65.35±2.53）kg、35 日断奶头数（9.92±0.19）头、断奶窝均重（75.30±2.65）kg。

生长育肥性能：英系大约克、法系大约克、加系长白、丹系长白之间的日增重、料重比均差异不显著（$P>0.05$），加系长白较好，分别为（812±13）g、（2.85±0.20）：1。胴体性状 4 个品系间差异不显著（$P>0.05$），加系长白较好，屠宰率（75.50±0.26）%，瘦肉率（64.59±0.95）%。

肉质特性：英系大约克、法系大约克、加系长白、丹系长白4个品系间差异不显著（$P>0.05$）。加系长白较好，肉色（2.68±0.36）分，pH（6.08±1.02），肌内脂肪（2.75±0.95）%。

综合评定根据各品系初生活仔数、断奶仔数、断奶窝重的遗传力，给予一定的经济权重，计算各品系的繁殖性能综合指数 MI_1（表 7-29），排序为：①英系大约克②加系长白③丹系长白④法系大约克。根据各品系日增重、饲料报酬、屠宰率、瘦肉率的遗传力，给予一定的经济权重，根据综合指数公式计算各组合的育肥性能综合指数 MI_2，见表 7-30。

表 7-29　各品系繁殖性能评定指数 MI_1

	EYY	FYY	DLL	JLL
MI_1	101.18	98.95	99.02	100.80

表 7-30　各品系生长育肥评定指数 MI_2

	EYY	FYY	DLL	JLL
MI_2	99.35	92.88	99.59	100.90

根据各品系肉色、大理石纹、pH、失水率等指标，给予一定的经济权重，根据综合指数公式计算各组合的肉质性能综合指数 MI_3，见表 7-31。

表 7-31　各组合肉质评定指数 MI_3

	EYY	FYY	DLL	JLL
MI_3	58.46	57.62	56.31	64.44

总综合评定指数 MI 由 MI_1 占 40%、MI_2 占 40%、MI_3 占 20%组成，结果见表 7-32。

表 7-32　各品系综合评定指数 MI

	EYY	FYY	DLL	JLL
MI	91.90	88.25	90.70	93.56

排序为：①加系长白②英系大约克③丹系长白④法系大约克。

应用 PCR 技术对各品系的氟烷敏感基因进行检测。从检测结果可以看出，

加系长白、丹系长白和法系大约克应激敏感基因型猪发生率均为0。

根据以上结果，选择加系长白猪选育群为欧得莱猪配套系母系父本，即Ⅱ系第一父本。

（三）欧得莱猪配套系父系（Ⅲ）的选育

1. 生长育肥性能　通过对美系杜洛克、台系杜洛克的生长育肥性能测定，二者之间的日增重、料重比差异不显著（$P>0.05$）。美系杜洛克较好，分别为（857±15）g和（2.78±0.21）：1。

2. 屠宰性状　眼肌面积、膘厚、后腿比例、瘦肉率二者之间差异均不显著（$P>0.05$）。美系杜洛克较好，分别为（37.12±1.10）cm^2、（1.90±0.16）cm、(33.09±0.83)%、(65.31±0.92)%。

3. 肉质性状　两者之间差异不显著（$P>0.05$）。美系较好，肉色（2.80±0.24）分、大理石纹（3.03±0.25）分、pH 6.05±0.09、失水率（12.5±2.63)%、肌肉嫩度（34.2±1.22）N、粗脂肪（3.16±0.57)%、粗蛋白(19.56±1.26)%。

综合评定指数MI由育肥性能综合指数MI_1占75%和肉质评分MI_2占25%组成，结果美系杜洛克MI评定为91.70，高于台系杜洛克的89.94。因此，选择美系杜洛克选育群为欧得莱配套系的终端父本，即Ⅲ系。

（四）欧得莱猪配套系配合力测定

以配套系Ⅰ系（以下简称Ⅰ系）与选择出的加系长白选育系（以下简称长$_1$）组合，测定其母本系的生产性能，作为终端母本Ⅱ系。

1. 繁殖性能　测定结果见表7-33。

表7-33　繁殖性能测定

组合	胎次	头数	产仔数	产活仔数	21日龄窝重(kg)	35日龄断奶头数	35日龄窝重(kg)
Ⅰ系	3	54	14.55±0.31	13.06±0.26	—	—	—
长$_1$	3	33	12.75±0.28	10.45±0.22	68.25±2.45	10.10±0.18	77.22±1.95
长$_1$×Ⅰ系	1	18	12.60±0.44	11.10±0.44	62.40±1.81	10.30±0.36	75.36±1.20

（续）

组合	胎次	头数	产仔数	产活仔数	21日龄窝重（kg）	35日龄断奶头数	35日龄窝重（kg）
	2	19	13.50±0.51	12.10±0.51	71.45±2.10	11.20±0.27	84.25±2.13
	3～5	50	14.40±0.35	13.10±0.35	75.40±1.17	12.63±0.29	91.31±1.56
杂种优势	—	—	0.054 9	0.114 4	—	—	—

通过进行氟烷敏感基因的检测，长$_1$×Ⅰ系基因型全为NN个体，全部为显性纯合子。

2. 生长育肥　测定结果见表7-34、表7-35。

表7-34　长$_1$×Ⅰ系杂交组合生长育肥日增重与料重比

杂交组合	头数	平均日增重（g）	料重比
Ⅰ系	24	595±13	3.29±0.06
长$_1$	36	812±13	2.78±0.20
长$_1$×Ⅰ系	40	701±32	3.03±0.43
杂种优势	—	−0.003 6	−0.001 6

表7-35　长$_1$×Ⅰ系杂交组合生长育肥屠宰测定与胴体性状

杂交组合	头数	屠宰率（%）	眼肌面积（cm^2）	后腿比例（%）	瘦肉率（%）
Ⅰ系	24	73.65±0.34	29.45±2.67	29.86±0.46	53.28±0.82
长$_1$	24	75.50±0.26	36.71±1.24	33.09±0.53	64.59±0.75
长$_1$×Ⅰ系	24	72.35±0.49	38.78±0.63	33.97±0.23	58.08±0.67
杂种优势	—	−0.029 8	0.172 3	0.079 3	−0.014 5

3. 肉质品质　测定结果见表7-36。

表7-36　长$_1$×Ⅰ系杂交组合肉质品质测定结果

组合	CS（分）	MS（分）	pH	LW（%）	CM（%）	SF（N）	DM（%）	CF（%）	CP（%）	CA（%）
Ⅰ系	3.05±0.61	3.25±0.27	6.26±0.10	15.29±6.55	67.43±3.51	2.72±1.21	29.56±2.71	7.52±2.20	19.80±1.79	1.02±0.07
长$_1$	2.68±0.36	2.19±0.34	6.08±1.02	34.39±1.58	61.63±2.63	3.17±0.65	27.69±1.63	2.75±095	23.59±0.55	1.10±0.13

（续）

组合	CS（分）	MS（分）	pH	LW（%）	CM（%）	SF（N）	DM（%）	CF（%）	CP（%）	CA（%）
长$_1$×Ⅰ系	3.00±0.71	3.15±0.27	6.20±0.00	11.63±3.48	64.80±0.09	4.29±0.27	26.02±0.54	4.38±2.00	21.39±0.10	1.06±0.20
杂种优势	0.064 6	0.194 9	0.004 9	−0.531 8	0.004 2	0.456 7	−0.091 0	−0.147 0	−0.014 1	0

注：CS肉色评分，MS大理石纹评分，pH酸碱度，LW失水率，CM熟肉率，SF剪切值，DM干物质含量，CF粗脂肪含量，CP粗蛋白含量，CA矿物质含量。

测定结果表明加系长白（长$_1$）与基础母本Ⅰ系杂交后代表现出了良好的繁殖性能及生长育肥性能，选用终端母本符合设计要求，能发挥较高的杂种优势。

六、欧得莱猪配套系配合力测定结果

测定出的终端母本长×Ⅰ系猪与选育的终端父本美系杜洛克（杜$_1$）和台系杜洛克（杜$_2$）杂交，测其配合力结果。

（一）育肥性能

育肥性能测定结果见表7-37。

表7-37　配合力育肥测定结果

组合	头/组	日增重（g）	料重比
母系	10/2	701±32	3.0±0.43
杜$_1$	10/2	857±15	2.7±0.21
杜$_1$×母系	10/2	816±23.56	2.9±0.14
杂种优势	—	0.047 4	−0.001 7
杜$_2$	—	806±21	2.8±0.32
杜$_2$×母系	10/2	782±20.67	3.0±0.03
杂种优势	—	0.037 8	0.041 1

试验组合杜$_1$×母系日增重（816±23.56）g，杜$_2$×母系日增重（782±20.67）g，二者差异不显著（$P>0.05$）。杜$_1$×母系料重比为（2.9±0.14）∶1，杜$_2$×母系料重比为（3.0±0.03）∶1，二者差异显著（$P<0.05$）。

（二）胴体性状

屠宰性能测定结果见表 7-38。

表 7-38 屠宰性能测定结果

组合	头数	屠宰率（%）	眼肌面积（cm^2）	后腿比例（%）	瘦肉率（%）
母系	10	72.30±0.49	32.10±1.95	23.97±0.23	58.08±0.67
杜$_1$	—	75.63±0.35	37.12±1.10	33.09±0.83	65.21±0.92
杜$_1$×母系	10	75.85±0.50	47.80±1.46	32.88±1.01	62.32±1.70
杂种优势	—	0.025 1	0.259 6	−0.019 4	0.0109 5
杜$_2$	—	74.57±0.46	36.83±3.44	29.56±0.91	65.28±1.23
杜$_2$×母系	10	74.50±0.94	43.14±2.13	31.25±0.85	60.45±2.11
杂种优势	—	0.015 4	0.141 1	−0.016 2	−0.019 9

屠宰率以杜$_1$×母系（75.85±0.50）%为最好；后腿比例以杜$_1$（33.09±0.83）%和杜$_1$×母系(32.88±1.01)%较好；眼肌面积以杜$_1$×母系（47.80±1.46）cm^2，瘦肉率以杜$_1$×母系(62.32±1.70)%较好；差异不显著($P>0.05$)。

（三）肉质测定

各组合肉质测定结果见表 7-39。

表 7-39 不同组合肉质测定结果

组合	CS（分）	MS（分）	pH	LW（%）	CM（%）	SF（N）	DM（%）	CF（%）	CP（%）	CA（%）
母系	3.00±0.71	3.15±0.27	6.20±0.00	11.63±3.48	64.80±0.09	4.29±0.27	26.02±0.54	4.38±2.00	21.39±0.10	1.06±0.20
杜$_1$	2.80±0.24	3.03±0.25	6.05±0.09	9.85±2.63	65.69±4.94	3.42±1.22	28.01±1.26	2.16±0.57	19.56±1.26	1.13±0.11
杜$_1$×母系	2.95±0.71	3.10±0.27	6.10±0.00	12.47±3.48	60.35±0.09	4.33±0.27	26.49±0.54	3.68±2.00	21.46±0.10	1.11±0.20
杂种优势	0.017 2	0.003 2	−0.004 1	0.160 0	−0.075 0	0.123 2	−0.019 4	−0.138 2	0.048 1	0.013 7
杜$_2$	2.75±0.27	2.73±0.35	6.00±0.10	12.89±1.53	63.91±2.48	3.55±0.57	26.56±1.22	2.29±0.73	17.29±1.57	1.08±0.11
杜$_2$×母系	2.85±0.35	3.05±0.50	6.05±0.14	13.12±0.56	60.21±2.83	2.78±0.09	26.38±1.27	3.49±1.42	19.89±3.05	0.96±0.04

（续）

组合	CS（分）	MS（分）	pH	LW（%）	CM（%）	SF（N）	DM（%）	CF（%）	CP（%）	CA（%）
杂种优势	−0.008 7	0.037 4	−0.008 2	0.070 2	−0.064 4	−0.290 8	0.003 4	−0.194 9	0.028 4	−0.102 8

注：CS肉色评分，MS大理石纹评分，pH酸碱度，LW失水率，CM熟肉率，SF剪切值，DM干物质含量，CF粗脂肪含量，CP粗蛋白含量，CA矿物质含量。

（四）综合评定

1. 生长育肥性状综合评定　根据各组合日增重、饲料报酬、屠宰率、瘦肉率的遗传力，给予一定的经济权重，计算各组合的育肥性能综合指数 MI_1，结果见表7-40。

$$育肥性能综合评分\ MI_1=\sum_{i=1}^{n}\frac{100W_ih_i^2P_i}{\overline{P}_i\sum\limits_{i=1}W_ih_i^2}$$

P_i 为某一性状表现值，$\overline{P}_i$ 为某一性状各组合平均值，W_i 为某一性状的权数，h_i^2 为某一性状的遗传力。日增重的 W_i、h_i^2 分别为0.30、0.38，饲料报酬的 W_i、h_i^2 分别为0.30、0.30，屠宰率的 W_i、h_i^2 分别为0.10、0.30，瘦肉率的 W_i、h_i^2 分别为0.30、0.46。

表7-40　各组合综合评定指数 MI_1

	杜$_1$×母系	杜$_2$×母系	母系
MI_1	102.68	101.17	96.15

2. 肉质测定综合评定

$$肉质综合评分\ MI_2=\sum_{i=1}^{n}\frac{100W_ih_i^2P_i}{\overline{P}_i\sum\limits_{i=1}W_ih_i^2}$$

P_i 为某一性状表现值，$\overline{P}_i$ 为某一性状各组合平均值，W_i 为某一状的加权数，h_i^2 为某一性状的遗传力。pH的 W_i、h_i^2 分别为0.27、0.23，肉色的 W_i、h_i^2 分别为0.30、0.20，大理石纹的 W_i、h_i^2 分别为0.20、0.20，失水率的 W_i、h_i^2 分别为0.30、0.22，熟肉率的 W_i、h_i^2 分别为0.30、0.15。各组合肉质评定见表7-41。

表 7-41 各组合肉质评定指数 MI_2

	杜$_1$×母系	杜$_2$×母系	母系
MI_2	58.45	57.01	62.36

3. 综合评定　综合评定指数 MI 由育肥性能综合指数 MI_1 占 75%和肉质评分 MI_2 占 25%组成。排序为：①杜$_1$×母系②杜$_2$×母系③母系。综合评定结果见表 7-42。

表 7-42 各组合综合评定指数 MI

	杜$_1$×母系	杜$_2$×母系	母系
MI	91.62	90.13	87.70

七、繁育推广

欧得莱猪配套系的培育表现出了良好的生产性能，发挥出了总体的经济价值和效益，受到社会普遍认可和好评。2005 年，欧得莱猪配套系的培育通过山东省科技厅科技成果鉴定，见图 7-8。截至 2016 年年底累计推广欧得莱配套系母本 4.5 万头，出栏商品猪 76.5 万头。欧得莱猪群见图 7-9。

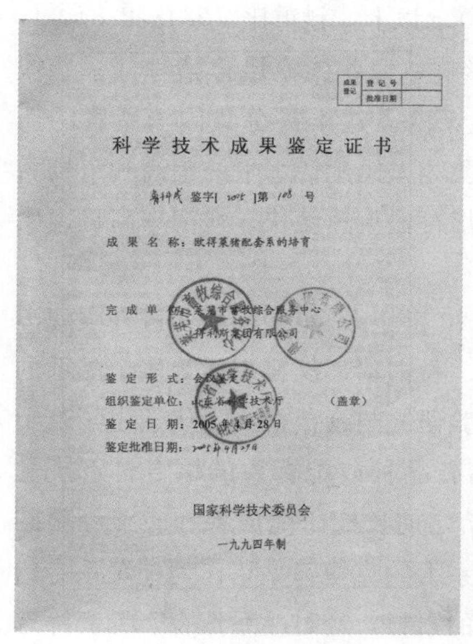

成果登记	登记号	
	批准日期	

科 学 技 术 成 果 鉴 定 证 书

鲁科成鉴字[2005]第108号

成果名称：欧得莱猪配套系的培育

完成单位：莱芜市畜牧综合服务中心
　　　　　得利斯集团有限公司

鉴定形式：会议鉴定

组织鉴定单位：山东省科学技术厅　　（盖章）

鉴定日期：2005年4月28日

鉴定批准日期：2005年4月29日

国家科学技术委员会

一九九四年制

图 7-8 欧得莱猪成果鉴定

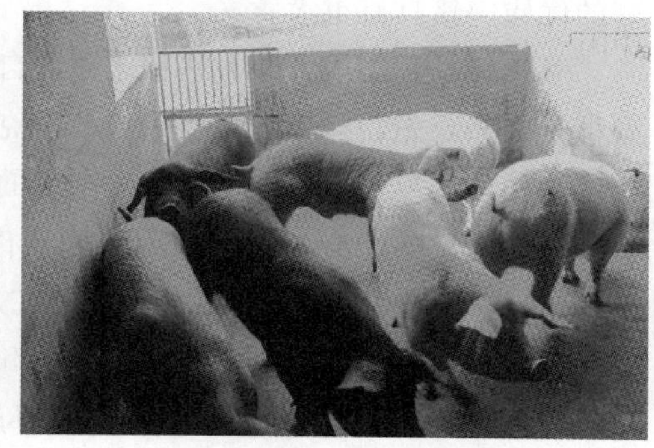

图 7-9 欧得莱猪群

第四节　鲁农Ⅰ号猪配套系培育

利用莱芜猪繁殖力高、抗逆性强、耐粗抗病、肌内脂肪含量丰富的特性和引进的瘦肉型猪生长速度快、产肉量高的双重遗传资源培育的鲁农Ⅰ号猪配套系，2007 年通过国家畜禽遗传资源委员会审定。获得新品种证书［(农 01) 新品种证字第 13 号］。该猪种培育是在山东省科技厅、财政厅持续十余年立项的山东省农业良种工程“优质肉猪配套系选育研究”课题支持下，由山东省农业科学院畜牧兽医研究所主持，莱芜市畜牧兽医局、山东农业大学参与共同完成的，是我国地方猪种质资源高效利用的典型范例。

一、培育的背景

半个多世纪以来，发达国家率领了瘦肉型猪育种的潮流，尤其致力于提高猪瘦肉产量的育种与生产技术研究。这一进程的前期以纯种（系）选育为主，后期逐步过渡到以选育配套系生产杂优猪为主，都取得显著成效。例如，丹麦利用经典的育种技术培育出世界著名的丹系长白猪；美国、英国、荷兰等育种公司也培育了四系、五系配套的迪卡、PIC、达兰猪等。这些纯种和配套系的商品猪经济指标都达到了很高的水平，日增重 800g 以上，料重比（2.4～2.8）∶1，瘦肉率 65％以上。由于某些性状负相关的影响，这些国家培育猪种（系）瘦肉产量提高了，但某些性状如肉质性状明显下降。这不符合我国消费者的需求，也不符合我国猪业发展前景目标。随着我国人民生活水平的提高和市场需求，在保持较高增重速度和瘦肉率的同时对培育增重速度快、瘦肉率高且肉质好的优质肉猪具有重大意义。

莱芜猪是我国优良地方猪种之一，自从 20 世纪 80 年代初期引进外国瘦肉型种猪以来，先后与大约克夏猪、杜洛克猪、长白猪、汉普夏猪等多个品系的瘦肉型种猪反复进行了正、反杂交利用的试验研究与示范推广，优选出了若干生产性能优良的杂交组合，为山东优质肉猪新品种或配套系的培育打下了基础。“鲁农Ⅰ号猪配套系的培育”就是在总结之前长期研究成果和实践经验的基础上，选择了以新引进的丹系杜洛克和法系大约克瘦肉型猪作为配套系专门化父系的育种素材，莱芜猪作为专门化母系的素材，经过品系选育、配套筛选培育而成。

二、育种素材的选择

1. 专门化母系育种素材　选择繁殖力高、肉品质优良、抗逆性强、易饲养、耐粗抗病的莱芜猪。通过对产仔数、育成率、胴体性状和肉品质分析，优选出6个血统150头母猪的育种群。

2. 专门化父系育种素材　选择山东省农业科学院畜牧兽医研究所试验猪场1998年从丹麦和法国引进生长速度快、产肉量高的杜洛克猪和大约克夏猪。为扩大血统，2002年又从烟台益生引进2个血统的美系杜洛克、3个血统的加系大约克；2003年从安徽合肥又引进5个血统的美系杜洛克。通过性能测定筛选组建了160头杜洛克母猪7个血统和260头大约克夏母猪9个血统的专门化父系基础育种群。

三、培育的总体目标和指标

充分利用莱芜猪和引进国外猪种优势资源，将常规育种与分子标记辅助选择育种相结合，加快选育进程，培育出既有山东地方特色又有自主产权的高产、抗逆、优质肉猪配套系，并集成创新快繁和饲养技术，建立繁育体系，实现优质安全猪肉的产业生产。性能指标如下：

（1）专门化母本　窝产活仔12头以上，240～270日龄育肥体重90～100kg，料重比（3.2～3.4）：1，瘦肉率50%～52%，肌内脂肪5%以上，无应激敏感基因。

（2）专门化父本　160日龄育肥体重100kg，料重比（2.4～2.8）：1，瘦肉率65%～68%，肌内脂肪2.0%以上，无应激敏感基因。

（3）配套系商品猪　165～175日龄育肥体重100kg，料重比（2.8～3.0）：1，瘦肉率55%～58%，肌内脂肪3.5%，肉色3.0分，大理石纹2.5分以上，pH 6.2以上。

四、技术路线与培育方法

（一）技术路线

利用我国优良地方品种资源莱芜猪培育配套系专门化母本品系，利用国外引进的瘦肉型猪（大约克夏猪、杜洛克猪）培育配套系专门化父本新品系。经过配合力测定优选第一父本和终端父本。三系配套生产优质商品猪。

第一步：三个专门化品系的选育。即莱芜猪专门化母本品系选育，大约克夏猪和杜洛克猪专门化父本新品系选育。

第二步：筛选与母系杂交的第一父系猪。参照20世纪80—90年代利用引进国外猪种与莱芜猪开展杂交组合试验研究结果，将选育的大约克夏猪和杜洛克猪分别与选育的莱芜猪专门化母本新品系进行配合力测定，根据杂交效果（主要是繁殖性能、肉品质）筛选第一父本。

第三步：筛选第二父系猪，即配套系中的终端父本猪。主要参照其生长速度、饲料报酬、瘦肉率和肉质品质性状选择。

大约克夏猪、杜洛克猪经世代选育→ZFY父系和ZFD父系

莱芜猪经杂交、回交、横交固定、世代选育→ZML母系

专门化父、母系猪配合力测定：ZFY♂×ZML♀→配套系母本猪

经三系配套组合筛选→鲁农Ⅰ号猪配套系，即：ZFY♂×ZML♀→F1♀，F1♀×ZFD♂。

（二）培育方法

采取常规继代选育为主、分子标记辅助选择相结合的育种方法。使用世界上普遍使用的BLUP育种软件、种猪性能自动测定设备等。采取不完全闭锁、性能选育为主的世代选育法。以同质选配为主、异质选配为辅，家系选择同家系内个体表型选择相结合，原则上实行家系等量留种，优秀家系及繁殖力突出的母猪后代多留，平庸家系适当少留。同时对上个世代涌现出来的各个主选性状突出的优秀个体，通过有计划的选配，选择其优秀后代进入继代群，加快培育进程。

1. 世代间隔　母系猪1.5～2年一个世代。从1产、2产仔猪中留种，后备猪2月龄、4月龄、6月龄进行选择，以6月龄为重点选择阶段，采用综合指数法进行选留。父系1～1.5年进行一个世代。每个家系保持母猪10～15头、公猪2头繁殖留种，进行世代更新。

2. 建立适度世代重叠的育种体制　允许少量的世代重叠和世代间交叉配种。世代重叠个体占核心群猪数的15%～20%。

3. 在选育过程中，应用PCR技术对专门化父系大约克夏猪、杜洛克猪核心群进行影响肉质的HALn检测，并根据检测结果及时淘汰氟烷敏感基因阳

性个体及杂合体，净化育种核心群。

鲁农Ⅰ号猪配套系世代选育方法见图 7-10。

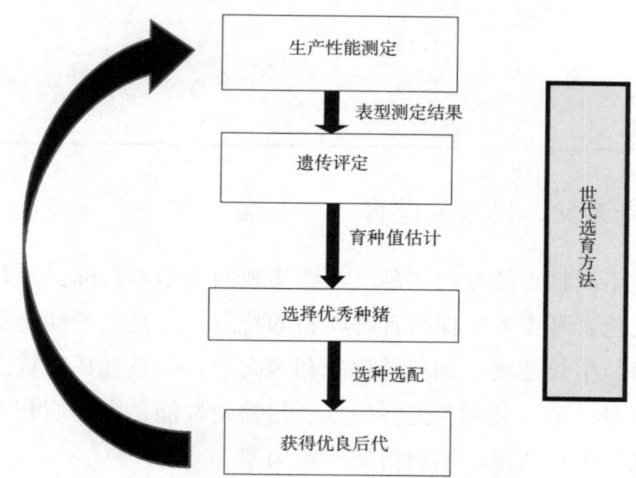

图 7-10　鲁农Ⅰ号猪配套系世代选育方法

（三）选择的主要性状

1. 父系猪选择性状　总产仔数、产活仔数、断奶重与成活率，70 日龄体重、达 100kg 的日龄、膘厚、饲料报酬、瘦肉率、后腿比例、肉品质。

2. 母系猪选择性状　总产仔数、产活仔数、21 日龄窝重、断奶重、断奶成活率，达 90kg 时的饲料报酬、瘦肉率、肉品质。各性状的加权系数见表 7-43。

表 7-43　各性状的加权系数

项目	W		H^2
	父系	母系	
日增重	0.3	0.18	0.38
料重比	0.3	0.2	0.30
瘦肉率	0.3	0.2	0.31
肌内脂肪	0.08	0.4	0.4
肉色	0.1	0.1	0.3
大理石纹	0.1	0.1	0.2
pH	0.06	0.06	0.27

（续）

项目	W		H^2
	父系	母系	
失水率	−0.14	−0.14	0.30
剪切力	−0.08	−0.08	0.23
产活仔数	0.3	0.3	0.12

五、配套系父、母系的选育

培育具有不同特点的专门化品系，要实现两个基本目标：一是体型外貌特征等性状（毛色、耳型等）保持育种材料的特点；二是生产性能各具特色。父系选择的重点是生长速度、饲料转化率和瘦肉率，母系选择的重点是繁殖性状和肌内脂肪含量；第一父本系选择的重点是繁殖性能、肉品质和生长性能，第二父本系重点是生长速度、饲料报酬和瘦肉率。

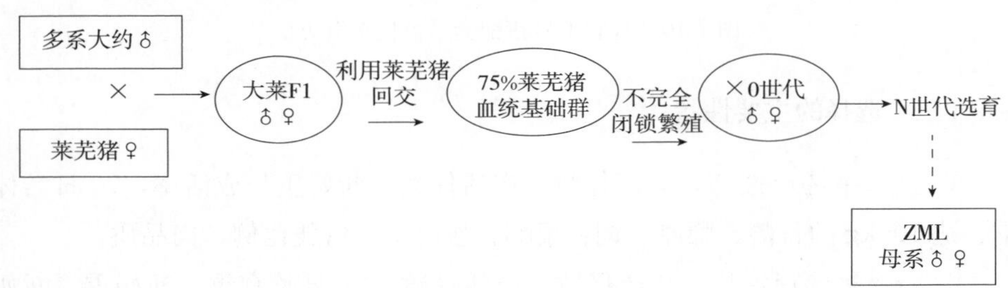

图 7-11　鲁农Ⅰ号猪配套系母系的选育

（一）母系的选育

1. 专门化母系培育　技术路线见图 7-11。配套系母系猪是由莱芜猪和大约克夏猪杂交、挑选 F1 代优秀个体再用莱芜猪回交，选留性能优秀、被毛全黑色的个体组成育种基础群，经过 4 个以上世代选育而成。

2. 选择阶段与方法

（1）2 月龄阶段　根据系谱档案，家系亲代繁殖性能等进行家系选择，然后进行个体选择。要求体型外貌符合品系特征，无明显遗传缺陷，每窝选留 2 公 3 母进入后备猪选育。

（2）4 月龄阶段　实行个体表型选择，淘汰个别增重速度慢，生长发育差，外貌特征不良或出现遗传疾患的个体。

（3）6 月龄阶段　实行综合指数法选择，以个体本身成绩为依据，结合同胞成绩、亲代的资料制订后备猪的综合选择指数进行选留。留种比例母猪为 75%，公猪为 40%。

（4）8 月龄选择（初配时）　依据同 6 月龄，同时根据生殖器官的外部发育、发情表现、乳头形状排列等情况选定。选留后备公猪 12～24 头、母猪 150 头左右组成新的选育核心群进行下一世代制种。世代选育群繁殖一胎后转入生产群，根据其本身生长发育、头胎配种、产仔成绩及仔猪生长发育等进行选择，并做好繁殖记录为选育群积累经产猪的繁育资料。

3. 选择结果

（1）体型外貌　被毛黑色，头颈长直，耳偏大，背腰平直。臀部较丰满。四肢健壮，肢蹄不卧。公猪前躯发达，睾丸对称，大小适中。母猪腹较大不垂，乳头 7～9 对，发育良好，成年体重一般 110～150kg。

（2）繁殖性能　产仔总数、产活仔数、断奶头数、断奶窝重属低遗传力性状，杂交优势明显。大莱杂种 1 代基础群母猪经产产仔总数 15.18 头，产活仔 13.67 头，45 日龄断奶头数 12.95 头，断奶窝重 95.36kg，比莱芜猪有较大幅度提高（$P<0.01$）。用莱芜猪回交后的选育群繁殖成绩不及基础群，随着世代选育的进展，繁殖性能有所提高。母系猪核心群各世代繁殖性能测定结果见表 7-44。

表 7-44　母系猪核心群各世代繁殖性能测定结果

世代	产次	统计窝数	产仔数	产活仔数	45 日龄断奶头数	45 日龄断奶窝重（kg）
大莱 F1	初产	63	12.16±0.35	10.91±0.45	10.10±0.41	75.32±8.73
	经产	44	15.18±0.34	13.67±0.42	12.95±0.32	95.36±6.38
0 世代	初产	31	10.96±0.47	9.46±0.48	8.75±0.38	68.26±4.29
	经产	78	14.08±0.41	12.70±0.43	11.82±0.39	90.25±4.14
1 世代	初产	35	11.05±0.33	10.05±0.41	9.75±0.32	75.46±4.95
	经产	69	14.25±0.40	12.96±0.38	12.24±0.28	98.4.3±4.75
2 世代	初产	38	11.36±0.29	10.95±0.29	10.03±0.27	86.78±3.58
	经产	57	14.55±0.26	13.26±0.26	12.55±0.23	103.55±5.26
3 世代	初产	26	12.02±0.22	11.18±0.23	10.46±0.21	88.89±4.15
	经产	52	14.54±0.24	13.22±0.2	12.53±0.21	104.64±4.89
4 世代	初产	31	12.11±0.20	11.12±0.22	10.47±0.23	88.91±4.24
	经产	48	14.57±0.25	13.23±0.24	12.55±0.23	105.45±5.20

(3) 生长发育性能　选育群公母猪体重、体尺世代间、性别间差异均不明显（$P>0.05$），但比莱芜猪有较大幅度的提高（$P<0.05$）。随着世代选育的进展，各世代体重、体尺呈递增趋势，但增幅很小，已趋向于较为稳定的水平。母系猪后备猪生长发育情况见表 7-45。

表 7-45　母系猪后备猪生长发育情况

世代	性别	6月龄					8月龄				
		头数	体重（kg）	体高（cm）	体长（cm）	胸围（cm）	头数	体重（kg）	体高（cm）	体长（cm）	胸围（cm）
大莱 F1	♂	60	60.56±2.70	53.15±3.52	100.54±3.80	91.57±3.66	46	81.08±2.72	55.31±3.60	105.13±4.11	92.16±3.87
	♀	150	58.38±4.15	50.12±3.49	98.32±3.97	85.35±3.74	143	85.53±4.95	56.14±4.48	105.32±3.63	99.58±3.83
0 世代	♂	60	57.25±3.61	52.76±4.18	95.84±1.89	86.43±2.74	56	74.35±1.89	57.45±3.83	105.25±2.61	89.39±2.74
	♀	148	55.27±2.91	50.83±2.94	95.36±1.63	83.47±1.69	138	78.43±2.17	56.95±2.10	106.74±2.11	97.23±3.80
1 世代	♂	80	58.16±1.94	53.28±2.56	96.76±1.84	86.95±3.31	70	74.89±2.90	58.43±0.90	106.38±3.81	90.87±1.21
	♀	154	57.45±3.18	51.26±2.51	96.21±3.34	84.55±1.92	140	79.55±4.83	58.26±0.94	107.44±2.90	96.93±0.70
2 世代	♂	86	59.72±1.99	54.67±2.47	97.35±1.58	87.64±1.46	77	75.62±1.43	58.85±2.14	107.64±1.31	91.74±2.01
	♀	152	58.95±2.54	51.53±1.37	96.23±1.46	85.27±0.52	143	80.33±2.41	57.45±0.63	108.92±0.55	98.13±1.52
3 世代	♂	84	60.43±0.75	54.81±1.11	96.85±1.34	87.93±1.24	75	76.73±1.29	58.35±1.33	106.12±0.97	90.47±1.01
	♀	162	59.47±1.05	54.04±0.33	97.17±0.71	85.73±0.40	142	81.27±1.49	58.14±1.47	109.43±0.50	98.34±0.90
4 世代	♂	91	60.42±0.72	54.82±0.98	96.78±1.54	89.90±1.13	84	76.75±1.28	58.36±1.41	106.10±1.56	90.51±1.64
	♀	168	59.57±0.99	53.54±0.87	96.92±1.01	85.61±0.89	151	81.24±1.54	58.11±1.46	108.90±1.65	98.21±1.32

(4) 育肥性能　选育群育肥性能选育至 4 世代不及大莱 F1（$P<0.05$）。但与 0 世代基础群比较有所提高（$P<0.05$），与莱芜猪比较有较大幅度的提高（$P<0.01$）。随着时代选育的进展，各项性能指标都有不同程度提高。母系猪同胞育肥性能屠宰测定结果见表 7-46。

表 7-46 母系猪同胞育肥性能屠宰测定结果

世代	头数	育肥性能			屠宰性能		
		日增重（g）	料重比	屠宰率（%）	眼肌面积（m^2）	后腿比例（%）	瘦肉率（%）
大莱 F1	30	579	3.37	73.49	25.59	29.56	53.09
0 世代	28	473	3.49	72.68	22.70	28.19	47.41
1 世代	36	485	3.44	72.90	23.23	28.26	48.95
2 世代	32	500	3.37	73.27	23.36	28.56	49.33
3 世代	34	513	3.30	73.62	23.95	29.18	50.03
4 世代	36	522	3.36	72.86	23.86	29.04	51.01

（5）肉品质 山东农业大学一直跟踪进行品系选育世代猪群商品猪的肉品质测定。大莱二元杂交商品猪 40 头和 4 世代母系猪 36 头肉质品质测定结果见表 7-47 至表 7-50。

表 7-47 二元杂交猪和母系猪物理性状

品种	肉色（分）	大理石纹（分）	pH	失水率（%）	渗水率（%）	熟肉率（%）
ZML 系	3.06±0.48	3.62±0.42	6.60±0.24	8.57±3.15	0.56±0.21	71.64±4.52
二元杂交猪	3.22±0.23	3.09±0.58	6.42±0.24	9.49±3.36	0.88±0.58	65.78±9.14
ZML 系比杂交猪	−0.16	+0.53**	+0.18*	−0.92**	−0.32*	+5.68*

注：* 表示差异显著（$P<0.05$），**表示差异极显著（$P<0.01$）。

表 7-48 二元杂交猪和母系猪肌肉的化学性状

品种	水分（%）	干物质（%）	粗蛋白（%）	粗脂肪（%）	灰分（%）
ZML 系	62.63±9.36	37.37±9.81	15.98±2.94	11.41±7.87	0.86±0.19
二元杂交猪	73.17±3.13	26.83±2.64	20.12±1.10	6.08±3.75	1.04±0.09
ZML 系比杂交猪	−10.54*	10.54*	−4.14*	5.83**	−0.18

注：* 表示差异显著（$P<0.05$），**表示差异极显著（$P<0.01$）。

表 7-49 二元杂交猪和母系猪肌肉的组织性状

品种	肌纤维直径（μm）	肌纤维密度（根/mm^2）	3 种组织面积比（%）		
			肌纤维	脂肪	结缔组织
ZML 系	54.31±7.50	224.72±36.62	81.31±6.91	11.74±4.29	6.95±2.69
二元杂交猪	53.78±6.91	238.93±48.48	78.35±2.33	8.70±1.87	13.45±3.86

(续)

品种	肌纤维直径（μm）	肌纤维密度（根/mm²）	3种组织面积比（%）		
			肌纤维	脂肪	结缔组织
ZML系比杂交猪	0.53	−14.21*	2.96	3.04	−6.51**

注：* 表示差异显著（$P<0.05$），**表示差异极显著（$P<0.01$）。

表 7-50　母系猪不同体重、部位肌肉胶原蛋白含量及性质

区　分		总胶原蛋白（mg/g）	可溶性胶原蛋白（mg/g）	不溶性胶原蛋白（mg/g）
体重	80kg	2.65 ± 1.68^{b}	0.41 ± 0.23^{b}	2.24 ± 1.56^{b}
	90	3.63 ± 1.63^{a}	0.57 ± 0.38^{a}	3.06 ± 1.34^{a}
部位	背最长肌	3.88 ± 1.33^{ab}	0.61 ± 0.39^{ab}	3.27 ± 1.20^{ab}
	股二头肌	4.46 ± 1.69^{a}	0.78 ± 0.34^{a}	3.68 ± 1.57^{a}
	腰大肌	1.27 ± 0.71^{c}	0.17 ± 0.07^{c}	1.10 ± 0.69^{c}
	半腱肌	2.71 ± 1.12^{b}	0.37 ± 0.14^{b}	2.34 ± 1.05^{b}
	半膜肌	3.37 ± 1.51^{b}	0.53 ± 0.14^{b}	2.85 ± 1.45^{ab}

注：表中数值以平均数±标准差表示，同一行平均数后的不同小写字母表示差异显著（$P<0.05$）。

（6）选育的母系猪见图 7-12。

图 7-12　ZML 母系猪

（二）父系猪的选育

以国外引进的大约克夏猪和杜洛克猪为育种素材，培育生长快、瘦肉率高、无应激敏感基因的配套系专门化父系大约克夏猪（以下简称 ZFY 系，）和专门化父系杜洛克猪（以下简称 ZFD 系）。选育目标：保留其生长速度快和瘦肉率高的特性，提高肉品质和剔除应激敏感基因。

1. 技术路线与选择方法

（1）技术路线　选择大约克夏猪和杜洛克猪各 6～8 个血统、100 头左右的个体通过性能测定后遴选组建核心育种群，进入继代选育。每个世代保持血统平衡配种，每个血统的公猪配 10～15 头母猪。每个世代均开展性能测定、遗传评估等进行选种选配。选育至 4 个以上世代，达到育种目标且性能稳定后，开展配合力测定。

（2）选择方法　采用常规继代选育和分子标记辅助选择相结合的育种方法。利用育种软件和计算机技术，对各世代种猪体重达 100kg 的日龄和活体背膘厚度估计育种值，计算选择指数。同时结合繁殖性能指标、分子标记检测氟烷敏感基因的结果、兼顾体型外貌评分选种留种。

选择指数 $I=100-4.21\times(dayEBV-\text{均值})-14.1\times(BFEBV-\text{均值})$

式中，$dayEBV$ 表示达 100kg 猪日龄估计育种值，$BFEBV$ 表示 100kg 猪背膘厚估计育种值。

1998—2001 年，以现场性能测定的各项记录进行统计分析，结合外貌特征的评分，按照各个性状不同加权值进行综合指数计算，评定成绩。

2002—2006 年，参加了全国种猪遗传评估项目，采用最佳线性无偏预测法（BLUP）和计算机系统以及 PCR-RFLP 分子遗传检测技术等进行数据选择，加快了遗传进展。引进美国全自动性能测定设备，提高了种猪性能测定的准确性。同步配备了环境监控系统，对猪舍温度、湿度和氨气含量进行 24h 监控。

（3）选择阶段　70 日龄和体重达 100kg 两个阶段选择。

①70 日龄选择。主要根据系谱档案，家系亲代繁殖性能等进行家系选择，然后进行个体选择。要求体型外貌符合品系特征，无遗传缺陷，每窝选留 2 公 3 母，进入生长性能测定。

②100kg 阶段选择。着重实行个体选择，将性能测定结果与体型外貌评分结合，同时根据生殖器官的外部发育、发情表现、有效乳头数及形状排列等进行综合评定。在选留优秀个体的同时，也平衡家系留存。

2. 第一父系大约克夏猪（ZFY）的选育结果

①ZFY 系猪选育核心群各世代繁殖性能测定结果见表 7-51。

表 7-51　ZFY 系猪核心群各世代繁殖性能测定结果

世代	产次	统计窝数	产仔数		产活仔数		21 日龄窝重（kg）		28 日龄育成头数	
			$\overline{X}$	C.V.	$\overline{X}$	C.V.	$\overline{X}$	C.V.	$\overline{X}$	C.V.
基础群	初产	27	10.93	20.92	9.89	23.35	32.70	22.29	8.90	21.49
	经产	37	11.92	22.28	10.03	30.06	29.00	21.15	9.12	19.20
0 世代	初产	24	10.50	22.96	9.46	28.37	33.64	19.31	8.60	20.12
	经产	50	11.50	26.22	9.90	24.71	32.09	13.46	9.01	18.92
1 世代	初产	35	10.26	21.72	9.29	26.84	33.94	19.44	8.27	16.64
	经产	35	11.29	18.95	9.46	17.87	35.04	12.37	8.70	17.71
2 世代	初产	61	10.11	14.16	9.15	21.43	34.95	19.71	8.24	13.42
	经产	83	11.86	12.06	9.63	19.49	36.96	12.60	8.86	10.51
3 世代	初产	47	10.66	12.58	9.70	13.67	37.41	20.15	8.73	17.96
	经产	102	11.68	16.76	9.97	17.37	38.36	14.46	9.07	16.19
4 世代	初产	14	11.14	11.66	9.71	14.18	37.12	11.49	8.74	15.63
	经产	78	11.81	12.82	10.14	12.27	39.34	12.20	9.30	13.54

②ZFY 系猪同胞育肥性能屠宰测定结果见表 7-52。

表 7-52　ZFY 系猪同胞育肥性能屠宰测定结果

世代	育肥性能					屠宰性能								
	头数	日增重（g）		料重比		头数	屠宰率（%）		眼肌面积（cm²）		后腿比例（%）		瘦肉率（%）	
		$\overline{X}$	C.V.	$\overline{X}$	C.V.		$\overline{X}$	C.V.	$\overline{X}$	C.V.	$\overline{X}$	C.V.	$\overline{X}$	C.V.
基础群	24	778	13.80	2.87	14.58	12	72.98	8.54	35.13	16.12	33.00	13.26	64.30	13.40
0 世代	43	786	15.09	2.81	11.13	12	70.85	6.45	40.04	13.30	32.80	13.17	63.40	9.59
1 世代	40	805	12.89	2.75	11.64	6	74.40	2.34	46.73	12.26	34.93	8.78	69.58	5.79
2 世代	35	828	14.70	3.01	15.85	4	74.87	3.30	40.89	20.84	30.67	4.14	67.93	3.75
3 世代	32	803	12.37	2.70	2.22	4	73.98	2.49	41.92	2.34	32.68	5.05	68.87	2.48
4 世代	40	817	13.45	2.69	9.67	4	71.25	1.24	36.34	1.38	33.21	5.51	66.03	11.91
5 世代	47	842	11.35	2.58	7.05	4	73.89	1.29	39.84	11.52	33.74	4.43	66.15	3.84

3. ZFD 终端父系猪的培育结果

①ZFD 系猪选育核心群各世代繁殖性能测定结果见表 7-53。

表 7-53 ZFD 系猪核心群各世代繁殖性能测定结果

世代	产次	统计窝数	产仔数		产活仔数		21 日龄窝重（kg）		28 日龄育成头数	
			$\overline{X}$	$C.V.$	$\overline{X}$	$C.V.$	$\overline{X}$	$C.V.$	$\overline{X}$	$C.V.$
基础群	初产	42	9.95	12.94	9.10	19.80	32.70	29.29	7.74	22.41
	经产	36	9.94	18.98	9.08	19.31	29.00	26.15	7.72	23.29
0 世代	初产	26	10.62	19.82	9.50	17.11	33.64	25.31	8.17	20.43
	经产	65	10.25	19.82	9.92	16.58	32.09	17.46	8.43	20.94
1 世代	初产	30	9.77	20.77	8.67	18.54	28.94	25.44	7.37	19.68
	经产	52	10.87	13.77	9.12	18.67	30.04	27.37	7.66	18.71
2 世代	初产	38	10.17	18.76	9.08	16.06	32.95	19.71	7.72	19.42
	经产	52	10.76	15.37	9.42	20.00	34.96	19.60	8.01	16.51
3 世代	初产	33	10.82	16.9	9.48	16.89	33.41	16.15	8.15	15.96
	经产	80	10.49	16.01	9.25	16.36	35.36	16.46	8.14	14.19
4 世代	初产	22	10.48	12.22	9.85	13.12	33.12	15.49	8.67	16.63
	经产	81	10.85	14.39	9.89	10.14	36.38	17.20	8.80	13.54

②ZFD 系猪同胞育肥性能屠宰测定结果见表 7-54。

表 7-54 ZFD 系猪同胞育肥性能屠宰测定结果

世代	育肥性能					屠宰性能								
	头数	日增重（g）		料重比		头数	屠宰率（%）		眼肌面积(cm²)		后腿比例(%)		瘦肉率（%）	
		$\overline{X}$	$C.V.$	$\overline{X}$	$C.V.$		$\overline{X}$	$C.V.$	$\overline{X}$	$C.V.$	$\overline{X}$	$C.V.$	$\overline{X}$	$C.V.$
基础群	24	765	10.80	2.93	12.8	12	72.98	10.50	39.13	15.10	32.00	15.20	66.30	12.40
0 世代	43	746	17.02	2.86	11.7	12	73.85	8.30	40.04	13.30	34.80	13.10	67.40	10.50
1 世代	40	791	10.24	2.75	11.64	6	74.40	9.34	46.73	12.26	34.90	2.78	69.58	5.29
2 世代	30	816	14.09	2.98	11.41	10	73.03	1.53	45.76	15.21	34.70	6.99	68.32	4.24
3 世代	58	813.	14.58	2.90	7.24	4	73.98	2.49	41.92	2.34	32.60	5.05	69.87	2.48
4 世代	32	843	9.43	2.74	1.75	4	72.54	0.80	45.71	15.51	33.30	1.29	66.07	1.94
5 世代	45	831	8.06	2.55	6.36	5	73.95	1.30	46.72	11.16	33.00	5.57	69.50	2.85

4. ZFY 系猪和 ZFD 系猪氟烷敏感基因测定

（1）ZFD 系氟烷敏感基因测定具体结果见表 7-55。

表 7-55　ZFD 系猪氟烷敏感基因测定结果

世代	头数	基因型个体			基因型频率			基因频率	
		NN	Nn	nn	NN	Nn	nn	*N*	*n*
2 世代	16 公	13	3	0	0.812 5	0.187 5	0	0.906 3	0.093 7
	47 母	37	10	0	0.787 2	0.212 8	0	0.893 6	0.106 4
4 世代	13 公	12	1	0	0.923 1	0.076 9	0	0.961 5	0.038 5
	20 母	19	1	0	0.950 0	0.050 0	0	0.975 0	0.025 0
5 世代	30 公	30	0	0	1.000	0	0	1.000	0
	50 母	50	0	0	1.000	0	0	1.000	0

（2）ZFY 系氟烷敏感基因测定具体结果见表 7-56。

表 7-56　ZFY 系猪氟烷敏感基因测定结果

世代	头数	基因型个体			基因型频率			基因频率	
		NN	Nn	nn	NN	Nn	nn	*N*	*n*
2 世代	20 公	20	0	0	1.000	0	0	1.000	0
	44 母	44	0	0	1.000	0	0	1.000	0
4 世代	19 公	19	0	0	1.000	0	0	1.000	0
	17 母	16	1	0	0.941 2	0.058 8	0	0.970 6	0.029 4
5 世代	26 公	26	0	0	1.000	0	0	1.000	0
	40 母	40	0	0	1.000	0	0	1.000	0

5. 体型外貌选择结果

（1）ZFD 系猪　全身被毛棕灰色或棕红色。头清秀，耳中等大，向前稍下垂。体高，身较长，体躯深广，背微弓，后躯丰满。四肢粗壮结实，见图 7-13。

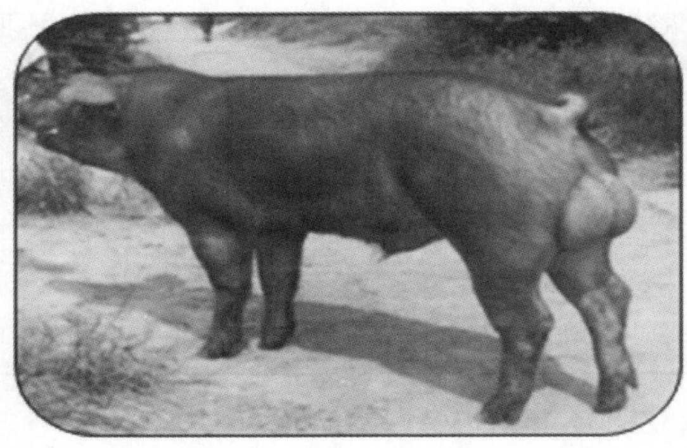

图 7-13　ZFD 系猪父系（终端父本）

（2）ZFY 新品系　全身被毛白色。头中等，耳中等大、直立。胸宽深适度，背腰平直且较长，后躯较发达，四肢健壮。毛色光泽，皮肤红润，乳头排列整齐，有效乳头数平均 7 对以上，见图 7-14。

图 7-14　ZFY 新品系父系（第一父本）

六、专门化父母系猪配合力测定

在莱芜猪母本新品系、大约克夏猪和杜洛克猪父本新品系选育进展到第 3 世代，采取边选育边进行配合力测定。

配合力测定第一阶段，筛选与母系猪杂交的父本种猪，筛选繁殖性能、生长性能和肉品质良好的二元杂交组合，继而开展与二元杂交组合的母本进行配套的第二父本种猪（终端父系猪）的筛选。

1. 两系配合力测定　基于母系猪在前期利用过程中就与省内引进的杜洛克猪、大约克夏猪、长白猪和汉普夏猪等瘦肉型猪进行了广泛的配合力测定，筛选出了“大莱”“长莱”二元优秀组合和“杜大莱”“长大莱”三元优秀组合。其中，二元组合“大莱”性能更优。尤其是繁殖性能已经超过了莱芜猪（表 7-57）。为了节省人力、物力和财力，对新培育的父母系不必测定的杂交组合采取不测，因此在进行配合力测定前，充分分析和总结了前期研究基础，设计了杂交组合。

表 7-57 ZML 母系猪与二元杂交母猪繁殖性能测定结果

品种组合	产次	窝数	总产仔数	产活仔数	出生窝重	泌乳力	60 日龄断奶	
							头数	窝重（kg）
母系猪	初产	48	12.02	11.18	10.84	28.40	9.63	123.20
	经产	95	14.82	12.24	13.65	39.67	11.11	168.95
大莱二元猪	初产	36	11.92	11.36	12.84	37.95	10.38	178.60
	经产	84	15.06	13.20	14.75	50.40	12.03	213.74
长莱二元猪	初产	20	10.23	9.24	11.23	35.62	8.33	100.21
	经产	28	13.11	12.68	13.15	48.25	11.05	167.53

ZFY 父系猪、长白猪与 ZML 母系猪杂交的繁殖性能连续测定结果显示（表 7-58），繁殖性能稳定，总产仔数、产活仔数及哺育率 ZFY 父系猪与 ZML 母系猪的杂交母本均好于长白与 ZML 母系的二元杂交组合，与前期研究结果相吻合。因此，确定“ZFY 父系猪×ZML 母系猪”生产的 F1 代杂交母猪为将来三系配合力测定的杂交母本。

表 7-58 ZML 母系猪及二元杂交商品猪育肥性能和胴体性状

	组合（♂×♀）	头数	日增重（g）	料重比	屠宰率（%）	眼肌面积（cm^2）	后腿比例（%）	瘦肉率（%）
	ZML 母系猪	8/16	473±19	3.48±0.41	72.68±2.60	22.70±4.34	28.19±2.33	47.41±3.20
二元杂交	ZFY 系×ZML 系	10/15	605±11	3.29±0.32	72.69±1.45	34.31±5.32	29.17±1.81	53.54±2.26
	长白系×ZML 系	10/16	645±9	3.22±0.05	73.19±1.87	32.99±2.29	29.76±1.76	54.10±2.96
	ZFD 系×ZML 系	10/16	638±11	3.27±0.07	74.79±0.74	34.66±3.81	30.31±0.99	54.30±1.88
	汉普夏×ZML 系	10/16	642±13	3.26±0.52	73.97±2.67	35.20±3.17	30.75±2.49	55.26±2.58

2. 三系配合力测定　2001—2005 年，在优选确定了（ZFY 父系♂×ZML 母系♀）生产的 F1 代母猪为配套系的二元母本猪以后，紧接着展开了三系配套组合的测定，以期确定出配套系的终端父本。设计 5 个三元杂交组合进行配合力测定，见表 7-59。

表 7-59 杂交组合设计

杂交组合	测定的主要性状
ZFD 系♂×（ZFY 系♂×ZML 系♀）♀ ZFD 系♂×（长白♂×ZML 系♀）♀ ZFY 系♂×（ZFY 系♂×ZML 系♀）♀ ZFY 系♂×（长白♂×ZML 系♀）♀	体重达 100kg 的平均日增重、料重比、胴体屠宰率、膘厚、后腿比例、眼肌面积、瘦肉率及常规肉质指标和肌内脂肪等
ZML 系对照	筛选最佳配套组合

（1）供试猪选择与饲养管理

①供试猪选择。仔猪断奶保育至 70 日龄后，分别从每个组合全窝产仔数相近的 2 窝中，每窝选 6 头，公母各半，原窝设组，公猪去势，防疫驱虫后进入预试。预试至体重 30kg 左右，每组选留 5 头转入正式试验。体重 100kg 时结束。

②试验猪日粮营养水平。每千克日粮前期含消化能 13.19MJ、粗蛋白 16.5%；后期含消化能 12.76MJ、粗蛋白 14.5%。

③喂料量。前期按体重的 3.5%～4%、后期按体重的 3%～3.5%给料，饲料消耗顿喂顿记，日清月结，日常管理按常规进行。饲喂湿拌料（料水比 1∶2），以组为单位饲喂并做喂量的记录，如遇剩料情况及时清理，并从记录上相应减除。自由饮水。日清扫栏圈两次。每天观察记录好天气、采食、健康、疫病等情况，并及时进行疫病防治。

（2）统计分析　数据统计分析应用 SPSS 12.0 统计软件进行。

三系配套配合力测定结果见表 7-60、表 7-61。设计的 5 个杂交组合：A. ZFD 系♂×（ZFY 系♂×ZML 系♀）♀，B. ZFD 系♂×（长白♂×ZML 系♀）♀，C. ZFY 系♂×（ZFY 系♂×ZML 系♀）♀，D. ZFY 系♂×（长白♂×ZML 系♀）♀，E. ZML 系对照。各杂交组合猪育肥性能综合评定（MI_1）排序为 B>A>D>E>C。但是 B 组合属于四元杂交，在本试验中也属于对照，作对比使用，且不是项目必须的组合筛选。因此，三系配套效果显著的是 A 组合。

表 7-60 育肥性能屠宰分割测定结果

杂交组合	头数	日增重（g）	料重比	屠宰率（%）	眼肌面积（cm^2）	后腿比例（%）	瘦肉率（%）	MI_1
A	90	671±92	3.04∶1	73.66±0.11	40.09±1.69	33.12±2.79	60.17±1.29	102.99

（续）

杂交组合	头数	日增重（g）	料重比	屠宰率（%）	眼肌面积（cm^2）	后腿比例（%）	瘦肉率（%）	MI_1
B	90	704±89	2.99∶1	75.06±0.23	43.94±1.80	30.14±0.83	59.41±2.21	104.73
C	88	562±71	3.56∶1	73.18±1.20	24.53±3.44	27.25±0.84	51.86±1.64	95.80
D	89	628±78	3.19∶1	73.55±3.78	32.13±3.08	28.86±1.07	54.53±2.79	99.57
E	60	479±70	3.41∶1	72.79±0.40	23.16±0.82	29.03±0.93	48.06±2.52	96.91

表 7-61　肉质测定结果

杂交组合	头数	肉色（分）	大理石纹（分）	pH	失水率（%）	剪切力（N）	肌内脂肪（%）	MI_2
A	22	3.27±0.15	3.33±0.29	6.11±0.20	10.65±2.45	31.90±3.39	4.59±1.02	168.16
B	16	2.90±0.42	3.15±0.35	5.86±0.37	16.33±1.50	38.41±4.16	2.20±0.28	42.24
C	22	3.23±0.12	3.53±0.31	6.04±0.10	11.67±2.99	36.25±1.84	1.73±0.55	79.78
D	16	3.20±0.10	3.23±0.06	6.04±0.05	19.11±9.94	33.82±4.41	2.80±0.84	49.31
E	20	3.27±0.06	3.47±0.15	6.13±0.07	15.43±2.85	34.4±0.66	5.78±1.74	160.52

各杂交组合肉质综合评定（MI_2）结果排序为 A＞E＞C＞D＞B。肉质以 A 组合和 ZML 系对照较好，这与亲本分别测定的结果相吻合。

（3）各杂交组合效果的评定　综合评定指数 MI 由育肥性能综合指数 MI_1 占 75%和肉质评分 MI_2 占 25%组成，结果见表 7-62。

表 7-62　各杂交组合综合评定指数

	A	B	C	D	E
MI	119.28	89.11	91.80	87.01	112.81

各杂交组合综合评定指数排序为 A＞E＞C＞B＞D，即最优杂交组合（A 组合）的日增重 601g，料重比 3.34∶1，瘦肉率 64.17%。

历经十余年，以莱芜猪、引进的瘦肉型大约克夏猪和杜洛克猪为育种素材，经过专门化父、母本新品系选育，配合力测定优选，培育出了“ZFD♂×（ZFY♂×ZML♀）♀三系配套组合”——鲁农Ⅰ号猪配套系。体型中等，被毛黑色、白色和棕红色各占 1/3；头中等大小，清秀，嘴直，背腰平直，臀部较丰满，四肢健壮；30～100kg 生长期日增重 742g，料重比 2.99∶1，瘦肉率 58.39%，肌内脂肪 4.01%。鲁农Ⅰ号猪配套系商品猪见图 7-15。

图 7-15 鲁农Ⅰ号猪配套系商品猪

2007 年，鲁农Ⅰ号猪配套系通过品种审定，获得畜禽新品种（配套系）证书，见图 7-16。2010 年，鲁农Ⅰ号猪配套系的培育与鲁烟白猪的培育共同获得国家科学技术进步奖二等奖，见图 7-17。

畜禽新品种（配套系）

证 书

（副 本）

新品种（配套系）名称 鲁农Ⅰ号猪配套系

培育单位 山东省农业科学院畜牧兽医研究所
莱芜市畜牧办公室 山东农业大学
得利斯集团有限责任公司

该品种业经审定，根据《中华人民共和国畜牧法》和《畜禽新品种配套系审定和畜禽遗传资源鉴定办法》，特发此证。

发证机关

（农01）新品种证字第 13 号

图 7-16 鲁农Ⅰ号猪品种证书

国家科学技术进步奖

证 书

为表彰国家科学技术进步奖获得者，特颁发此证书。

项目名称：鲁农Ⅰ号猪配套系、鲁烟白猪新品种培育与应用

奖励等级：二等

获 奖 者：山东省莱芜猪原种场

证书号：2010-J-203-2-03-D02

图 7-17 鲁农Ⅰ号猪获奖证书

第八章
莱芜猪的产业化生产

随着人民生活水平的不断提高，优质猪肉越来越受欢迎。当前，人们的消费观念已由吃瘦肉过渡到吃风味猪肉、特色猪肉。猪肉消费正向高档、优质、安全、卫生、营养等方向发展，这是中国人传统饮食习惯和科学营养观念相结合出现的市场消费新需求。面对新的市场形势，莱芜猪在产业化生产上既要借鉴其他地方猪产业化开发的成功经验，也要独辟蹊径，走出一条适合自己产业发展的新思路。

第一节　规划方案

一、调研

为尽快做好莱芜猪产业开发，促进保种工作，将种质资源优势转变为经济优势，造福社会。2005 年在莱芜市政府主导下，莱芜市科技局、莱芜市畜牧兽医局组织专人到江苏、北京、重庆等地进行调研，先后考察了苏太猪、东海淮猪、北京黑猪、重庆荣昌猪等不同的产业开发模式，初步确定了一条莱芜猪产业开发必须走优质高端产品的路子，拟定了分“两步走”的开发思路，认为要充分发挥莱芜猪优良肉质的种质特性，开发优质高端品牌营养保健猪肉。前期进行小规模生产，打造品牌，开拓市场打基础；后期依托龙头企业进行规模化产业开发，做大做强莱芜猪产业。

二、规划

在确定了莱芜猪产业化开发的方向目标后，市政府及相关部门连续把莱芜猪产业化开发纳入行政规划管理之中。2007年印发《关于实施莱芜猪研究开发与产业化工程的意见》、2013年印发《莱芜市高效特色畜牧业示范区建设实施方案》、2016年把莱芜猪产业化开发纳入《莱芜市国民经济和社会发展第十三个五年规划纲要》，明确了莱芜猪产业开发的发展目标：以企业为依托，以科研为支撑，以基地和农户为基础，形成科研、生产、加工、销售为一体的莱芜猪产业化生产体系。按照整体推进、科学定位、分档开发的原则，定位开发出"莱芜猪营养臻品猪肉""鲁莱黑猪特色极品猪肉""配套系猪优质精品猪肉"三大品牌猪肉产品。

1. 基地建设　通过"企业＋农户"或"企业＋合作社＋农户"生产方式，发展生态养殖和标准化养殖基地。

2. 开发机制　引入市场竞争机制，以开发企业为主体，整合社会资源，建立莱芜猪屠宰、分割、肉食品加工、市场营销于一体的产业开发体系，使莱芜猪生产形成完整的产业化开发模式。

3. 产品研发　针对莱芜猪、鲁莱黑猪的特性，研发适应市场需求的冷鲜肉、调理食品、传统肉食品、即食食品等高端系列产品，并制定从饲养、屠宰加工、冷链物流等全程的技术规程和产品标准。

4. 品牌打造　利用网络、媒体、市场营销等手段，全方位对莱芜猪高端肉产品的策划宣传、品牌打造，把莱芜猪系列产品打造成为高端猪肉产品的全国知名品牌。

2006年，在莱芜市政府的推动下，主管部门组织社会力量，利用市场手段开发莱芜猪产业。为优化开发机制注册成立民非企业"鲁莱黑猪研究开发中心"。注册商标、资质认证，先后注册"莱芜猪"证明商标、"莱黑""三黑"产品商标，取得原产地、无公害、质量标准认证等。利用传统节日（中秋节、春节等）进行集中推介莱芜猪肉产品，以满足当地市民走亲访友、拜访客户的需要。在具备了一定的市场影响后，建立了特色猪肉专卖店连锁经营，实行日定量供应，取得了一定的市场效应和品牌基础。

2008年，授权支持山东六润食品有限公司参与莱芜猪产业开发，做大做强该猪产业。2012年和2014年，在总结前期保护、利用和产业开发经验基础上，面对当时情况和新的形势要求，面向市场鼓励社会力量先后注册成立了莱芜市莱芜猪原种场有限公司和山东莱芜嬴牧农牧有限公司。莱芜猪原种场有限公司实施莱芜猪、鲁莱黑猪的保护、利用及繁育推广任务，嬴牧农牧有限公司承担优质高端特色猪肉产品的研发销售任务。为扩大生产规模需要，2013 年莱芜猪原种场又重新规划建设两处可存栏基础母猪 2 400 头的高标准的符合莱芜猪生物学特性的生态型原种场——祥沟分场和上三山分场。嬴牧农牧有限公司成立莱芜金三黑食品有限公司，组建了屠宰加工、分割、熟食加工、市场营销、质量检测化验、仓储物流等部门，形成了以嬴牧公司为总管理，两个公司相对独立运营的内部管理机制。

第二节　扩群繁育与生产基地建设

一、繁育体系建设

在建设莱芜猪原种场的基础上，同时在全市遴选 20 个莱芜猪扩繁场，存养莱芜、鲁莱繁殖母猪 2 000 头，发展社会商品生产群 10 000 头。在扩繁场的建设上，实行统一配种、统一生产计划、统一饲养程序、统一饲料、统一技术服务的“五统一”政策，实现了扩繁场统一的标准化生产。繁育体系的建立完善使莱芜猪生产开发有了生产基础，同时也为全国的地方特色肉猪的开发提供种质资源和种质基础，为全国 20 个地区提供种质 50 000 多头。

二、商品基地建设

莱芜猪商品育肥猪采用“公司＋基地＋农户”的生产方式，由莱芜猪原种场和扩繁场向他们以合同价提供 30kg 左右的商品仔猪，与其签订养殖合同，并向养殖（场）户提供统一的莱芜猪专用饲料，统一技术管理、疫病防治等方面的服务。建立养殖档案，在育肥猪达到 80kg 时回收，进入专用场进行后期囤肥、肉质调控，确保猪肉品质安全和特色。目前，已建立年出栏优质肉猪 10 000 头以上的标准化生产示范基地 5 个、5 000 头以上的标准化生产示范基地 10 个，2 000 头以上的标准化生产示范农场 30 个，发展林下放牧和山区放牧饲养户 100 个。已累计出栏育肥猪 300 000 头。

三、养殖方法

采用 3 个阶段饲养的生态养殖方法。出生到 30～40kg，由于体格较小，消化系统尚未发育完全，这个阶段由公司采用圈养模式；30～80kg 阶段属于吊架子的过程，这个时期需要长骨架，进行大量有氧运动，提高运动强度，由农场（户）采用“圈养＋放养”的模式，见图 8-1；后期从 80～100kg 出栏，肌肉需要沉积脂肪，提升肉质这个阶段由公司回收统一采用圈养囤肥模式养殖。

图 8-1　莱芜猪养殖

第三节　屠宰加工与市场开发

一、屠宰工艺与分割技术

（一）屠宰

2006 年，借鉴传统的工艺方法，开始研究制定适合莱芜猪的屠宰加工工艺流程。在实践中不断完善和改进，形成了较为科学的、适用于高档猪肉加工的屠宰方法。

1. 淋浴　水温在夏季以 30℃、冬季以 38℃为宜，不宜过低或过高。

2. 致昏　采用传统击昏法。猪侧卧台架上，头尽量向下侧斜，露出耳根部，人站在一侧方便处，用较重的棍、锤等用力准确在耳根部把猪迅速一次击昏。

3. 放血　将致昏后的猪水平放置在放血平台上，用 20～30cm 长的放血刀，从猪颈下内侧，刀锋向外刺入心窝，然后反手割断心脏主动脉，血快速放净。以快、准为原则，时间不得超过 30s，以免引起肌肉出血和应激。

4. 气吹　这是传统屠宰法。为避免脱毛时，烫伤靠近皮下的肉质，从猪的后蹄部位开一小口，周边用梃杖捅透，以利通气，用充气筒往里打气，皮肉脂分离直至整个猪皮下的结缔组织与肉质分离形成空隙后，再进行下一步脱毛处理。

5. 脱毛　脱毛采用浸烫法。浸烫水温根据年龄大小和不同季节而定。控制水温为60～63℃，浸烫时间为3～6min，并不断搅动，受热均匀，利于脱毛，不得使猪体沉底、烫老。浸烫后快速进入打毛机进行机械打毛。浸烫水要不断添加，水温稳定。如果采用连续进水、出水的方式烫毛，更符合卫生要求。

6. 拔毛处理　机械打毛后，进入冷水池降温，降温后用松香甘油酯拔毛（绒）。以干净为原则，再用喷枪燎掉残留绒毛。

7. 开膛、劈半　开膛、去头蹄、劈半、吊挂，快速完成。进入冷却间，30min内快速冷却至10℃。24h冷排酸，温度控制在4～6℃。

从浸烫→拔毛→开膛→劈半时间控制在10min，最多不超过20min。

（二）分割

经过24h冷却排酸后进行分割、包装。分割加工工艺大体可分为三段锯分、修整、剔骨、小块分割、包装和冷藏。分割车间温度控制为8～10℃，且保持无菌状态。

1. 三段锯分　冷排后的半胴体，用分割机切成三段，即颈肩前腿部（第7～8肋骨间横切）、胸腰部（最后腰椎处横切）、后臀大腿部。

2. 修整　三段肉要进行修整。把周边较厚的脂肪去掉，淋巴摘除，形成较好商品形态。

3. 剔骨　将肩胛骨、肋骨、桡骨、尺骨、腿骨依次剔割下来。

4. 小块分割　根据猪肉各个部位，分为颈肩肉、小里脊肉、大里脊肉、五花肉、前腿分块肉、后腿分块肉、精肉、肋排、大排等品类。每块重量0.5～0.7kg。分割的同时进行修整，刀法平直、整齐，不损坏4个部分的肌肉，保持肌膜、腱膜完整和商品美观。肌肉表面的脂肪要全部修净。不同的肌肉间（表面部分）和剔骨后暴露出的部分脂肪、筋腱、硬软骨和带骨刺的骨膜都要去掉。

5. 包装　包装间的温度控制为0～4℃。包装有两种方法。一种是针对冷鲜肉采用气调包装，供应市场；另一种采用真空包装、冷冻保存，较长时间供应市场。

6. 冷藏　采用快速冻结。库温为－30℃，风速为3m/s，一般经24h，肉的深层温度可达－20～－15℃，冻结即告完成。在－20℃左右温度下，长期保存、冷链运输和冷藏销售。

二、产品研制

针对莱芜猪肉的特点及当地的消费习惯和市场需求，研究出冷（冻）鲜肉品、熟肉制品和调理食品三大类产品。

1. 冷（冻）鲜肉品　猪肉经过24h冷排酸处理后，按照部位和肌肉纹理走向分割成0.4～0.7kg小块。产品包括前腿肉（带皮）、后腿肉（带皮）、前腿精肉、后腿精肉、里脊、小里脊、五花肉（带皮）、薄皮五花（带皮）、肋排、大骨及其他副产品。将分割肉块装入无菌食品包装袋内，真空包装。打码标识种类、质量等。将预包装肉块按照前腿肉、后腿肉、五花肉，搭配精肉、肋排、里脊随机组合2～2.5kg，置于－30℃速冻库速冻12～24h，后置于食品用泡沫箱中移至－20℃冷藏库中冷藏，并将每头猪测定结果按照分类标准分为精品、极品、臻品等级。出库产品配相应手提袋包装和相关标识。

2. 熟肉制品　学习山东诸城风味烤肉的传统工艺配方，又加以改进和创新，把莱芜猪的头、蹄、尾及内脏器官清理干净后，配以中药配方，制成独具风味特色的莱芜猪烤肉产品；以莱芜猪瘦肉和小肠为主要原料，配以多种名贵中草药及香料，外加优质酱油，经过刮肠、剁肉、拌馅、灌肠、晾晒、蒸煮等工序，按莱芜“顺香斋”南肠的制作工艺，制成莱芜猪肉香肠产品，以及其他肉丸、肴肉、酱制猪蹄、酱制即食莱芜猪肉制品等。

3. 调理食品　将莱芜猪腿肉、里脊、碎肉、排骨等产品经腌制、滚揉等生产工艺，用食盐、香料浸腌2～4h制作而成莱芜猪肉片、肉饼、肉丁、肉馅、酱排骨等调理食品，进入市场，也备受欢迎。

三、市场开发与销售策略

莱芜猪肉定位为高端特色优质产品面向市场，在市场开发与销售策略上创新模式。除在本地或省会城市建立专卖店（图8-2）外，启用连锁加盟的方式辐射周边城市建立加盟店；进驻大型商超设立销售专柜；创新会员制销售模式定向销售；利用现代电子商务平台实现线上销售等。通过线上线下多种方式开

图 8-2　莱芜猪肉专卖店

拓市场。

除了以上形式外，电话订购、礼品营销、酒店、福利专供等也是重要的营销渠道，并提升服务的精细化及舒适化程度，如按客户要求分割分切、提供烹饪方法，送货上门，保证货品的及时与新鲜，提升服务人员的服务品质等都是开创新型销售模式的重要手段。

第四节　品牌建设

一、品牌保护与资质认证

通过商标注册对品牌进行保护。全面开展莱芜猪原产地标记认证、地理标志登记认证、无公害农产品产地认证和产品认证、有机食品认证等。2009 年注册“莱芜猪”地理标志证明商标和“莱黑牌”猪肉产品商标；2014 年注册“三黑”“金三黑”“孔星猪蹄”产品商标，见图 8-3。

2018 年，“莱芜猪”品牌被列入山东省区域公用品牌，见图 8-4。中国品牌促进委员会评估“莱芜猪”价值 46.33 亿元，见图 8-5。

二、质量管控与可追溯体系

21 世纪，猪肉的质量及其营养调控受到社会的广泛关注。为了更好地对莱芜猪产品质量实施全面管控，利用先进的物联网、移动互联网、一物一码等技术，建立了莱芜猪从育种、养殖、运输、分割、肉制品加工、仓储配送等方

图 8-3　莱芜猪相关资质认证

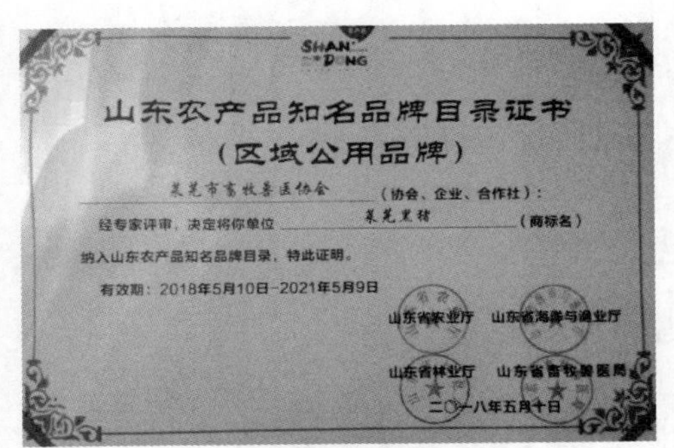

SHANDONG

山东农产品知名品牌目录证书
（区域公用品牌）

莱芜市畜牧兽医协会（协会、企业、合作社）：

经专家评审，决定将你单位 莱芜黑猪（商标名）

纳入山东农产品知名品牌目录，特此证明。

有效期：2018年5月10日-2021年5月9日

山东省农业厅　山东省海洋与渔业厅

山东省林业厅　山东省畜牧兽医局

二〇一八年五月十日

图 8-4　莱芜猪被列入山东区域公用品牌

中国品牌建设促进会
China Council for Brand Development

2018中国品牌价值评价
结果通知书

莱芜猪：

依据品牌价值评价有关国家标准，经专家评审、技术机构测算、品牌评价发布工作委员会审定，地理标志产品“莱芜猪”的品牌强度为880，品牌价值为46.33亿元。

中国品牌建设促进会
2018年5月9日

图 8-5　莱芜猪品牌价值评估

面全过程覆盖、全流程跟踪的产品标识制度，实现了从源头可追溯、流向可追踪、信息可反馈、产品可召回的全程管控。构建特色莱芜猪肉产业链从育种、选种、繁殖、养殖、屠宰、加工、运输到销售的全程数字化记录，运用跟踪与可追溯的柔性智能化应用系统，实现了从农场到餐桌的信息数字运用、电脑跟踪及反方向的信息溯源，满足了政府监管产品安全生产和消费者知情权的需求，实现了产品质量的有效控制。

三、标准与规程的制定执行

为使莱芜猪肉产品质量符合国家标准，研究制定了一套科学的育种、繁殖、饲养、屠宰、加工、冷链物流等多项技术规程及产品标准，用于指导莱芜猪的产业化生产，规范莱芜猪高档产品生产的各个环节。

四、网络与媒体宣传推广

1. 网络推广　网络推广以自建莱芜猪网站、开通公众微信号、博客、短信、手机客户端、淘宝店、电子商务平台等形式为主进行推广。

2. 传统媒体推广　通过纸媒、电视、广播、杂志、大型农产品交易会、食品博览会等展开宣传推广，并联合中央电视台、山东电视台制作播出《鲁莱黑猪养殖技术》《长得慢的莱芜猪》《跑出红囤出白》《莱芜猪长出雪花肉》《莱芜猪雪花猪肉是如何炼成的》等专题片。

五、活动交流与参观旅游

随着莱芜猪产业开发与品牌效应的增强，市场销售范围不断扩大，来自行业内外的相关企业与单位，陆续前来开展业务交流与合作。莱芜猪原种场有限公司牵头成立地方猪产业技术战略联盟，有 29 个联盟成员单位加入，包括科研院所、高校和企业。每年都举办各项活动，专家、教授和企业代表对国内特色地方猪战略发展相关的一系列问题进行探讨，交流地方猪保种开发工作中的经验和做法。

莱芜金三黑食品有限公司也与济南华一养生健康咨询有限公司等企业联合，组织会员客户到莱芜市参观莱芜猪生产基地，并品尝公司特色产品，通过客户的宣传来带动新一批的会员客户加入。

第九章
莱芜猪的饲养方式与猪场建设

第一节 饲养方式的变迁

莱芜猪的饲养历史至少可追溯到新石器时代的原始社会，也是经过了一个野猪驯化演变过程，养殖方式更是经过了围栏限制驯养→围栏人工饲养→圈养放牧结合→圈养或放牧养殖，这是一个漫长的过程。在距今 5 000 多年的大汶河流域大汶口文化遗址中，不但发掘了大量猪骨（以猪随葬），而且还有养猪栏圈，底部有 5 具完整的仔猪遗骨，表明圈养已成为当时一种饲养方式，并发现出土了部分陶猪、陶猪圈等，说明在形成莱芜猪稳固品种的基础上，养殖方式也有了定型的模式。

一、历史上的养殖方式

（一）栏圈饲养

一家一圈，一圈一猪，母猪或育肥猪，模型见图 9-1。半开放式圈面积一般为 12～16m^2，以养繁殖母猪为主，设有猪圈门台、猪床和猪圈。圈门台和猪床占栏圈的 2/5，上面建有房顶，草屋结构，避雨挡水。圈门台面积 2m^2 左右，与地面相平；猪床一般 4～6m^2，比地面高 100cm。猪圈占总栏圈的 3/5，一般 6～8m^2，上面露天，不能遮风挡雨，雨水进入便于积肥，也有利于通风，吸收阳光和净化卫生。冬天在上面盖上较厚的草毡，以遮风挡寒，比地面高 200cm 左右，便于垫土积肥。一般每半年就可以垫平，清出肥料、一次可积 4～8m^3 的农家肥。母猪食槽以石头开琢而成，一般放圈内，也有放圈外的。小猪食槽以木头（长整木）开琢而成，一般放圈外，有的设小猪栏，有的在庭院内，每次吃食时，从设有小猪沟道中放出。

小开放式猪圈面积一般为9～14m^2，多为养殖育肥猪。面积较小，积肥量少，猪圈上面顶部一侧开拓出一露天窗口，约占整个栏圈的1/5，进行通风、吸收阳光，接雨积肥，冬天也有利于遮盖挡寒。其他结构和功能同半开放式圈。

A

B

图9-1　猪　圈

A. 半开放式圈　B. 小开放式圈

（二）放牧饲养

莱芜猪在几千年饲养历史中，人们大都是以放牧为主，圈饲为辅，牧圈结合的方式饲养。莱芜地处山东高地，平均海拔460m，海拔600m及以上的地区占2/5，大汶河的源头，崇山峻岭，交通闭塞，养猪只能是简陋原始、粗放野养的状态。

母猪养殖多数是在山坡、地沟中用石块搭建一个简易棚舍，有全石或半石，上面用树枝和草盖成。配上种的繁殖母猪由主人赶到该石棚处，第一次占用时由主人看管1d的时间，熟悉该棚舍及周围的环境、觅食的资源等。在确定猪能自由活动生存时，主人就放心回家，由猪自行在野外生存。有时主人隔10～15d查看一次，看猪是否存在或正常即可。

在母猪妊娠日期达到90～100d时，主人再把母猪赶回家圈养，进行短期补饲，等待产仔哺乳小猪。产仔后，40～60日龄时把仔猪卖掉。待下次母猪发情配种后，再把母猪放回到原山坡的牧饲窝处。一个繁殖周期，一个野牧圈养轮回，周而复始，年复一年，几千年不变。直到20世纪60年代，此方式仍多见，见图9-2。

图9-2　早先养莱芜猪母猪简易棚舍

育肥猪饲养历史上都是以群体驱赶放牧为主。群体大小不一，一般10～100头，由一人专职牧养。大都是在每年的春季购买仔猪，或自家生产的仔猪，体重为10～35kg。在4月青草发芽时开始牧饲，由牧猪人每天早饭后（7：00—8：00）赶猪出来，有目标性地到山坡、水沟、河滩、地堰边进行放牧觅食。中午在某一处围栏中休息。该围栏相似于牛羊围栏，可休息，可攒粪（积肥）。下午继续放牧，待太阳落山把猪赶回家，进行补饲。补饲一般使用麦麸和甘薯面，补饲后，进入猪圈围栏休息。第二天又是这样重复，唯一不同的是到新的牧饲地域进行放牧，也是周而复始，循环牧饲，能吃到丰盛的鲜草。早先莱芜猪家养放牧休息围栏见图9-3。

图9-3　早先莱芜猪家养放牧休息围栏

一年四季不同，春季和夏季主要放牧青草，营养不足，但是便于吊架子，修炼胃肠功能；秋季和冬季主要放牧野果实、草籽和秋收后的茬地，遗留下的豆禾、地下的甘薯、花生等。这些都是高能量、高蛋白的营养饲料，也是猪经过春夏两季吊架子之后进行的囤肥阶段。进入12月以后，地面冰冻，已没有可觅食的食物，再放牧就消耗猪体的能量，这时牧猪人就会把猪全卖掉，有一个好的收成，来年再买猪放牧，年复一年。农户买来放牧的猪，一般 1 头，也有富户买 2～3 头，进行圈养（囤肥）1～2 个月，一般为 60d 左右，即到春节，宰杀过年。

另一种情况是由于放牧，营养缺乏，当年猪体重过小、过瘦不能出栏，一般只有 35～45kg。这样的猪一般有如下两种处理，一是留着来年继续放牧；二是低价卖给农户进行圈养，待其达到出栏体重 50kg 以上，宰杀出栏。

放牧饲养是莱芜猪的主要饲养方式，适应了当地四季分明、年温差较大的气候条件和当地的饲草饲料资源，造就了莱芜猪肉质独特、抗逆性强的优良特性。

（三）集体养殖

集体养殖是我国特定时期的产物。在 20 世纪 50 年代后期至 70 年代末，生产队、大队、公社举办的集体养猪场和县办公有制养猪场产生了。1950—1957 年，党中央、国务院提出养猪业要“私有、私养、互助”，提出养猪积肥，开展“多积一车肥，多打一成粮”的活动。1960 年 2 月《人民日报》发出了“以养猪为中心，全面发展畜牧业，公养、私养并举，以公养为主。队繁户养、自繁自养”的号召。在此形势下，莱芜猪的集体养殖快速扩大，个体养殖受到冲击。

在此时期的大多生产队、大队和人民公社都办起了养猪场。莱芜猪的养殖也大多数由户分散养殖转变为集体集中养殖。母猪全部为圈养，而且大部分是开放式的栏圈养殖。育肥猪大部分是圈养或户养，但也有集体放养，由社员给集体放猪。育肥猪舍也大部分是开放式或半开放式猪舍，大群养殖。

猪饲料以收割的青草、作物秸秆、蔬菜下脚料和粉碎的甘薯秧、花生秧、野草粉为主。池、缸浸泡自然发酵，再加少量甘薯、玉米、麸皮、豆饼等精料进行饲喂。

在此期间，青贮饲料喂猪技术开始推广。因此期间高产抗旱的甘薯大量种植，青绿多汁、营养丰富的甘薯秧开始研究利用。大多以生产队为单位，采用挖地窖的方式把甘薯秧铡短、压实、封存，满足冬春季青绿饲料的需求。青贮甘薯秧技术的推广促进了莱芜猪集体饲养的发展，也保持了猪肉产品的质量。

二、现在养殖方式

（一）规模化工厂饲养

此养殖方式应该说在20世纪60年代左右的集体和国营养猪中就已存在。1973年原泰安地区在莱芜杨庄建设的国营猪场“莱芜猪种猪繁育场”就是此种形式。当时设计规模200头基础母猪，母猪、公猪、育肥猪三种栏圈饲养，半开放，设走道，集中放料放水，同时饲喂。1990年建设的莱芜市原国营猪场（图9-4），后转卖给莱芜市畜牧综合开发公司，也是此种方式。每个饲养员能管理20～50头繁殖母猪、300头育肥猪。人工喂料、清粪。

图9-4　原国营莱芜猪种猪繁育场

目前莱芜猪原种场采用的是产仔、保育全封闭、自动环控、全漏尿泡粪、自动供料、供水系统，智能化工艺；空怀、怀孕、生长、育肥采用自动供料、供水、刮粪工艺；设较大运动场，环控实行有条件的自然与人工控制相结合；供料系统是德国进口的水料自动饲喂系统；使用粗料、青绿多汁料发酵饲喂，做到了适合莱芜猪生物学特性的饲养。

（二）生态循环集约化养殖

多为农户、小型企业采用家庭农牧场或专门化生产绿色生态猪肉而建设的一种生态养殖循环模式。一般是建一个中小型集约化的莱芜猪养猪场，母猪饲养为50～500头，商品猪为200～2 000头。一般建有较为现代化的全封闭或半开放式的养殖模式，尽量采用自动化生产工艺饲喂，只是饲料仍采用湿拌发酵料饲喂。粪污采用有机肥生产、沼气处理利用，成为供应蔬菜、水果、经济作物、农作物的有机肥料，生产绿色有机瓜果蔬菜。作物、林果中的下脚料、根茎叶打浆处理后再喂猪，形成有机的农牧业生态循环，相互促进、相互补充，生产绿色无公害产品。目前农业基本形式在转型，规模化经营已成趋势，绿色无公害高端农牧业产品也成为人们的追求。此种方式在未来农业生产中将取代现有的主流模式，成为主导方式。

（三）放牧养殖

目前，莱芜猪放牧养殖已不是过去的那种母猪野外自行生存，肥猪驱赶游牧式的放养。一般为母猪圈养，个别放养是在怀孕期围栏式自由活动，增加运动量，提高机体的抗病能力。育肥生产猪一般是利用山林、荒坡、河滩、牧草种植区进行围栏式放养，辅以人工饲喂，以人工饲养为主，围栏自由式放牧为辅。一般是体重为 25～80kg 牧饲，再后期圈养囤肥。此种方式饲养数量有限，形不成大规模数量出栏，但能有限生产出高端的极品猪肉。在未来的农牧场家庭式的农业方式中有它的生命力和发展优势，研究优化这种方式是目前地方猪养殖中的重要内容。

第二节　猪场建设

一、历史上的猪栏建设模式

1. 半开放式猪栏　历史上的猪栏圈大多都是单户单栏养殖，既是猪栏，又是茅厕，也是居家存放和处理垃圾的场所。因此养猪积肥两大功能，代代相传几千年模式不变。栏圈位置大都建在庭院的西南角，老百姓有习惯说法“正房坐北朝南，东南大门西南栏”这样布局。栏圈见图 9-5，规模化猪场养殖半开放式猪舍见图 9-6。

2. 全开放式猪栏　过去农户有这种栏圈，但较少，常见于放猪户的猪栏，较大，能容纳几十头，面积为 10～40m^2，或联排猪栏。在 20 世纪 50—70 年代集体生产队、大队建的养猪场多为这样的模式。这种模式冬季也没有任何保暖措施，只是挡水遮雨。

3. 放牧式围栏　历史上放牧式围栏较为简单，如前所述。母猪以单个为一栏（也称为猪窝），以石块砌成。育肥猪圈是用石块砌成的高 1.1m 的围栏，临时休息或临时关围。

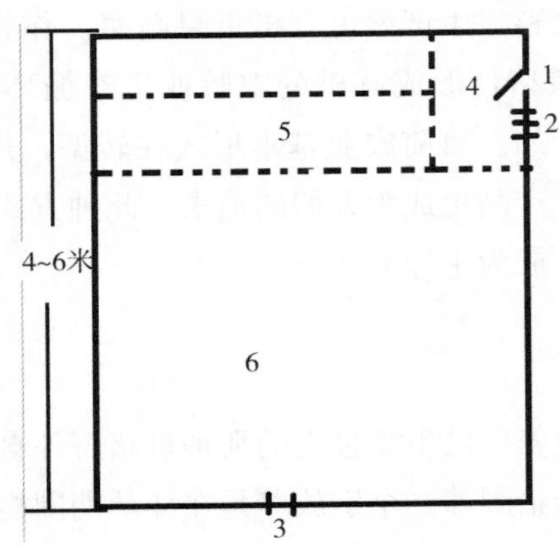

图 9-5 半开放式猪圈平面

1. 栏门 2. 仔猪出入口 3. 出粪口

4. 栏台 5. 猪床 6. 猪栏圈（1、2、4、5 处上有棚舍房顶）

图 9-6 规模化猪场半开放式猪舍

二、现在的养殖场建设

（一）规模化莱芜猪养殖场建设

1. 工艺要求 工艺选择主要考虑莱芜猪及鲁莱黑猪饲养的规模、饲喂方式、清粪方式、环控方式、转猪方式、防疫体系建设及粪污处理方式等进行，通常把握以下几个原则。

（1）分批均衡生产 整套养猪生产线以批次为单位计划，按猪不同的生理阶段，采用不同的生产工艺，以固定的生产模式将整个生产环节有机联系起来，形成一条完整的养猪生产线，连续不断地、有节奏地向市场提供产品。因此，配种、产仔、育仔和育肥都以批次为1组，在1个独立的单元间饲养，实行猪群同进同出，大猪也按批次为单位整群周转。

（2）全自动环境控制　为了满足不同猪群各生理阶段对环境的要求，给不同的猪群提供适宜环境，来提高养猪生产水平和种猪健康状况，各类猪舍自动温控、通风换气等。

（3）建设独立公猪站　为了加快优良公猪的遗传改良，提高公猪利用价值，提高商品肉猪的质量，母猪实行人工授精配种。

（4）采用全自动水料饲喂系统　猪舍实现全自动供料，同时设计独立的饲料储存塔和发酵饲料塔，不让猪场外部饲料运输车辆进入生产场区，避免病菌传播。

（5）采用水尿泡粪　漏缝地板工艺，减少劳动力，节约用水。

（6）采用地暖　根据本地区气候环境，采用地暖提高猪舍温度。产床、保育床采取地暖，半漏缝地板设计，提高仔猪成活率。

（7）两点式分区饲养　母猪繁殖区和保育育肥区两个区独立生产。每区设计单独的饲养管理区，四周设计隔离设施并合理设计道路，饲料车等从围墙之外对猪场的饲料储存塔送料，不进入场区，减少猪场的消毒环节。

（8）生物安全　设计中将生物安全作为设计的重点，通过设计提高猪场疾病防控能力，具体如下几个方面：养殖区全封闭式管理，外来人员、车辆不能随意进入场区；生产人员进入猪舍需要洗澡更衣；工具饲料进入猪舍需要熏蒸消毒；场外饲料车隔墙向料塔输料，不用进入场区，场外拉猪车辆在场外装猪，不进入场区；场内货物运输工作由内部车辆完成；全自动机械通风，保证猪舍内环境质量；粪污处理区处于下风向，且由绿化带隔离；外来猪到场后在隔离舍隔离饲养两个月。

2. 工艺流程　莱芜猪规模养殖的生产工艺流程，采用“五段式”的板块式工艺模式：空怀配种→妊娠→产仔哺乳→仔猪保育→生长育肥。各环节相互联系，形成流水式生产作业。

3. 养殖参数　种公猪为常年饲养，配种方式如果是本交则公母比例为1∶20，如果是人工授精则公母比例为1∶（100～200）。

空怀母猪为断奶后至发情配种并确定妊娠的经产母猪，饲养日为33.25d（包括断奶至发情7d，配种后为了确定妊娠观察21d，返情和流产母猪二次配种妊娠观察均摊的5.25d)，情期受胎率为85%。

妊娠母猪是确定妊娠后至产前7d的经产母猪和初产母猪，饲养日为86d (114－21－7＝86d)，分娩率为90%。

哺乳母猪为产前7d至产后哺乳42d的母猪，饲养日为49d，平均窝产活仔为12头。

哺乳仔猪为出生后至42日龄断奶的仔猪，饲养日为42d，成活率为90%。

保育仔猪为43～90日龄的仔猪，饲养日为46d，成活率为95%。

育肥猪为91～360日龄的猪，饲养日为210～270d，成活率为98%。

每个饲养规模（100头生产母猪）需要占地面积10 000～13 333m^2，建筑面积在3 000～5 000m^2，各种猪群有效使用面积见表9-1 。

表9-1 每头猪饲养有效使用面积

猪群种类	有效面积（m^2）	饲养方式
种公猪	12.5～15.0	地面饲养（带运动场）
空怀母猪	2.5～3.0	地面饲养（带运动场）
妊娠母猪	3.0～4.0	地面饲养（带运动场）
后备母猪	2.5～3.0	地面饲养（带运动场）
产仔哺乳母猪	4.0～6.0	地面漏粪平面饲养
哺乳仔猪	0.3	地面漏粪床饲养
保育猪	0.3～0.5	地面床上饲养
育肥猪	1.5～4.0	地面饲养（或带运动场）

4. 猪舍建筑

（1）种公猪舍　单列结构，地暖，北边设1.2m宽的走道，每间猪舍尺寸为2.5m×3.5m×5.0m（东西宽度×南北长度×外间运动场长度），南墙高2.8m，北墙高2.3m。在公猪舍北部闲置地建设储物间和休息间。在运动场内设水池，供猪夏天洗澡降温。公猪舍运动场可设3种模式：①单圈式。②圆形跑道式运动场。③大运动场。见图9-7。

（2）空怀和怀孕母猪舍　猪舍为单列结构，东西走向，南墙高3.5～4.0m，北墙高3.0～3.5m，走道宽1.0m，每间猪舍尺寸为4m×6m，运动场长5～8m。运动场中间设洗澡水槽，宽2m×长2.5m，每间留一个地下排水口。储物间、值班室设置在猪舍的一端，跨度3～4m。运动场外设3～5m的道路。水料自动饲喂，自由饮水，见图9-8。

（3）产仔保育舍　全封闭，自动环控，尿泡粪，单元式，全进全出，大跨

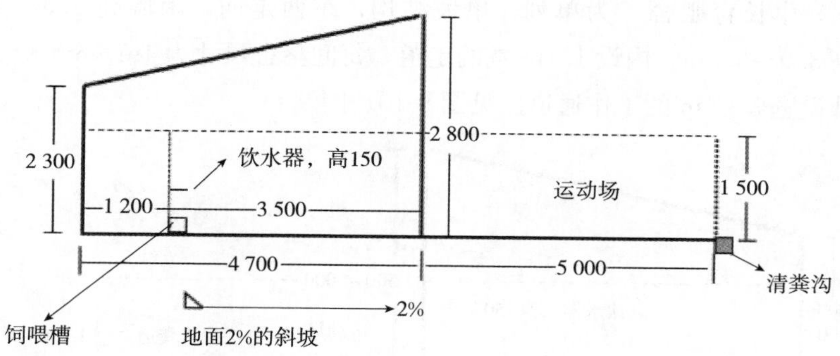

图 9-7 种公猪舍截面（单位：mm）

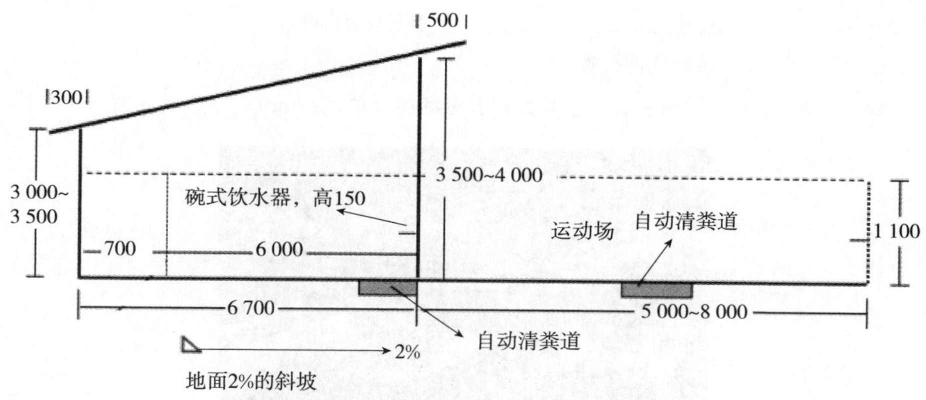

图 9-8 空怀和怀孕母猪舍截面（单位：mm）

度，地暖，水帘降温。产仔保育舍内景，如图 9-9 所示。

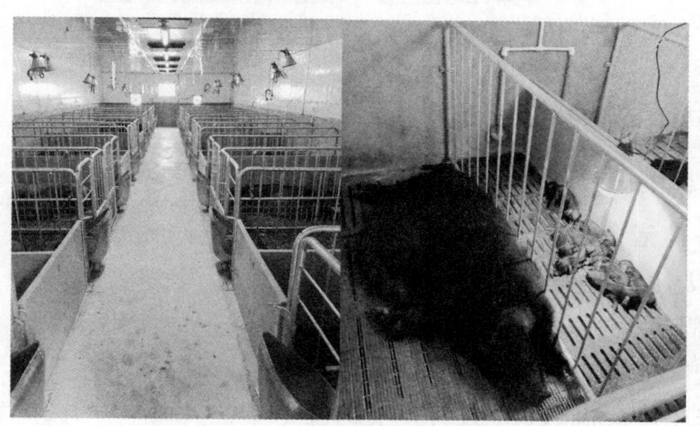

图 9-9 莱芜猪产仔保育舍内景

（4）生长育肥舍　为单列、单坡结构，东西走向，南墙高 3.5～4.0m，北墙高 3.0～3.5m，内设 1.1m 宽的走道，每间猪舍尺寸为 4m×8m×6m。运动场外设宽 3～4m 的工作通道。见图 9-10、图 9-11。

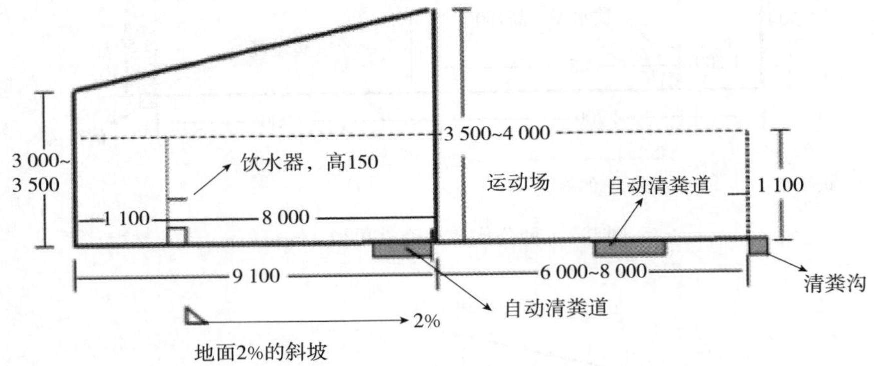

图 9-10　生长育肥舍截面图（单位：mm）

图 9-11　莱芜猪生长育肥舍内景

（二）放牧生态养殖猪舍建设

一般用铁网或石砌围栏，在散养场区一角设有一排猪舍（棚），供猪休息和避风雨。另设补饲专区，补饲专区建设 1.1m 高的固定围栏即可。自动饮水区饮水。散养场区按照 666.67m² 2～3 头猪设计，棚舍按照每头猪 0.8m² 设计，喂饲区按照每头猪 0.6m² 设计，如图 9-12、

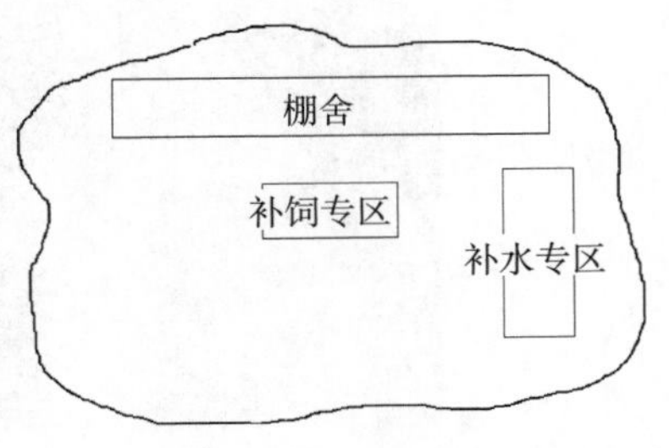

图 9-12　放牧生态养殖猪舍示意

图 9-13所示。

图 9-13　莱芜猪散养场

第三节　环境条件要求

养猪环境是由猪舍内空气的温度、湿度、光照、气流、声音、微生物、设施、设备等因素组成的特定环境。有资料表明，畜禽生产力有 20%～40%取决于品种，20%～40%取决于饲料，10%～20%取决于环境。在莱芜猪生产过程中更需要人为地进行调节和控制，让猪群生活在符合其生理要求和便于发挥高生产性能的小气候环境内，从而达到优质高产的目的。莱芜猪适应性、抗逆性强，对环境要求不是很严格，饲养环境参数相对于国外猪范围要大一些。

一、温度、湿度要求

莱芜猪体温 38.5～39.0℃。其汗腺不发达，皮下脂肪厚，热量散发困难，导致耐热性很差。为了保证正常的生长发育和生产能力，需要给莱芜猪提供较好的温度条件。

温度不仅影响莱芜猪的采食量、饲料转化率，对生长、增重、繁殖和肉质也有较大影响。有资料表明，一般猪种低于下限临界温度每降低 1℃，20～100kg 的猪日增重减少（16±3)g，饲料消耗增加 12.6～23.5g；而高于上限临界温度每升高 1℃，日增重减少 30g。高温是降低猪繁殖力的主要环境因素之一，因热应激引起性激素减少而发生繁殖机能下降外，高温时采食量下降，营养不足，血液大量流向外周，性器官供血不足也是重要原因。高温可使母猪不正常发情率和乏情率提高，发情持续时间缩短。低温对猪繁殖力的影响较小。此外，温度过高，舍内细菌滋生，影响环境卫生，种猪繁殖力下降，猪群发病率升高。温度过低，猪采食的一部分饲料被用于抵御寒冷，有效利用率下降，生长和生产性能受阻，猪群发病增多尤其是仔猪的发病率和死亡率增高。

莱芜猪饲养驯化历史久远，其养殖方式几乎完全是在当地自然条件下开放式养殖的，适应了明显的年度温差和气候环境，并形成了固有的生物学特性。据观察统计，莱芜猪在－10℃时，依然能生长繁殖，产仔成活，不需要外热源，在35℃时也能正常生产而影响不大。莱芜猪较为适宜的温度应该是10～25℃，客观温度应该是15～30℃。但是建议莱芜猪种公猪、空怀、怀孕、生长后备和育肥30～70kg阶段以较小改善的自然环境温度为好。

另外，猪舍温度的高低主要取决于舍内热的来源和散失程度。在无取暖设备的情况下，热的来源主要是猪体散发和日光照射获得的热量，热的散失主要与猪舍的结构、材料、通风设备和管理情况有关。①冬季保温防寒的主要方法是适当增加猪群的密度，合理设计猪舍采光和通风设备，提高屋顶和墙壁的保温性能，及时维修门窗和控制门窗开启等。②夏季防暑降温的主要方法是加大通风，给猪进行淋浴，酌情减少饲养密度，猪舍周围绿化遮阳，覆盖天窗，搭设凉棚等。育肥猪炎热夏季用冷水降温，效果良好。

湿度也是猪舍环境的一个重要指标。猪群生活的适宜湿度为65％～75％（相对湿度）。高湿和低湿对猪群健康和生产力都有不利影响，它对猪的影响主要随着其他环境因素特别是温度的变化而变化。高温低湿使猪舍空气变干燥，皮肤和外露黏膜发绀，易患呼吸道病和疥癣病等；高温高湿使猪体水分蒸发困难，导致猪的食欲降低，甚至厌食，生长减缓。另外还容易使饲料、垫草等霉变而滋生细菌和寄生虫，诱发猪群患病；低温高湿使猪体散发的热量增多，寒冷加剧，从而影响猪的增重，降低饲料利用率。

实践证明，低温高湿对猪生长极为有害，容易使猪产生风湿、瘫痪、水肿、腹泻和流感等疾病。因此，维持猪舍干燥有利于猪的健康和生长繁殖。在温度适宜或稍微偏高的情况下，湿度稍高会有助于猪舍内粉尘的下沉，使空气变得清洁，对防止和控制呼吸道疾病有利。

目前的养猪生产中，猪舍湿度过大是经常出现的问题，其防止措施主要是：①尽量减少舍内水汽来源，加强通风换气。②猪舍的粪尿沟方向倾斜角度要在3°左右，并要求地面平整，没有积水。③尽量提高屋顶和墙壁的保温性能，防止水汽凝结。④哺乳母猪舍和仔猪舍对温、湿度要求严格，应注意合理调控。

二、空气质量要求

空气质量对地方猪的养殖更为重要，不良空气环境对猪群健康和生产有着重要影响，对猪肉品质也有一定的影响。

1. 有害气体　在猪舍内，猪呼出的二氧化碳，加上粪尿分解产生的氨气、硫化氢等有害气体，会使猪舍内空气变得污浊。当含氧量不足时，猪呼吸困难、心跳加快；当有害气体含量超标时，不但使猪群的健康和生产力受到不利影响，而且会引起猪的多种中毒病，特别是对猪气喘病的影响更显著。因此，在密闭的猪舍内一定要注意通风换气，及时清理粪尿，减少空气中的有害气体含量。猪舍内有害气体含量允许的最大值为二氧化碳 0.15%，硫化氢 0.001%，氨气 0.003%。

2. 气流风速　猪舍内空气的流动是由不同部位的空气温度差异造成的。空气受热上升，留下来的空间被周围冷空气填补形成了气流。在炎热情况下，只要气温低于猪的体温，气流有助于猪体散热，对其有利；在低温情况下，气流会增加猪体散热，对其不利。因此，猪舍内应保持适当的气流，它不仅能使猪舍内的温度、湿度、空气组成均匀，而且有利于舍内污浊气体的排除。在寒冷季节，要特别注意贼风的袭击，一般猪舍内的气流状况如表 9-2 所示。

表 9-2　莱芜猪舍适宜的气流

猪舍类型	气流速度（m/s）		每天换气量（m^3/h）		
	冬季和春季	夏季和秋季	冬季	春季和秋季	夏季
保育和生长舍	0.2	0.6	10	20	50
育肥舍	0.2	1	45	55	120
种猪舍	0.3	1	70	90	120
分娩舍	0.15	0.4	85	110	150

3. 灰尘及微生物　猪舍内由于饲养管理人员的操作和猪的活动、采食、排泄等因素，会有大量的微生物和灰尘产生。在密闭式猪舍内若采用干粉料喂猪，容易形成很多的粉尘，灰尘落到猪体体表，影响皮肤的散热和健康，常常出现皮肤发痒甚至发炎；灰尘被猪吸入呼吸道，刺激鼻黏膜，易引起呼吸道疾病；灰尘上还常带有病原微生物，使猪感染其他疾病。因此，应注意绿化猪舍周围环境，加强舍内通风换气，改善猪舍空气质量，保证猪体健康。

三、光照、噪声要求

猪对光和声虽然不是十分敏感，但光、声环境对养猪生产也具有一定的影响，莱芜猪也不例外。

自然光源主要是太阳，人工光源多种多样，养猪生产中常用的有红外线灯、远红外电热板、紫外线灯、白炽灯和荧光灯等。通常所说的光照一般是指可见光的光照。

可见光刺激可通过下丘脑调节与代谢有关激素的分泌活性，并可影响垂体生长激素、性激素的分泌，从而对猪的生长发育及繁殖机能产生影响。此外，可见光可促进机体氧化过程，增强机体代谢和物质代谢，故适当光照可促进氮沉积和钙磷代谢。适当的光照还可以提高血液杀菌素、溶菌酶和血清补体的活性，增加中性粒细胞和淋巴细胞的数量，增强其吞噬活性，从而提高血液的杀菌能力和猪的免疫力。松果体则根据明暗变化调节褪黑素，控制睡眠和醒觉，并通过下丘脑使代谢、繁殖等各种生命现象表现出与光周期一致的变化规律，称为“生物节律”。

莱芜猪对可见光相对敏感，一般而言，强度 40～70lx、光照时间 14～18h 为宜，育肥猪光照可降低至 40～50lx、8～12h；自然光照猪舍的光照系数一般可按 1/10～1/5 设计，育肥猪舍可按 1/20～1/15 设计。光照不足（过弱、时间太短）对猪的生长发育和性机能活动不利。

猪舍的光照一般可采用自然光照，为方便夜间管理，还需设计工作照明，一般猪舍可将灯具沿饲喂道布置，产房则需考虑夜间接产操作。

噪声是指能引起不快和不安感觉或引起有害作用的声音。物体的振动引起周围介质（空气、水等各种气体、液体和固体）分子的振动而形成的声波；声波在单位时间内振动的次数称为频率，以赫兹（Hz）表示，每秒钟振动一次为 1Hz；声波通过介质时产生的压力称为声压，以帕斯卡（Pa）表示，声波的振动越大，声压也越大。噪声对人和动物的影响主要取决于其声压级，据报道，低分贝的轻音乐可提高畜禽生产力，但大于 100dB 时则会引起应激。

第四节 废弃物处理与资源化利用

猪场产生的粪便、污水及病死猪如何处理对环境不造成污染甚至变废为宝一直是困扰养猪业的难题，莱芜猪的养殖也不例外。本节重点介绍规模化养殖莱芜猪的集中废弃物处理模式。

一、粪污的综合利用

现莱芜猪原种场处理粪污工艺采用尿泡粪和干刮清粪工艺。具体是：猪舍产生的猪粪、尿及污水通过漏粪地板储存在猪舍下面，怀孕、生长舍每天通过自动刮粪机将粪刮至积粪池；产仔保育舍粪尿在漏粪池下发酵 1～6 个月，开启虹吸管自流到集粪污池，粪污池中的粪污经固液分离后，液体直接打到厌氧发酵池进行厌氧发酵，厌氧发酵产生的沼气进行发电，供场区日常运行使用，另一小部分作为生活日用燃气。沼液经过半年较为彻底的发酵后进入氧化池，经过氧化、生态湿地处理达到Ⅱ、Ⅲ级水标准，灌溉农田。该处理工艺投资少、运行费用比较低，厌氧发酵产生的沼气量比较大，完全能够满足场区日常运行所需的能耗。整个处理过程自动化程度比较高，只需要较少的人工，适用于大型规模化的养猪场。

二、病死猪处理利用

最早处理病死猪的方法是焚烧，一般采用焚烧坑或焚烧炉进行，方法简便易行，处理彻底，但该方法存在对环境污染的弊端，目前已不再采用。现在莱芜猪原种场采用生物发酵堆肥法处理病死猪。

生物发酵堆肥法是目前规模化养殖场采用的病死畜禽无害化处理的新技术，具有占地少、无污染、处理成本低、可操作性强的优点。建设发酵池，发酵池菌种选择含有酵母菌、枯草杆菌和芽孢杆菌等益生菌的发酵菌制剂。将锯末、稻壳、麦麸按照一定比例放入发酵池内，将 90%左右的锯末、稻壳与需要添加的 10%其他发酵剂充分拌匀，逐渐喷水，其干湿程度以手握成团不出水、松开即散为宜（含水量 30%～40%）。体重在 30kg 以下的病死个体可以直接投放池中发酵，30kg 以上的病死个体，需要稍作肢解处理。发酵池的深度应在 1.5m 以上，一般为 1.5～2.0m。病死猪尸体放入其中，待其发酵 7～15d 后进行人工翻料一次，达到彻底发酵的目的。在发酵池内处理病死猪时，如果发酵料湿度偏小，可以适量喷水，以增加湿度。尸体肢解处理结束后要及时清理现场，对污染过的场地、车辆、用具等要及时进行清洗消毒，防止病原扩散和交叉感染。

参 考 文 献

《中国猪品种志》编写组，1986. 中国猪品种志［M］. 上海：上海科学技术出版社.

曹洪防，徐云华，石景胜，等，2001. 莱芜猪合成系的培育［J］. 山东畜牧兽医，6：10-12.

曹美花，孙玉民，1997. 莱芜猪及其杂交猪肌肉理化性状与肉品品质关系的研究［J］. 山东农业大学学报，2：15-21.

曹美花，孙玉民，吴淑娜，1999. 莱芜猪及其杂种猪血液指标与胴体品质性状关系的研究［J］. 中国畜牧杂志，1：14-16.

陈其美，曾勇庆，魏述东，等，2010. 不同猪种肌肉风味前体物质及其营养和食用品质特性研究［J］. 浙江大学学报：农业与生命科学版，3：299-305.

方绍明，张震，季久秀，等，2015. 莱芜猪种质资源特性研究——脂肪沉积性状［J］. 江西农业大学学报，4：679-687.

郭建凤，沈彦锋，王彦平，等，2016. 莱芜猪与长白猪杂交后代猪胴体性能及肉品质研究［J］. 养猪（4）：60-62.

郭建凤，武英，呼红梅，等，2007. 不同杂交组合育肥猪胴体性能和肉品质的研究［J］. 农业现代化研究，3：371-373.

郭建凤，武英，魏述东，2005a. 莱芜合成系猪后期生长发育规律的研究［J］. 河南畜牧兽医，1：5-6.

郭建凤，武英，张印，等，2005b. 莱芜猪胴体品质、肉质随体重变化规律研究［J］. 河南畜牧兽医（7）：6-7.

郭建凤，武英，张印，等，2006. 莱芜猪合成系胴体品质和肉质特性及其随体重变化规律的研究［J］. 江苏农业科学，1：95-98.

郭建凤，武英，赵德云，等，2007. 莱芜猪与烟台猪合成系配套杂交商品猪的生产性能研究［J］. 养猪（6）：23-24.

国家畜禽遗传资源委员会，2011. 中国畜禽遗传资源志：猪志［M］. 北京：中国农业大学出版社.

呼红梅，郭建凤，朱荣生，等，2011. 不同品种猪背最长肌肌苷酸和肌内脂肪含量的比较［J］. 扬州大学学报：农业与生命科学版（3）：34-36.

呼红梅，王继英，郭建凤，等，2010. 莱芜猪和杜洛克猪肌肉 *H-FABP* 基因表达量与肌内脂肪和脂肪酸含量关联分析 [J]. 华北农学报（4）：64-68.

呼红梅，王继英，朱荣生，等，2008. 莱芜猪和杜洛克猪肌肉肌球蛋白重链组成对肉质性状的影响 [J]. 中国科学（C辑：生命科学）（1）：60-65.

姜伟，王力圆，孙延晓，等，2014. 莱芜猪 *ACSL4* 和 *H-FABP* 基因的多态性及育种应用 [J]. 中国兽医学报（7）：1191-1195.

经荣斌，2015. 中国猪肌肉品质研究 [M]. 北京：中国农业大学出版社.

李华，曾勇庆，魏述东，等，2010. 猪宰后肌肉 SOD 与 MDA 的变化及其对肉质特性的影响 [J]. 畜牧兽医学报（3）：257-261.

李华，陈伟，曾勇庆，等，2012. 猪肌肉中胶原蛋白特性及其与肉质性状关系的研究 [J]. 养猪（3）：51-54.

李森泉，朱承满，白汝骥，等，1996. 莱芜猪母猪生殖器官发育测定报告 [J]. 山东畜牧兽医（4）：1-3.

李森泉，朱承满，白汝骥，等，1997. 莱芜猪公猪生殖器官发育测定报告 [J]. 山东畜牧兽医（1）：1-3.

刘婵娟，曾勇庆，魏述东，等，2009. 8个猪种 *ESR* 和 *FSHβ* 基因合并基因型与繁殖性状关系的研究 [J]. 畜牧兽医学报（3）：291-295.

刘晨龙，杨慧，张慧，等，2016. 杜长大猪、二花脸猪和莱芜猪3个群体25种血液性状的全基因组关联分析 [J]. 中国农业科学（4）：739-753.

柳淑芳，闫艳春，杜立新，2002. 莱芜猪 FSHβ 亚基基因的多态性分析 [J]. 山东农业大学学报：自然科学版（4）：403-408.

吕政印，2011. 莱芜猪气喘病的诊断与防治 [J]. 山东畜牧兽医，32（8）：43-44.

钱源，曾勇庆，崔景香，等，2011. 莱芜猪 *PID1* 基因的功能分析及表达谱研究 [J]. 畜牧兽医学报（5）：621-628.

邱峥艳，孟纪伦，郭将，等，2012. *HABP4* 基因在大约克夏猪和莱芜猪杂交一代中表达量差异研究 [J]. 中国兽医学报（9）：1249-1252.

《山东省畜禽品种志》编写委员会，1999. 山东省畜禽品种志 [M]. 深圳：海天出版社.

山东省莱芜市地方史志编纂委员会，1991. 莱芜市志 [M]. 济南：山东人民出版社.

山东省莱芜市地方史志编纂委员会，2014. 莱芜市志 [M]. 2版. 北京：方志出版社.

孙京新，张笑娇，张彩燕，等，2015. 杂种黑猪与外三元杂种猪肉质性状的比较研究 [J]. 养猪（5）：49-51.

王继英，呼红梅，张大龙，等，2009. 莱芜猪和杜洛克猪心脏脂肪酸结合蛋白基因（*H-FABP*）表达差异和肉质性状的关系 [J]. 农业生物技术学报（3）：543-544.

王继英，武英，郭建凤，等，2007. FSHβ 亚基基因和 ESR 基因的多态性对莱芜猪合成系产仔数的影响［J］. 中国畜牧杂志（13）：4-6.

王林云，2011. 中国地方名猪集锦［M］. 北京：中国农业大学出版社.

王宪龙，尹逊河，王元虎，等，2012. 野莱（长白山野猪×莱芜猪）F1 代肉质特性的研究［J］. 江西农业学报（10）：122-126.

王宪龙，尹逊河，武道留，等，2012. 长白山野猪与莱芜猪杂交一代猪的肉品品质［J］. 中国兽医学报（8）：1244-1248.

王小鹏，唐建红，王成斌，等，2016. 中国地方猪种品种特异性遗传标签构建——以莱芜猪为例［J］. 猪业科学（11）：54-57.

魏丕芳，刘婵娟，曾勇庆，等，2008. 8 个猪种 ESR 和 FSHβ 基因的遗传变异及其与产仔性能关系的研究［J］. 山东农业大学学报：自然科学版（1）：44-48.

魏述东，2014. 从莱芜猪的保种、利用与开发谈我国地方猪种资源发展［J］. 中国猪业（7）：52-57.

魏述东，2016. 莱芜猪种质资源的保护与利用［J］. 中国畜牧业（3）：51-53.

魏述东，曹洪防，徐云华，等，2001. 莱芜猪的选育［J］. 中国畜牧杂志（6）：30-31.

魏述东，时景胜，侯纪增，1997. 莱芜猪性成熟情期受胎率繁殖性状表型参数的研究［J］. 山东畜牧兽医（4）：4-6.

魏述东，徐云华，曹洪防，等，2006. 莱芜猪超早期隔离断奶饲养技术的试验研究［J］. 猪业科学（7）：72-74.

魏述东，张伟力，武英，等，2015. 莱芜猪雪花猪肉品系选育技术［J］. 养猪（5）：75-77.

武英，2003. 不同营养水平对商品猪肉品质影响研究［D］. 济南：山东省农业科学院.

武英，郭建凤，呼红梅，等，2007. 专门化父、母本猪杂交组合性能测定［J］. 山东农业科学（3）：96-98.

武英，郭建凤，张印，等，2007. 优质肉猪配套系专门化母系 ZML 选育研究［J］. 养猪（5）：14-15.

徐锡良，2004. 20 世纪山东猪种［M］. 济南：山东科学技术出版社.

薛慧良，2007. 莱芜猪和沂蒙黑猪 *IGF-I* 基因的多态性及生长性状的关联性分析［J］. 曲阜师范大学学报：自然科学版（3）：109-112.

杨海玲，曾勇庆，魏述东，等，2005. 莱芜猪脂肪代谢酶活性的发育性变化及其对肌内脂肪沉积的影响［J］. 畜牧兽医学报（11）：43-47.

杨海玲，曾勇庆，魏述东，等，2006. 莱芜猪肌肉脂肪酸组成的发育性变化及其对肉质特性的影响［J］. 中国畜牧杂志（5）：18-21.

杨杰，周李生，刘先先，等，2014. 莱芜猪与杜长大三元杂交猪肉质性状种质资源比较研究［J］. 畜牧兽医学报（11）：1752-1759.

曾检华，罗艳凤，胡杰，等，2015. 不同黑猪杂交组合生产性能研究与分析［J］. 养猪

(1)：61-64.

曾勇庆，孙玉民，王慧，1990. 莱芜猪肌肉结缔组织含量及性质对其肉质影响的研究 [J]. 山东农业大学学报 (3)：35-40.

曾勇庆，王根林，魏述东，等，2005. 含不同比例莱芜猪血缘杂交猪胴体品质及肉质特性的研究 [J]. 遗传 (1)：65-69.

曾勇庆，王根林，魏述东，等，2008. 莱芜猪肌肉胶原蛋白的发育性变化及其与肉质的相关性分析 [J]. 中国农业科学 (2)：619-624.

张伟力，2014. 莱芜猪胴体切块质量预判 [J]. 养猪 (2)：63-64.

张伟力，陈清明，曾勇庆，2008. 莱芜猪肉切块质量点评 [J]. 猪业科学 (1)：88-89.

附　　录

附录一　莱芜猪育种60年大事记

1959年、1974年、1977年，大汶口文化遗址出土大量的莱芜猪头骨。

1962年、1964年、1978年，山东省、泰安地区、莱芜县三级业务部门在莱芜县及周边地区进行了大规模的莱芜猪种普查；在1950—1980年先后进行了7次猪种调查。

1973年2月，《山东省畜牧兽医工作意见》中首次提出纯化提高地方优良品种莱芜猪。

1973年，山东省农业局批准、泰安地区农林局立项，在莱芜县杨庄公社小埠头大队西筹建地区莱芜猪育种场。当年召开育种会议，提出进行莱芜猪的选育和杂交改良工作，并组建莱芜猪保种群。

1975年2月，泰安地区制订《1975—1980年家畜改良育种规划》，提出了莱芜猪的育种方向和育种指标。莱芜县畜牧兽医站制订《1975年莱芜猪育种计划》。

1976年12月，泰安地革委农业局印发《大力选育改良莱芜猪的宣传提纲》，并制订《泰安地区关于大力选育改良莱芜猪的育种规划》（1977—1980年）。

1976年，泰安市农业局组织了一次大规模猪种调查。

1977年12月，莱芜县畜牧兽医工作站制订《关于莱芜猪育种规划的意见》。

1978年11月，制订《泰安地区莱芜猪育种方案》和相关“测定试验设计”。莱芜县畜牧兽医站下发《大力选育莱芜猪的宣传提纲》。

1978年，在山东省农业厅指导下，泰安地区、莱芜县抽调专人进行了莱芜猪大规模普查。

1978年，在泰安地区杨庄莱芜猪育种场、莱芜县寨里公社王大下、小下、公王庄三个大队及苗山公社养猪场组建莱芜猪育种群（母猪300头，公猪35头），并登记建档。

1979 年 3 月，莱芜县举办为期 6d（30 人）的莱芜猪育种训练班，并下发《莱芜猪育种工作意见》和《莱芜猪育种规划》。

1980 年 1 月，山东省农业厅在临沂召开全省家畜育种会议提出，对莱芜猪等地方品种要收集建立保种群，开展保存优良基因及利用研究，不得混杂，凡需要引用外血，必须报经省农业厅批准。同时泰安地区畜牧局、莱芜县畜牧局相继召开了莱芜猪专题育种工作会议。

1980 年 10 月，莱芜猪育种繁育体系基地试点由莱芜县寨里公社（王大下、小下、公王庄）转到苗山公社养猪场。

1981 年 9 月，《泰安地区家畜家禽改良育种意见》下发，提出在做好新莱芜猪杂交利用生产的同时，做好老莱芜猪的保种选育工作。制订落实地区种猪场和苗山莱芜猪育种基地规划。

1981 年 10 月，“莱芜猪的保纯繁育”被列入泰安地区科研计划项目，1984 年完成。1987 年获泰安市科学技术进步奖二等奖。

1982 年 12 月 8—18 日，“全国猪育种科研协作十年经验总结学术交流大会暨山东省猪育种工作座谈会”在泰安召开。会议参观了杨庄泰安地区种猪场和苗山公社养猪场，观看了专题片《山东地方猪种》，下发了莱芜猪育种资料。

1983 年，“莱芜猪自群选育及杂交利用研究”被列入“七五”期间山东省重大科技攻关课题《瘦肉猪生产配套技术研究》。项目实施时间 1983—1990 年，资金总额 258 万元。山东省农业厅、省科学技术委会员于 1983 年 8 月在济南召开了“瘦肉猪科研攻关专题会议”。

1983 年，按照“莱芜猪自群选育及杂交利用研究”课题要求，在杨庄地区莱芜猪育种场和苗山莱芜猪种猪场（后改为原种场），重新组建了育种选育核心群。

1984 年 10 月 26 日，由山东牧校副教授余畏等 10 位专家组成的验收组，对新组建的莱芜猪育种基础群进行验收通过。

1984 年 11 月 30 日，东北农学院韩光微教授对莱芜猪育种基础群及育种方案进行了视察，提出了方向性的意见和建议，更加明确了莱芜猪的育种路线。

1984 年，莱芜猪作为黄淮海黑猪典型代表被收录《中国猪品种志》。

1985 年 9 月 22—24 日，全省瘦肉猪生产座谈会在莱芜市召开，会议参观了杨庄莱芜猪育种繁育场、苗山莱芜猪原种场和苗山人工授精站等现场，十几个单位发言。徐锡良、张统环、孙崇浩三位专家作了学术报告，农业厅副厅长俞宽钟作了总结讲话。掀起了全省瘦肉猪生产（基地）的高潮。

1986年，莱芜市被批准为“全国瘦肉猪生产基地县（市）”，支持资金80万元。

1988年6月18日，泰安市畜牧公司（畜牧局）邀请赵献瑞等省内多位养猪育种专家，对“莱芜猪自群选育及杂交利用研究”分课题育种指标进行了论证。通过论证，把莱芜猪育种指标日增重、料重比、胴体瘦肉率由450g、3.4∶1、48%分别调整为400g、4.2∶1、42%。

1989年12月21—22日，山东省科学技术委员会在莱芜市组织了山东省重大科技攻关项目“瘦肉猪生产配套技术研究”及7个分课题的技术鉴定验收。参加鉴定的专家有李炳坦、吴常信、张邦辉、王津、韩光微、陈汝新、齐宗佑、赵志龙、李汝敏。专家组听取了汇报，审查了资料，查看了莱芜猪杨庄育种场、苗山莱芜猪原种场等，一致认为该科研成果达到了国内领先水平，某些指标（莱芜猪的产仔数、肉质）达到国际先进水平。

1990年10月，“瘦肉猪生产配套技术研究”及“莱芜猪自群选育及杂交利用研究”等7项分课题获山东省科学技术进步奖一等奖；1991年该项成果获山东省重大成果奖。

1990年，“莱芜猪自群选育及杂交利用研究”分课题获泰安市科学技术进步奖一等奖、莱芜市科学技术进步奖一等奖，1991年获泰安市重大成果奖。

1991—1994年，莱芜猪“高繁特性及利用研究”列入山东省科学技术计划项目，从细胞学领域研究莱芜猪高繁殖力特性机理，探讨利用途径，实现了华北型猪的开创性研究，1995年获泰安市科学技术进步奖二等奖。

1991年，莱芜市种畜禽繁育场在城区孙故事村建成投入使用。原苗山莱芜猪原种场撤销，原种场莱芜猪猪群整体转入该场。

1993年2月，莱芜市由县级市升为地级市，原泰安市杨庄莱芜种猪场移交给莱芜市，由莱芜市畜牧局管理。同时与莱芜市种畜禽繁育场一起升为副处级单位，同时承担莱芜猪的育种、保种任务。

1994年4月，在中国农业大学陈清明教授指导下，制订了《莱芜猪高产母系的培育及配套技术研究实施方案》。此项目1994年列入市科技计划项目，1995年列入省科技计划项目，1997年列入市农业推广示范项目。

1995年，山东省农业良种产业化工程（“三〇”工程）启动，“莱芜猪专门化母系选育与配套系培育及产业化开发”作为其重要课题开始实施。一是莱芜猪本品种选育2～3个世代；二是专门化母系选育：莱芜♀×大约克♂→F1♂×♀→黑色优秀个体组成基础群→N世代选育，至2000年选育到第二世代。

1996年8月，莱芜市被列入山东省农业良种产业化开发“三〇”工程项目“瘦肉猪良种选育及产业化开发”示范县建设。1996—2000年出栏杂优瘦肉猪100万头，综合生产能力提高15%～18%。

1998年10月14日，山东省农业良种产业化开发“三〇”工程项目，猪项目座谈会暨配套系商品猪配合力育肥测定实施现场会在莱芜召开。会议座谈了全省猪良种工程项目的进度和工作安排情况，现场进行了测定示范。

2000年12月1日，山东省科学技术委员会邀请国内著名专家熊远著、盛志廉、陈润生、王林云、陈清明等对省农业良种“三〇”工程项目和省科技计划项目《莱芜猪高产母系（合成Ⅰ系、Ⅱ系）的培育及配套技术研究》课题进行了鉴定验收，项目水平达到国内领先水平。该项目2001年获莱芜市科学技术进步奖一等奖，2002年获山东省科学技术进步奖三等奖。

2000年，在农业部和省“三〇”工程项目等资助下，在莱芜市种猪繁育场投资200万元，新建一处高标准的莱芜猪原种场，并于2000年12月1日通过省级验收。

2000年，莱芜市种畜禽繁育场因经营困难，国有经营解散，猪、猪舍等资产分散给职工个人经营，原莱芜猪群消失。

2001年，新猪场建立后，市科技列项“新建种猪场疫病控制与净化技术应用研究”课题，对新进入猪场的种猪实行超早期断奶（平均9.2d），人工哺乳，使猪群达到净化。成功组建了一个200头无特异病的莱芜猪育种核心群，项目成果获莱芜市科学技术进步奖一等奖。

2001年，“莱芜猪高繁和肉质特性遗传基因研究与利用”被列入山东省科技计划项目。同时莱芜猪合成Ⅰ系、合成Ⅱ系有计划结合进行品种继代目标选育。

2002年7月，得利斯集团在莱芜发展100万头优质肉猪生产基地。莱芜市种猪繁育场与得利斯集团合资组建得利斯（莱芜）种猪繁育有限公司。利用莱芜猪杂交生产优质商品肉猪。

2002年，“莱芜猪种质资源特性与保纯及利用研究”（优质肉猪配套系选育及开发）被列入山东省农业良种产业化项目。莱芜猪在合成Ⅰ系、合成Ⅱ系

选育的基础上开始系统进行品系选育、配套系筛选。

2003 年，莱芜市“省级农业特色（畜牧）科技园”被列入省级农业特色科技园，以莱芜猪育种及特色生产为主要内容的绿色园区开始建设。

2003 年 11 月，中国地方猪种保护与利用协作组在广东东莞成立，莱芜猪种猪繁育场被推荐为组长单位。

2004 年 2 月，莱芜猪获“国家原产地标记注册证书”；12 月第二届中国地方猪种保护与利用研讨会在莱芜召开。

2005 年 4 月 28 日，以莱芜猪合成Ⅱ系等选育的Ⅲ系配套筛选出的杂优猪配套系——欧得莱猪配套系通过省级鉴定。

2005 年 10 月，以莱芜猪合成Ⅱ系为主，合成Ⅰ系作为补充培育的新品种——鲁莱黑猪，通过国家畜禽遗传资源委员会品种审定。

2006 年 6 月，莱芜猪被列入国家级畜禽遗传资源保护品种（农业部第 662 号公告）。同时，鲁莱黑猪被山东省确定为“十一五”期间主导推广品种。

2006 年 8 月，注册“三黑”“莱黑”牌商标，成立鲁莱黑猪研发中心，实施莱芜猪、鲁莱黑猪特色品牌猪肉的产业开发。当年出栏加工莱芜猪 500 头，建 2 个专卖店，研究开发 20 多种产品，开局良好。

2007 年 6 月以莱芜猪合成Ⅰ系等选育的Ⅲ系配套筛选出的杂优猪配套系——鲁农Ⅰ号猪配套系通过国家品种审定。

2007 年 6 月至 2008 年 6 月，由张伟力、陈润生、王林云、陈清明、经荣斌、曾勇庆 6 位教授参与，按国际标准测定了莱芜猪、鲁莱黑猪、大约克夏猪的肉质性状。莱芜猪肌内脂肪 11.6％、鲁莱黑猪 7.26％。

2007 年，“鲁莱黑猪的培育”获莱芜市科学技术进步奖一等奖、山东省科学技术进步奖二等奖。

2008 年，“莱芜猪原种场”被列为国家级遗传资源保种场。

2008 年，“鲁莱黑猪的培育及育种繁育设施建设”被列入国家畜禽良种工程项目。

2009 年 6 月，“莱芜猪”取得国家工商总局地理标志证明商标。

2009 年 10 月，“欧得莱猪配套系健康养殖技术推广”被列入中央财政支持农业技术推广项目。

2009—2010 年，莱芜猪、鲁莱黑猪按肉质、繁殖两大特性分类建系，进行性能系选育（专门化母本新品系选育）。

2010年，“优质特色莱芜猪繁育推广与技术服务体系建设”被列入国家星火重点项目，“鲁农Ⅰ号猪配套系繁育及健康养殖技术示范”被列入国家农业科技成果转化资金项目。

2010年9月14日，莱芜猪育种工作发展研讨会在莱芜龙园宾馆召开，到会的是过去几十年中参加过莱芜猪保护和育种工作的科技人员。省畜牧兽医局张洪本副局长参加会议。

2010年10月，第七届中国地方猪种保护与利用协作组年会暨换届会议在广西陆川召开。莱芜猪原种场再次当选为组长单位。

2011年1月，全国首家地方猪科技文化馆——莱芜猪科技文化馆建成，也是山东省唯一的科学系统展示猪品牌文化的形象展馆，为莱芜猪的发展搭建起科技文化平台。

2011年3月4日，由莱芜市种猪繁育场发起的“地方猪产业技术创新战略联盟”在莱芜市成立，莱芜市种猪繁育场被推荐为组长单位。

2011年10月，“莱芜猪及配套系产业化技术集成与示范”被列为2012年国家星火重大专项正式立项实施。

2011年10月，全省高效特色畜牧业现场会在莱芜举行。“莱芜猪”被评为全省十大畜禽品牌，“莱芜香肠”获山东省十大产品品牌荣誉称号。

2011年12月，对“莱芜猪的保种选育与遗传资源创新利用”项目进行鉴定，鉴定委员会一致认为，该项目是我国地方猪种资源种质创新和育种研究的一次重大突破，莱芜猪作为“功勋种质”成功培育出多个适合我国国情的优质肉猪新品种（配套系），整体上达到了国际同类研究的领先水平。

2012年3月，与中国科学院昆明动物研究所签订“通过重测序技术进行中国莱芜猪高肌内脂肪含量性状主效基因的筛选与鉴别”项目合作协议，负责提供数量遗传学分析所需的莱芜猪和鲁莱黑猪样品。

2012年5月，“莱芜猪创新利用与种质繁育推广”被列入2012年山东省自主创新成果转化重大专项。

2012年5月18—20日，莱芜市莱芜猪原种场参展第十届中国畜牧业展览会（南京），“鲁莱黑猪”获得2012年中国畜牧业展览会“创新产品”金奖。

2012年8月，“莱芜猪”获得农业部“农产品地理标志登记证书”。

2012年12月，“山东省地方猪工程技术研究中心”被列入2012年山东省工程技术研究中心组建计划。

2012年12月，中国农业大学王爱国教授、安徽农业大学张伟力教授参观了莱芜市莱芜猪原种场及新场的选址，对莱芜猪饲养、档案管理、育种等工作提出了宝贵意见，并针对即将建设的新原种场提出了初步设计方案及饲养工艺。

2012年12月，上海交通大学潘玉春教授、南京农业大学黄瑞华教授参观了莱芜市莱芜猪原种场及莱芜猪肉专卖店，对莱芜猪饲养、种猪登记、育种等工作提出了宝贵意见。

“优质特色莱芜猪繁育推广与技术服务体系建设”在陈清明等多位专家的鉴定下，通过省级鉴定，达到国内领先水平。

2013年3月20日，“莱芜猪及其品牌猪肉标准与质量安全可追溯体系建设”项目通过验收。

2013年5月23日，地方猪产业技术创新战略联盟年会暨山东省生猪产业技术体系研讨会在雪野湖假日酒店召开。

2013年5月24日，国家标准示范区项目“莱芜猪标准规程示范区”通过验收。

2013年9月3日，高效特色畜牧产业示范区在莱芜建设山东省级示范区，签约仪式在莱芜雪野湖假日酒店进行，莱芜市王磊市长、山东省畜牧兽医局冯继康局长出席。

2013年11月2日，国家星火重大专项“莱芜猪及其配套系产业技术集成与开发”项目通过国家验收。

2013年11月9日，中国地方猪保护与利用协作组第十届年会在广西贵港市召开。黄路生院士团队重点针对莱芜猪特性分子生物学进行了系统研究，就莱芜猪肌内脂肪、繁殖、抗异抗氧化性的碱基、核苷酸优点及作用机理进行了专题讲座。

2013年12月12日，莱芜市颁发《莱芜高效特色畜牧产业开发示范区建设实施方案》。

2014年2月24日，“莱芜猪的保种选育与遗传资源创新利用”获省科学技术进步奖二等奖。

2014年3月13日，莱芜市科学技术大会上，“莱芜猪的保种选育与遗传资源创新利用”获市科学技术进步奖一等奖，“优质特色莱芜猪繁育推广与技术服务体系建设”获市科学技术进步奖三等奖，“山东省地方猪工程技术研究中心”获科技创新奖励。

2014 年 4 月，国家标准《鲁莱黑猪》终审会在北京举行，并通过评审。

2014 年 10 月，与江西农业大学黄路生院士合作建立莱芜猪原种场院士工作站。

2014 年 11 月，2014 年国家级猪遗传资源保种场、保护区保种技术培训班在合肥召开。魏述东研究员作《莱芜猪雪花猪肉的生产技术》报告，在国内首次提出了“雪花猪肉”的概念。

2015 年 2 月，莱芜市莱芜猪原种场有限公司获得莱芜市首批“食品安全示范单位”。

2015 年 4 月，发现莱芜猪具有典型的孔星猪蹄，并以 5 孔、7 孔居多，现发现有 13 孔者。孔星数量如此之多，在历史上从没有过记录。已制作标本存放。“孔星猪蹄”商标也已申请注册。

2015 年 5 月，“莱芜猪优良肉质遗传标记与创新利用研究”项目通过省级鉴定。

2015 年 9 月，在中国畜牧兽医学会、农民日报社等组织的“寻找中国最美丽猪场”活动中，莱芜猪原种场祥沟分场入围中国 50 家最美丽猪场，并获东部赛区银奖。

2015 年 10 月，中国农业国际合作促进会与动物福利国际合作委员会和世界农场动物福利协会举办的福利养殖金猪奖评选活动中，莱芜猪原种场荣获最高奖项“五星级”福利养殖金猪奖。

2015 年 12 月，华夏地方猪战略联盟成立暨 2015 年地方猪战略发展研讨会在莱芜龙园宾馆召开。莱芜猪原种场有限公司牵头，有 29 个联盟成员加入。

2016 年 12 月 12 日，由中国品牌建设促进会等单位联合发布的 2016 年中国品牌价值评价信息出炉，经专家评审、技术机构测算、品牌评价发布工作委员会审定，地理标志产品“莱芜猪”的品牌强度为 734，品牌价值为 31.60 亿元。

2016 年 12 月 16 日，引领起草“雪花猪肉”标准草案，邀请国内有关专家，对制订的“雪花猪肉”标准立项申请进行了论证。

2016 年 12 月，新规划设计的占地 17.33hm^2，可存栏基础母猪 500 头的高标准生态保种场——祥沟猪场正式投产。

2017 年，与上海交通大学潘玉春教授合作的“莱芜猪雪花猪肉肉用新品

系的培育及配套技术研究”项目获得山东省重点研发计划立项支持，莱芜猪“雪花猪肉”的研究步伐加快。

2018 年 5 月 4 日，莱芜猪原种场上三山分场开工建设，拟投资 3 000 万元，建设年出栏生猪 2 万头的莱芜猪繁育场。

2018 年 5 月，“莱芜猪”入选“山东省区域公用品牌”。

2018 年 5 月 9 日，2018 中国品牌价值评价信息发布暨论坛在上海举行，“莱芜猪”以第 70 名的成绩跻身全国区域品牌（地理标志产品）前百名排行榜，品牌价值评价 46.33 亿元。

2018 年 5 月 23 日，山东省工商总局组织的“2018 山东推进新旧动能转换重大工程商标品牌战略高端研讨会”上，莱芜市畜牧兽医协会因“莱芜猪”商标的管理应用，获得“山东省商标品牌示范单位”称号。

附录二 《莱芜猪》
（DB37/T 512—2004）

ICS 65.020.30
B 43

DB37

山 东 省 地 方 标 准

DB37/T 512—2004
代替 DB37/T076-1990

莱芜猪

Laiwu Black pig

2004-12-23发布　　2005-01-01实施

山东省质量技术监督局 发布

前 言

本标准于1990年第一次制定，本次修订代替DB37/T 076—1990。在莱芜猪体重体尺、生产性能、等级评定方法等方面作了修改。

本标准的附录A为规范性附录，附录B为资料性附录。

本标准由山东省畜牧办公室、山东省畜牧业标准化技术委员会提出。

本标准修订单位：莱芜市畜牧办公室。

本标准主要修订人：魏述东、徐云华、曹洪防。

莱 芜 猪

1 范围

本标准规定了莱芜猪的原产地、品种特性、鉴定方法和评分标准。

本标准适用于莱芜猪品种鉴定和等级评定。

2 规范性引用文件

下列文件中的条款通过本标准的引用而成为本标准的条款。凡是注日期的引用文件，其随后所有的修改（不包括勘误的内容）或修订版均不适用于本标准，然而，鼓励根据本标准达成协议的各方研究是否可使用这些文件的最新版本。凡是不注日期的引用文件，其最新版本适用于本标准。

NY/T 61—1987 瘦肉型猪选育技术规程

3 品种特性

莱芜猪属我国华北型优良地方种猪，具有性成熟早、繁殖力高、利用年限长、肉质好（尤其是肌内脂肪含量高）、抗逆性强、遗传性能稳定等特点，是生产优质肉猪的优秀母本。

3.1 原产地

莱芜猪原产于山东省莱芜市及周边地区。

3.2 体型外貌

体型中等，体质结实，皮毛全黑，毛密鬃长，耳大下垂，嘴长直，额部有6条～8条倒“八”字皱纹，单脊背，背腰较平直，腹大不过垂，后躯欠丰满，有效乳头8对以上，乳房发育良好。

3.3 繁殖性能

经产母猪产仔14.5头，产活仔12头～13头，初生个体重1.0 kg，60日龄断奶窝重140 kg。

3.4 育肥性能

在本品种饲养标准（见附录B）下，8月龄～9月龄体重90 kg，平均日增重420 g、胴体瘦肉率45%、料重比4.2∶1。

3.5 肉质性状

按NY/T 61—1987的要求进行屠宰，肉质性状：pH 6.6～16.0，肉色3.0分～4.0分，大理石纹3.5分以上，肌内脂肪6.0%以上，系水力85%，嫩度（剪切值）≤2.8 kg。

4 等级评定

4.1 评定条件

4.1.1 符合本品种特征，健康无病。

4.1.2 血统来源清楚，系谱记录齐全。生殖器官发育正常，无遗传缺陷。

4.2 评定时间

评定在2月龄、6月龄和24月龄进行。

4.3 评定内容

体型外貌、体重体尺、生产性能。

4.4 评分标准

4.4.1 体型外貌的评分标准见附录A.1。

4.4.2 2月龄、6月龄、24月龄评分标准见附录A.2、A.3和A.4。

4.4.3 肥育性能评分标准（用于种猪的同胞或后裔测定）见附录A.5。

4.5 分级标准

各项分值按百分制独立评分，将各项指标的分数累加查附录A.6即可确定等级。

5 评定说明

5.1 种猪分2月龄、6月龄、24月龄三个阶段进行评定，以24月龄的成绩作为最终评定成绩。若有同胞或后裔育肥测定成绩，则24月龄评分占80%，育肥评定占20%，累加即为最终评定成绩。

5.2 种公猪繁殖性能的评定：按该猪所配3头母猪所产3窝的平均值表示或用3头以上后裔（或半同胞姊妹）的平均繁殖性能表示；母猪按1～3胎最高产次评定。

5.3　肥育性能：母猪用 3 头以上后裔（或全同胞）；公猪用其 10 头以上的后裔（或半同胞）平均成绩表示。

5.4　单项评分结果，不能超过该项规定的最高分数。

附　录　A

（规范性附录）

莱芜猪评定标准

A.1　体型外貌评分见表 A.1

表 A.1　体型外貌评分标准表

项目	最高评分		理想要求
	2、6 月龄	24 月龄	
品种特征及整体结构	15	8	体质结实，结构较紧凑。皮毛全黑，耳大下垂，嘴长直，额部有 6～8 条倒“八”字皱纹
前躯	5	2	前肢健壮，肩背结合良好
中躯	4	2	背腰较平直，结合良好，腹大稍下垂，有效乳头 8 对以上，排列整齐
后躯	6	3	臀部发育相对较好，肢蹄结实，公猪睾丸发育良好，包皮无积尿

A.2　2 月龄评分标准见表 A.2

表 A.2　2 月龄评分标准表

体重			父		母		体质外貌	
指标（kg）		评分	等级	评分	等级	评分	标准	评分
公	母							
15	15	40	特	15	特	15	符合表 A.1	最高 30
13	13	36	1	12	1	12		
11	11	32	2	9	2	9		
	9	26			3	5		

A.3　6 月龄评分标准见表 A.3

表 A.3 6 月龄评分标准表

性别	体重（kg）		体长（cm）		胸围（cm）		父		母		体质外貌	
	指标	评分	指标	评分	指标	评分	等级	评分	等级	评分	标准	评分
公	50	20	98	15	84	15	特	10	特	10	符合表A.1	最高30
	45	17	94	13	80	13	1	9	1	9		
	40	14	90	10	76	10	2	8	2	8		
									3	6		
母	60	20	102	15	92	15	特	10	特	10		
	55	17	98	13	88	12	1	9	1	9		
	50	14	95	10	84	10	2	8	2	8		
	45	10	92	8	80	8			3	6		

A.4 24 月龄评分标准见表 A.4

表 A.4 24 月龄评分标准表

性别	体重（kg）		体长（cm）		胸围（cm）		产仔数		20 日龄窝重（kg）		60 日龄断奶窝重（kg）		体质外貌	
	指标	评分	指标	评分	指标	评分	头数	评分	指标	评分	指标	评分	标准	评分
公	125	9	130	8	120	8	15	20	52	20	155	20	符合表A.1	最高15
	115	8	125	7	115	7	13	18	44	17	135	18		
	105	7	120	6	110	6	12	15	40	15	125	16		
							10	13	34	13	100	13		
母	120～140	9	138	8	123	8	15	20	52	20	155	20		
	110	8	130	7	115	7	13	18	44	17	135	18		
	100	7	122	6	110	6	12	15	40	15	125	16		
	90	6	115	5	105	5	10	13	34	13	105	13		

A.5 肥育性能评分标准见表 A.5

表 A.5 肥育性能评分标准表

日增重（g）		瘦肉率（%）		料重比	
指标	评分	指标	评分	指标	评分
460 以上	30	48 以上	40	4.0 以下	30
420～459	27	47～46	36	4.1～4.2	27
380～419	24	45～44	32	4.3～4.4	24
340～379	21	43～42	28	4.5～4.6	21

A. 6 综合评定分级标准表 A. 6

表 A. 6 综合评定分级标准表

等级	特级	一级	二级	三级
分数	91～100	81～90	71～80	60～70

附　录　B

（资料性附录）

莱芜猪饲养标准

B.1　莱芜猪饲养标准见表 B.1

表 B.1　莱芜猪饲养标准表

类别	阶段	消化能（MJ/kg）	粗蛋白（%）	钙（%）	磷（%）	食盐（%）	日采食风干料量（kg）
仔猪	哺乳期	12.96	19	0.65	0.55	0.35	0.50
后备公猪	前期 2～6 月龄	12.33	16	0.72	0.58	0.48	1.35
	后期 7～8 月龄	11.70	15	0.81	0.65	0.50	1.60
后备母猪	前期 2～6 月龄	11.70	15	0.53	0.42	0.44	1.60
	后期 7～8 月龄	11.29	14	0.64	0.50	0.50	2.00
种公猪	非配种期	10.45	12	0.66	0.53	0.42	1.90
	配种期	12.54	16	0.60	0.48	0.38	2.40
种母猪	妊娠前期	10.03	10	0.57	0.45	0.36	2.20
	妊娠后期	10.45	11	0.58	0.47	0.33	2.10
	哺乳期	12.54	17	0.75	0.50	0.50	4.00
育肥猪	前期 15～60kg	12.54	17	0.56	0.44	0.40	1.80
	后期 61～90kg	12.12	16	0.52	0.42	0.33	2.50

注：哺乳仔猪日采食风干料量是指 28～75d 平均采食量。